“十四五”高等职业教育新形态一体化教材

信息技术课程系列

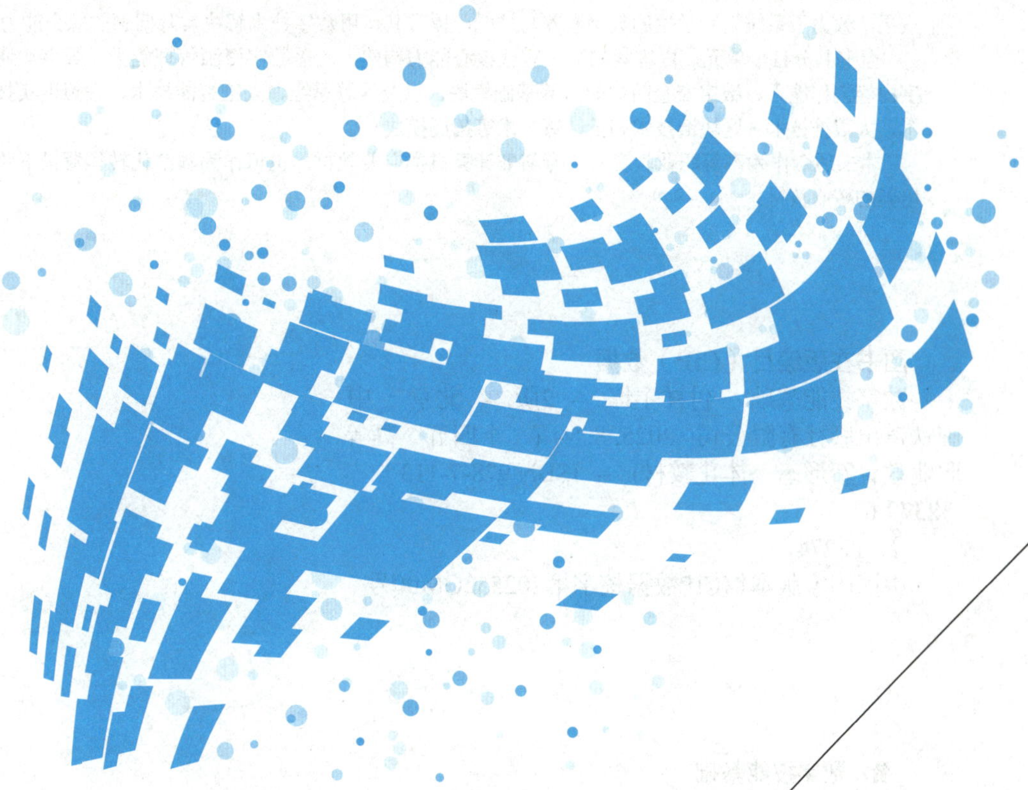

数字技能基础

（第二版）

付　祥◎主　编
王　芳　梁启来　丁芙蓉◎副主编

中国铁道出版社有限公司
CHINA RAILWAY PUBLISHING HOUSE CO., LTD.

内 容 简 介

本书以新时代教育方针为指引，全面落实立德树人根本任务，紧密对接数字中国建设与新质生产力发展对复合型数字人才的培养需求。本书立足高等职业教育各专业数字化转型背景，深度融合数字技术领域前沿成果，致力于系统培养学生的数字素养与技能，提升其运用数字技术解决实际问题的综合能力。

全书共分11个单元，内容紧扣数字时代核心能力构建，涵盖数字资源管理能力、数字沟通协作能力、数字内容创作能力、数字安全防护能力等基础模块，以及计算思维、人工智能技术、虚拟现实技术、物联网技术、大数据技术、区块链技术和云计算技术等拓展模块。

本书适合作为高等职业教育本、专科非计算机类专业教材，也可作为数字化转型背景下跨专业数字素养培养的核心教材。

图书在版编目（CIP）数据

数字技能基础 / 付祥主编. -- 2版. -- 北京 : 中国铁道出版社有限公司, 2025. 8. -- (“十四五”高等职业教育新形态一体化教材). -- ISBN 978-7-113-32379-0

Ⅰ. TP274

中国国家版本馆CIP数据核字第202552GM00号

书　　名：数字技能基础
作　　者：付　祥

策　　划：王春霞　　　　编辑部电话：（010）63551006
责任编辑：王春霞　李学敏
封面设计：郭瑾萱　尚明龙
责任校对：苗　丹
责任印制：赵星辰

出版发行：中国铁道出版社有限公司（100054，北京市西城区右安门西街8号）
网　　址：https://www.tdpress.com/51eds
印　　刷：河北宝昌佳彩印刷有限公司
版　　次：2023年12月第1版　2025年8月第2版　2025年8月第1次印刷
开　　本：850 mm × 1 168 mm　1/16　印张：15.75　字数：369千
书　　号：ISBN 978-7-113-32379-0
定　　价：55.00

“十四五”高等职业教育新形态一体化教材

编审委员会

序

2021年十三届全国人大四次会议表决通过的《中华人民共和国国民经济和社会发展第十四个五年规划和2035年远景目标纲要》，对我国社会主义现代化建设进行了全面部署。“十四五”时期对教育的定位是建立高质量的教育体系，对职业教育的定位是增强职业教育的适应性。当前，在百年未有之大变局下，在“十四五”开局之年，如何切实推动落实《国家职业教育改革实施方案》《职业教育提质培优行动计划（2020—2023年）》等文件要求，是新时代职业教育适应国家高质量发展的核心任务。随着新科技和新工业化发展阶段的到来和我国产业高端化转型，必然引发企业用人需求和聘用标准发生新的变化，以人才需求为起点的高职人才培养理念使创新中国特色人才培养模式成为高职战线的核心任务，为此国务院和教育部制定和发布了包括“1+X”职业技能等级证书制度、专业群建设、“双高计划”、专业教学标准、信息技术课程标准、实训基地建设标准等一系列的文件，为探索新时代中国特色高职人才培养指明了方向。

要落实国家职业教育改革一系列文件精神，培养高质量人才，就必须解决“教什么”的问题，必须解决课程教学内容适应产业新业态、行业新工艺、新标准要求等难题，教材建设改革创新就显得尤为重要。国家这几年对于职业教育教材建设加大了力度，2019年，教育部发布了《职业院校教材管理办法》（教材〔2019〕3号）、《关于组织开展“十三五”职业教育国家规划教材建设工作的通知》（教职成司函〔2019〕94号），在2020年又启动了《首届全国教材建设奖全国优秀教材（职业教育与继续教育类）》评选活动，这些都旨在选出具有职业教育特色的优秀教材，并对下一步如何建设好教材进一步明确了方向。在这种背景下，坚持以习近平新时代中国特色社会主义思想为指导，落实立德树人根本任务，适应新技术、新产业、新业态、新模式对人才培养的新要求，中国铁道出版社有限公司邀请我与鲍洁教授共同策划组织了“‘十四五’高等职业教育新形态一体化教材”，尤其是我国知名计算机教育专家谭浩强教授、全国高等院校计算机基础教育研究会会长黄心渊教授对课程建设和教材编写都提出了重要的指导意见。这套教材在设计上把握了如下几个原则：

1. 价值引领、育人为本。牢牢把握教材建设的政治方向和价值导向，充分体现党和国家的意志，体现鲜明的专业领域指向性，发挥教材的铸魂育人、关键支撑、固本培元、文化交流等功能和作用，培养适应创新型国家、制造强国、质量强国、网络强国、数字中国、智慧社会需要的不可或缺的高层次、高素质技术技能型人才。

2. 内容先进、突出特性。充分发挥高等职业教育服务行业产业优势，及时将行业、产业的新技术、新工艺、新规范作为内容模块，融入教材中去。并且为强化学生职业素养养成和专业技术积累，将专业精神、职业精神和工匠精神融入教材内容，满足职业教育的需求。此外，为适应项目学习、案例学习、模块化学习等不同学习方式要求，注重以真实生产项目、典型工作任务、案例等为载体组织教学单元的教材、新型活页式、工作手册式等教材，力求教材反映人才培养模式和教学改革方向，有效激发学生学习兴趣和创新潜能。

3. 改革创新、融合发展。遵循教育规律和人才成长规律，结合新一代信息技术发展和产业变革对人才的需求，加强校企合作、深化产教融合，深入推进教材建设改革。加强教材与教学、教材与课程、教材与教法、线上与线下的紧密结合，信息技术与教育教学的深度融合，通过配套数字化教学资源，打造满足教学需求和符合学生特点的新形态一体化教材。

4. 加强协同、锤炼精品。准确把握新时代方位，深刻认识新形势新任务，激发教师、企业人员内在动力。组建学术造诣高、教学经验丰富、熟悉教材工作的专家队伍，支持科教协同、校企协同、校际协同开展教材编写，全面提升教材建设的科学化水平，打造一批满足学科专业建设要求，能支撑人才成长需要、经得起实践检验的精品教材。

按照教育部关于职业院校教材的相关要求，充分体现工业和信息化领域相关行业特色，以高职专业和课程改革为基础，编写信息技术课程、专业群平台课程、专业核心课程等所需教材。本套教材计划出版4个系列，具体为：

1. 信息技术课程系列。教育部发布的《高等职业教育专科信息技术课程标准（2021年版）》给出了高职计算机公共课程新标准，新标准由必修的基础模块和由12项内容组成的拓展模块两部分构成。拓展模块反映了新一代信息技术对高职学生的新要求，各地区、各学校可根据国家有关规定，结合地方资源、学校特色、专业需要和学生实际情况，自主确定拓展模块教学内容。在这种新标准、新模式、新要求下构建了该系列教材。

2. 电子信息大类专业群平台课程系列。高等职业教育大力推进专业群建设，基于产业需求的专业结构，使人才培养更适应现代产业的发展和职业岗位的变化。构建具有引领作用的专业群平台课程和开发相关教材，彰显专业群的特色优势地位，提升电子信息大类专业群平台课程在高职教育中的影响力。

3. 新一代信息技术类典型专业课程系列。以人工智能、大数据、云计算、移动通信、物联网、区块链等为代表的新一代信息技术，是信息技术的纵向升级，也是信息技术之间及其与相关产业的横向融合。在此技术背景下，围绕新一代信息技术专业群（专业）建设需要，重点聚焦这些专业群（专业）缺乏教材或者没有高水平教材的专业核心课程，完善专业教材体系，支撑新专业加快发展建设。

4. 本科专业课程系列。在厘清应用型本科、高职本科、高职专科关系，明确高职本科服务目标，准确定位高职本科基础上，研究高职本科电子信息类典型专业人才培养方案和课程体系，在培养高层次技术技能型人才方面，组织编写该系列教材。

新时代，职业教育正在步入创新发展的关键期，与之配合的教育模式以及相关的诸多建设都在深入探索。本套教材建设按照“选优、选精、选特、选新”的原则，发挥高等职业教育领域的院校、企业的特色和优势，调动高水平教师、企业专家参与，整合学校、行业、产业、教育教学资源，充分认识到教材建设在提高人才培养质量中的基础性作用，集中力量打造与我国高等职业教育高质量发展需求相匹配、内容和形式创新、教学效果好的课程教材体系，努力培养德智体美劳全面发展的高层次、高素质技术技能人才。

本套教材内容前瞻、体系灵活、资源丰富，是值得关注的一套好教材。

国家职业教育指导咨询委员会委员
北京高等学校高等教育学会计算机分会理事长
全国高等院校计算机基础教育研究会荣誉副会长
高林

2021年8月

前言

数字技能（digital skills）作为“21世纪核心生存能力”，既是应对数字时代挑战的关键素养，也直接关联个人生活工作质量，其教育成效更关乎国家新时代人才的国际竞争力。

近五年，以5G+、物联网、大数据、云计算、人工智能为代表的新一代信息技术加速迭代，推动新一轮科技革命与产业变革深度演进。在这一进程中，传统产业数字化转型与新兴产业智能化升级成为共识，社会亟需兼具领域专业知识与新一代信息技术的复合型创新人才。在此背景下，强化计算机通识教育、推动计算科学与各学科专业深度融合，已成为高等职业教育专业改革的核心方向。

党的二十大报告中明确提出“加快建设数字中国”，强调统筹推进新型工业化、信息化与乡村振兴，加强数字基础设施建设，推进数字经济、数字社会发展，提升政务服务、社会治理等数字化水平。这一战略部署充分体现了党和国家对数字技能培养与数字人才队伍建设的高度重视，也凸显了其在推动经济高质量发展、提升人民生活品质中的关键作用。

本书以新时代教育方针为引领，全面落实立德树人根本任务，紧密对接中国式现代化发展对数字人才的培养需求，围绕高等职业教育各专业数字技术核心素养培养目标，融合数字技术领域前沿成果，致力于系统提升学生数字素养与技术应用综合能力。

教材基于“基础能力+前沿技术”双轨培养体系，将教学内容科学划分为基础模块——数字化生存能力模块和拓展模块——计算思维与新一代信息技术。其中，数字化生存能力模块作为基础支撑，细分为数字资源获取与管理、沟通协作、内容创建、安全防护等子能力模块；计算思维与新一代信息技术作为拓展模块，则涵盖计算思维、人工智能、虚拟现实、物联网、大数据分析、区块链与云计算等前沿领域。各模块均设置明确的技能目标、知识框架与实践任务，助力学生构建系统化数字能力体系，为职业发展奠定基础。

本书特点如下：

1. 模块化教学体系：教材遵循数字技术能力框架，构建“基础+拓展”双模块结构。基础模块包含数字资源获取、分享交流、内容创作、安全应用等子模块；拓展模块涵盖计算思维、人工智能、虚拟现实、物联网、云计算、区块链、大数据等技术领域。十一个子模块独立设置教学目标与方法，可根据专科、专升本、职业本科等不同生源特点及专业需求灵活组合，提升学习针对性。

2. 任务导向培养技能：各子模块以实践任务为载体，围绕技能目标与知识背景设计操作性强的学习项目，通过数字化平台实时采集学生作业反馈数据，形成“学习–实践–反馈”闭环培养模式。

3. “互联网+”资源生态：教材配套数字资源库，整合本地与互联网资源，包含课程标准、新形态教案、PPT课件、题库、视频课及知识管理平台、学生作品展示平台等，构建多元化教学资源支持体系。

本次修订在第一版的基础上，对以下内容进行了调整：

单元1、2：剔除时效性较弱的内容，新增近三年数字技能领域的前沿研究成果，使拓展阅读更贴合行业发展趋势，强化知识延展性。

单元3：结合教学反馈，替换了部分实践操作案例，提升案例的应用适配性。

单元6、10：对理论阐述部分进行逻辑重构，调整语句顺序以优化论证逻辑，同时精简冗余表述，使内容层次更清晰、阅读更流畅。

教学资源辅助

读者可通过中国铁道出版社数字化资源平台（https://www.tdpress.com/51eds）获取教材配套素材、资源及作业视频。若学习中存在疑问或需要教学资源，欢迎发送邮件至fuxiang@zime.edu.cn，编者将及时回复。

致谢

本教材由浙江机电职业技术大学付祥任主编，王芳、梁启来、丁芙蓉任副主编。江洪帮助统筹内容与风格设计，谨此致谢。

鉴于编者水平有限，书中难免存在疏漏，恳请专家与读者指正。

编　者

2025年5月

目录

拓展模块 计算思维与新一代信息技术

绪 论

学习笔记

在过去几年，数字技术以惊人的速度改变着世界，我们在欢呼数字化转型带来机遇的同时，也面临着对未来准备不足的风险。帮助公民更好地应对数字化转型，是当前教育领域的关键任务。

近年来，随着网络的普及、数字设备的广泛使用以及全社会对数字技能需求的不断增长，教育系统的数字化转型已经进入加速阶段。一方面，教育系统本身要优化数字技术的应用，以改善学习成果，增强教育的公平性和提升教学效率；另一方面，教育系统也有责任为公民数字能力的发展提供强有力的支持。

以人工智能、大数据、云计算、物联网、区块链等为代表的数字技术带来新一轮的产业革命。数字经济是新的产业革命下的新型经济形态，利用其灵活性与技术驱动能力有效地推动了经济发展，社会发展已经步入数字经济时代。教育领域在数字经济时代下同样面临着向数字化转型的挑战，数字素养已成为数字化社会公民的核心素养，是公民生存的基本能力。2018 年，国家发展改革委颁发了《关于发展数字经济稳定并扩大就业的指导意见》，针对数字化人才培养提出了明确指导方向：到 2025 年，使我国国民的数字素养不低于发达国家国民数字素养的平均水平，以确保我国数字领域人才的规模稳步增加。2019 年，教育部颁发的《关于实施中国特色高水平高职学校和专业建设计划的意见》强调，以“信息技术 +”升级传统专业，及时发展数字经济催生的新兴专业，并提升师生的信息素养。2021 年，中央网络安全和信息化委员会发布了《提升全民数字素养与技能行动纲要》，将数字素养作为提升国民素质、促进人的全面发展的战略任务，以适应数字时代对人才资源新的能力与发展要求。2022 年，中央网信办、教育部、工业和信息化部、人力资源社会保障部联合印发《2022 年提升全民数字素养与技能工作要点》，要求加快提升劳动者的数字工作能力。党的二十大报告中更进一步提出要“加快发展数字经济，促进数字经济和实体经济深度融合”。在当今社会，创造性地使用数字技术是新时代高素质技术技能人才必备技能之一，而高职院校作为培养高素质技术技能人才的主体，更不可缺少数字素养培育。高等职业院校学生既是互联网使用主体，也是未来社会的高技能人才，更是数字经济时代人才资源的半壁江山，其数字素养水平的高低至关重要。

在新的科技革命和产业变革中，不管是传统产业还是新兴产业，数字化和智能化无疑是变革的主要目标，社会迫切需要既具有领域专业知识又掌握新一代信息技术的复合型创新型人才，加强计算机通识教育，推动计算科学和各学科专业的深度融合是各专业改革的重要内容。

学习笔记

社会进步和社会需求是教育改革与发展的驱动力，为应对新一轮科技革命和产业变革对人才需求的变化，教育部制定一系列与新兴产业紧密相关的新专业建设方案和传统专业创新发展战略，其目的就是要适应新时代经济社会发展，为应对新的科技革命和产业变革提供强有力的人才支撑。当前的科技革命是以新一代信息技术为核心的，运用计算思维和计算机技术来解决科学研究和生产生活各领域的创新发展问题已成为时代共识，计算机通识教育在各学科人才培养中的必要性和重要性日渐突出。高等职业教育（含高职本科）学生作为未来复合型技术技能人才，其数字素养应包括基本数字技能和创新思维、计算思维、批判性理解的高阶技能，是通用型技能与专用型技能的有效融合，是从有限技能和参与数字社会活动到创新批判性数字思维方式的跨越，能促进他们高效地应用数字技术进行学习和工作，且成为实现优秀人才培养目标的能力特质群。这些能力特质包括了与面向学习和未来就业相关的知识、技能、思维方式、价值观和个人特质等。

基础模块

数字化生存能力

数字化生存能力是指通过数据分析和处理，在数字化的环境中有效地收集、处理和分析数据，以获得有用的信息和知识，从而解决问题、做出决策和实现目标的能力。数字化生存能力是数字时代的重要能力，有助于个人和企业的工作效率，提升个人的灵活性以应对变化和不确定性，帮助企业和组织更快地完成任务和解决问题。数字化生存能力的具体表现形式包括数字资源获取和组织能力、数字时代的沟通和协作能力、数字内容的创建能力以及数字社会的安全防护能力。随着数字化技术的不断发展和应用，数字化生存能力已经成为现代企业和组织不可或缺的一部分。

单元 1 数字资源获取和管理能力

学习笔记

数据是未加工的数字和事实；知识是鉴别过的信息；知识是信息被处理过后，再做鉴别产生的。

数据、信息和知识的关系如图 1-1 所示。客观世界得到的数据，可以处理成信息，然后进入大脑，成为个人化的部分。

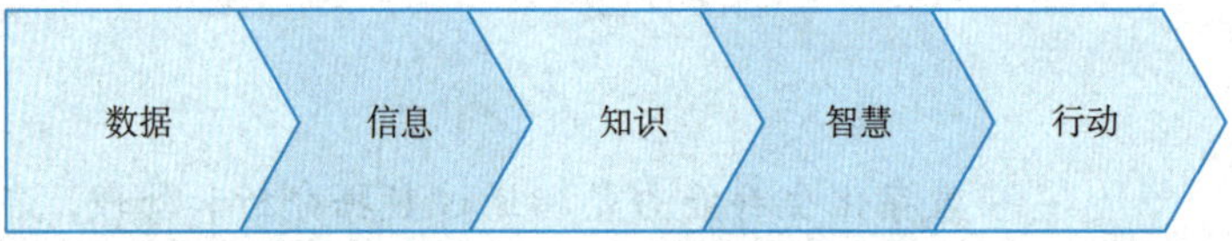

图 1-1　数据、信息和知识的关系

随着互联网的迅猛发展，网络上充斥着大量的信息，快速、有效、经济地获取与自身需求相关的有用信息，已经成为当代大学生的一项不可或缺的基本技能。

1.1 通用数字资源获取能力

学习目标

◎了解数字资源的分类和特点。

◎了解通用数字资源的定义、常见类型和应用场景。

◎熟练掌握各种通用数字资源工具和平台，如搜索引擎网站，社交媒体和论坛等进行学习。

◎具备自主学习和探索数字资源的能力，包括收集、阅读、研究常见通用数字资源。

相关知识

1. 通用数字资源定义

数字化时代的数字资源指的是能够在数字空间存储、传输、处理、检索和使用的各种信息和数据，包括文字、图片、音频、视频、数据等，是将计算机技术、通信技术及多媒体技术相互融合而形成的，以数字形式发布、存取、利用的信息资源总和。数字资源主要可分为通用数字资源和专业数字资源两大类。

通用数字资源主要指文字、图片、音频、视频等常见的多媒体资源以及网址、新闻资讯等扩展资源；专业数字资源主要指结构化数据、学术论文、专利文献、图书专著、网络服务等具有专业用途的数字资源。

2. 通用数字资源分类

通用数字资源主要是从数据的组织形式来区分的，一般可细分为网站、网页、资讯、图片、音频、视频、电子文档、电子表格和软件资源等。

①网站是指在因特网上根据一定的规则，使用 HTML（超文本标记语言）等工具制作的用于展示特定内容相关网页的集合。它是一种沟通工具，人们可以通过网站来发布自己想要公开的资讯，或者利用网站来提供相关的网络服务。

②网页是一个包含 HTML 标签的纯文本文件，它可以存放在世界某个角落的某一台计算机中，是万维网中的一页，是超文本标记语言格式，网页需要通过浏览器来阅读。

③资讯是指以网络为载体的新闻信息，具有快速、多面化、多渠道、多媒体、互动等特点，突破了传统的新闻传播概念，在视、听、感方面给受众全新的体验。

④电子文档是指人们在社会活动中形成的，以计算机磁盘、固态硬盘等化学磁性物理材料为载体的文字、图片材料，它依赖计算机系统存取，并可以在通信网络上传输，主要包括电子文书、电子信件、电子报表、电子图纸、纸质文本文档的电子版本等。

⑤图片是指由图形、图像等构成的平面媒体。图片的格式很多，但总体上可以分为点阵图和矢量图两大类，BMP、JPG 等格式都是点阵图形，而 SWF、CDR、AI 等格式的图形属于矢量图形。图是技术制图中的基础术语，指用点、线、符号、文字和数字等描绘事物几何特征、形态、位置及大小的一种形式。随着数字采集技术和信号处理理论的发展，越来越多的图片以数字形式存储。

⑥音频（音乐），在这里特指数字化音频，它是一种利用数字化手段对声音进行录制、存放、编辑、压缩或播放的技术，它是随着数字信号处理技术、计算机技术、多媒体技术的发展而形成的一种全新的声音处理手段。计算机数据的存储是以 0、1 的形式进行的，那么数字音频就是首先将音频文件转化，接着再将这些电频信号转化成二进制数据保存，播放的时候就把这些数据转换为模拟的电频信号再送到扬声器播出。

⑦视频（video）泛指将一系列静态影像以电信号的方式加以捕捉、记录、处理、存储、传送与重现的各种技术。连续的图像变化每秒超过 24 帧（frame）画面以上时，根据视觉暂留原理，人眼无法辨别单幅的静态画面，看上去是平滑连续的视觉效果。视频技术最早是为了电视系统而发展，但现在已经发展为各种不同的格式。网络技术的发达也促使视频的纪录片段以串流媒体的形式存在于因特网之上并可被计算机接收与播放。视频与电影属于不同的技术，后者是利用照相术将动态的影像捕捉为一系列的静态照片。

学习笔记

⑧短视频即短片视频，是一种简短、流畅、易于制作和分享的视频形式，通常用于社交、娱乐或商业用途，这种视频形式可以是静态的，也可以是动态的，通常取决于创作者的创意和叙事方式。短视频可以是新闻事件、电影或电视节目等传统内容，也可以是各种音乐、舞蹈、体育比赛等内容。在短视频平台，用户可以上传和分享短视频，并与其他用户进行互动，短视频是近几年一种非常灵活和流行的数字资源内容。

3. 通用数字资源获取方法

互联网上的数字资源，浩如烟海，谁能更快地找到更高质量的内容，无疑占有明显优势，可提高工作效率。

在互联网时代，查资料、下载软件、看视频、打游戏，都离不开搜索引擎。搜索引擎是指根据一定的策略，运用特定的计算机程序搜集互联网上的信息，在对信息进行组织和处理后，并将处理后的信息显示给用户提供检索服务的系统。从使用者的角度看，搜索引擎提供一个包含搜索框的页面，在搜索框输入词语，通过浏览器提交给搜索引擎后，搜索引擎就会返回和用户输入内容相关的信息列表。搜索引擎并不是真正的搜索互联网，它搜索的实际上是预先整理好的网页索引数据库。真正意义上的搜索引擎，通常是指收集了互联网几千万到几十亿个网页并对网页中的每一个关键词进行索引，建立索引数据库的全文搜索引擎。当用户查找某一个关键词的时候，所有的界面内容中包含了该关键词的网页都将作为搜索结果被搜出来，在经过复杂的算法进行排序后，这些结果将按照与搜索关键词的相关度高低，依次排列。

搜索引擎还有很多使用技巧，可以提高搜索准确度，或是得到最需要的查询结果。

百度搜索是全球领先的中文搜索引擎，致力于向人们提供“简单，可依赖”的信息获取方式。百度（Baidu）搜索是世界上使用人数最多的中文搜索引擎，更符合中国人的使用习惯。360 搜索是由 360 公司开发的中文搜索引擎，拥有强大的技术支持，以及与其相关联的其他软件支持。搜狗（Sogou）搜索，能满足一般用户需求，在音乐搜索方面具备一定优势。

2021 年，今日头条发布 Web 版搜索页面，头条搜索依托于新一代搜索引擎，背靠今日头条强大的人工智能算法技术，支持头条生态内部搜索、全站的综合搜索、细分领域专业搜索等，为用户提供精准的搜索结果。

常见的通用搜索引擎使用技巧如下：

①双引号（关键词）。用双引号将关键词括起来，代表完全匹配搜索，也就是搜索出来的结果页面都是包括双引号中所出现的所有词汇，连顺序也是完全匹配的。例如，在搜索引擎的文字框中输入“张飞 QQ”，它就会返回网页中有“张飞 QQ”这个关键字的网址，而不会出现诸如“张飞 /QQ”之类网页。

②减号（排除不需要的关键词）。减号表示在搜索引擎中显示不包括减号后面词汇的页面。使用这个指令时减号前面必须是空格，减号后面没有空格，要紧跟着需要排除的词。使用减号高级指令可以更加准确地找到需要的文件，尤其是某些词语有多重意义的时候。例如，在搜索

引擎中输入“NBA 球星 - 科比”，它表示最后的查询结果中一定不包含“科比”。

③加号（必须包含关键词）。关键词的前面使用“+”，即该单词必须出现在搜索结果中的网页上，例如，在搜索引擎中输入“姚明 + 上海 +2012”表示要查找的内容必须同时包含“姚明”“上海”“2012”这三个关键词。

④通配符。通配符包括星号（*）和问号（?），前者表示匹配的数量不受限制，后者匹配的字符数要受到限制，主要用在英文搜索引擎中。例如，输入“computer*”，就可以找到“computer”“computers”“computerised”“computerized”等单词，而输入“comp?ter”，则只能找到“computer”“compater”“competer”等单词。

学习笔记

操作与实践

任务一 使用搜索引擎在指定网站完成指定文本内容的检索

视频

通用数字资源获取

（1）任务描述

通用搜索引擎高级搜索的解决思路是：取词、优化、反推、转换。取词是指选取合适的搜索关键词，因为搜索引擎是根据关键词进行复杂的分词技术处理后，再递交给后台进行信息检索的。因此，要学会选取合适的关键词，可以对关键词进行联想和简化，再根据每次搜索引擎反馈的结果，优化关键词，加入更多的筛选信息，在暂时没有找到合适的结果时，也可以通过反推和转换等方法，层层推进，得到更为精准的结果。

一个完整的“高级信息搜索”过程一定是包含分析问题、选择合适的检索工具、提取检索词、构造检索式、进行检索、筛选检索结果、调整检索策略、反思总结这 8 个完整的步骤的。

掌握了工具和关键词后，要知道二者如何配合使用。比如需要查找一份政府文件，如果知道准确的文件名，就可以加半角引号进行精确检索；但如果不知道准确名称，就可以用 site 语法只在政府网站内用相关关键词查询。

本次具体的实践任务是使用通用搜索引擎，如百度搜索引擎，在官网搜索 2021 年颁布并实施的《中华人民共和国个人信息保护法》全文内容。

（2）任务实践

在浏览器地址栏，打开通用搜索引擎百度，因为任务需要限制在官网搜索 “个人信息保护法”相关网页内容，所在搜索栏输入“个人信息保护法 site:www.gov.cn”，其中后缀的“site”表示搜索结果局限于某个具体网站，搜索结果如图 1-2 所示。

利用通用搜索引擎高级搜索技能，还可以使用“link”指令来搜索所有指向特定网站的网页，如图 1-3 所示，可以搜索到所有指向杭州市人民政府网站的网页。

学习笔记

图 1-2　通用搜索引擎使用示例 1

图 1-3　通用搜索引擎使用技巧示例 2

任务二 使用搜索引擎下载指定类型的数字资源

学习笔记

（1）任务描述

无损音乐是音乐文件播放格式的一种类型，常见的MP3音乐文件称为有损压缩。有损压缩顾名思义就是降低音频采样频率与比特率，输出的音频文件会比原文件小，而另一种音频压缩称为无损压缩，能够在100%保存原文件的所有数据的前提下，将音频文件的体积压缩得更小，而将压缩后的音频文件还原后，能够实现与源文件相同的大小、相同的码率，主流的无损压缩格式有APE、FLAC等。

本次实践任务是使用通用搜索引擎下载一首指定的无损音乐，如搜索下载歌曲《爱我中华》，要求是下载指定的FLAC格式。

（2）任务实践

第一步，打开通用搜索引擎，寻找无损音乐免费下载网站。

第二步，打开无损音乐免费下载网站，寻找指定音乐数字资源。

第三步，下载获取指定音乐数字资源。

第四步，播放享受音乐数字资源。

其他任务还可以包括指定时间段搜索、指定地区搜索、指定文件格式搜索以及指定商品价格指数搜索等。

拓展阅读

探索AI搜索的演进之路

从远古时期在岩壁上记录信息，到现代社会通过数字屏幕获取资讯，几千年来，人类对信息的追求从未停歇。无论是古代用莎草纸记载演讲和情报，还是近代蒸汽印刷机、电报电话、广播电视以及互联网技术的发展，每一次技术革新都极大地提升了信息传播的速度与效率。随着这些进步，我们进入了一个人类历史上前所未有的信息时代。

如今，全球每年产生的信息量达到了1 EB至2 EB（$1\ \text{EB} \approx 10^{18}\ \text{B}$），相当于每人每年产生约250 MB的信息。然而，人的一生只能接触约6 GB信息，大脑也只能存储约200 MB的信息。面对如此庞大的信息量，“针对性寻找信息”的需求催生了搜索引擎的诞生与发展。

1991年至2022年（搜索引擎1.0时代）：以网页信息分发为主，代表产品有Google搜索、百度搜索。

2022年至2024年上半年（搜索引擎2.0时代）：搜索引擎能够提炼网络内容并生成简单答案，Microsoft New Bing和Google AI Overviews是这一时期的代表作。

2024年下半年至今（搜索引擎3.0时代）：通过对内容的结构化整合来解决问题、发现新知识，如Perplexity AI、360AI搜索、天工AI搜索等，标志着AI搜索时代的到来。

相较于传统搜索引擎，AI搜索不再局限于单纯匹配关键词查找信息，而是智能解答用户问题、满足搜索行为背后的实际需求。在这一定义之下，目前AI搜索已经于自然语言交互方面有较好表现，问答内容质量持续提升。下一阶段，AI搜索的升级方向在于提升

学习笔记

对真实、复杂问题的理解和解决能力：

（1）深度推理：洞察且满足用户搜索的根本意图，需要结合深度学习、思维链等技术提升智能化和推理水平，减少AI幻觉、提升搜索效果，并支持用户通过更加自然、简单的方式满足获取信息、服务及智能辅助的需求。

（2）多模态融合：未来AI搜索过程将从单一模态（如纯文本、纯图像）向多模态方向发展，能够同时处理文本、语音、图像、视频等多种数据类型。这种多模态能力将有助于AI搜索更接近用户的实际需求场景，能够理解复杂的问题，并提供更直观、个性化的交互体验。

未来，随着算法的不断优化、算力的持续提升以及数据的日益丰富，AI搜索也将展现出更加强大的能力，更加紧密地融入人们的工作生活中，开启一个更加令人激动的智能时代。

就像一棵树，只有树根扎得越深、越牢固，这棵树才能长得枝繁叶茂，才能开出美丽的花、长出甜蜜的果实。

1.2 专业数字资源获取能力

学习目标

◎了解专业数字资源的定义、常见类型和应用场景。

◎理解信息检索的基本概念和基本流程，掌握布尔逻辑检索、截词检索、限制检索等。

◎熟悉常见的学术搜索网站，掌握学术搜索网站组合检索用法。

◎掌握学术文献、专利、电子书、数据资源和应用软件的下载以及网络服务资源的使用。

◎熟悉文献阅读方法，掌握文献评价技巧。

相关知识

专业数字资源一般包括文献、期刊、专利、电子书、数据资源、网络服务资源（如基于位置的网络服务）以及应用软件资源，不同的专业数字资源有不同的应用场景，具体取决于其研究领域和应用场景，例如，学术论文可以用于研究和探讨问题，知识产权论文可以用于保护知识产权等。

期刊（journal）是一种经过同行评审的刊物，发表在学术期刊上的文章通常涉及特定的学科。学术期刊展示了研究领域的成果，并起到了公示的作用，其内容主要以原创研究、综述文章、书评等形式的文章为主。

专利（patent）是指当事人专有的权利和利益，一般是由政府机关根据申请而颁发的一种文件，这种文件记载了发明创造的内容，并且在一定时期内产生这样一种法律状态，即获得专利的发明创造。在一般情况下他人只有经专利权人许可才能予以实施，在我国，专利分为发明、实用新型和外观设计三种类型。

电子书为人们所阅读的数字化出版物，区别于以纸张为载体的传统出版物，电子书是利用计算机技术将一定的文字、图片、声音、影像等信息，通过数码方式记录在以光、电、磁为介质的设备中，借助于特定的设备来读取、复制、传输。

数据资源（data resource）是大数据新名词，随着数字化技术的快速发展，大量的数据已经成为国家重要的资源。2023 年，国务院提出从国家层面统筹数据资源整合共享和开发利用，将数据资源提升到了经济社会发展总抓手的高度，数据资源不仅包括国家数据，还包括对企业而言所有可能产生价值的数据。数据资源通常存储在数据库管理系统或其他软件（例如电子表格）的数据库中。

网络服务资源，指为网友提供网络服务的资源，如基于位置的服务（location based service，LBS），是利用各类型的定位技术来获取定位设备当前的所在位置，通过移动互联网向定位设备提供信息资源和基础服务，用户利用定位技术确定自身的空间位置，随后便可通过移动互联网来获取与位置相关的资源和信息，LBS 中融合了移动通信、互联网络、空间定位、位置信息、大数据等多种信息技术，利用移动互联网络服务平台进行数据更新和交互。

应用软件（application software）是和系统软件相对应的，是用户可以使用的各种程序设计语言，以及用各种程序设计语言编制的应用程序的集合，分为应用软件包和用户程序。其中应用软件包是利用计算机解决某类问题而设计的程序的集合，多供用户使用，本质上应用软件是为满足用户不同领域、不同问题的应用需求而提供的那部分软件。它可以拓宽计算机系统的应用领域，放大硬件的功能。与应用软件相类似的是诞生于移动互联网时代的 App，它主要是指安装在智能手机上的软件，用于完善原生系统的不足与个性化。无论是应用软件还是手机 App，都可以认为是数字时代的专业数字资源。

文献、期刊、图书、专利、标准等，一般统称为知识资源。我国在 20 世纪末就已经开展国家知识基础设施工程项目：国家知识基础设施（National Knowledge Infrastructure，NKI）的概念最早是由世界银行《1998 年度世界发展报告》提出，以全面打通知识生产、传播、扩散与利用各环节信息通道，打造支持全国各行业知识创新、学习和应用的交流合作平台为总目标；中国知识基础设施工程（China National Knowledge Infrastructure，CNKI），是以实现全社会知识资源传播共享与增值利用为目标的信息化建设项目，为全社会知识资源高效共享提供最丰富的知识信息资源和最有效的知识传播与数字化学习平台。目前可以向海内外读者提供中国学术文献、外文文献、学位论文、报纸、会议、年鉴、工具书等各类资源统一检索、统一导航、在线阅读和下载服务。

知网在中国的学术界拥有较高的地位，还包括学术不端文献检测系统，它是中国权威的中文论文检测系统，拥有最丰富、最核心的文献对比资源和十分科学的比对算法，超过 99% 的高校都是使用知网查重检测学生的论文。

知网文献检索，包括学术期刊、学位论文、会议、报纸、年鉴、专利、标准、成果、图书和学术辑刊，囊括了农林牧渔、卫生、科学研究，建筑、能源、冶炼、交通运输，制造、信息技术、贸易，党政、社团、国防、法律、金融和教育、公共文化、社会服务等各行业的知识资源，还扩展了研究学习平台、出版评价平台等多个知识创新子平台。

与通用数字资源相对应就有通用搜索引擎，如百度、必应等，专业数字资源在网络上，也有专门的搜索引擎，称为垂直搜索引擎，是针对某一个行业的专业搜索引擎，是搜索引擎的细分和延伸，是根据特定用户的特定搜索请求，对网站（页）库中的某类专门信息进行深度挖掘与整

学习笔记

合后，再以某种形式将结果返回给用户。垂直搜索是相对通用搜索引擎的信息量大、查询不准确、深度不够等提出来的新的搜索引擎服务模式，通过针对某一特定领域、某一特定人群或某一特定需求提供的、有特定用途的信息和相关服务，中国知网也可以称为知识领域的垂直搜索引擎。

为了精准检索到所需要的专业数字资源，我们需要了解一种布尔逻辑检索，也称作布尔逻辑搜索。严格意义上的布尔检索法是指利用布尔逻辑运算符连接各个检索词，然后由计算机进行相应逻辑运算，以找出所需信息的方法。它使用面最广、使用频率最高。布尔逻辑运算符的作用是把检索词连接起来，构成一个逻辑检索式。逻辑运算符有如下三种：

①逻辑与：用“AND”与“*”表示。可用来表示其所连接的两个检索项的交叉部分，即交集部分。如果用 AND 连接检索词 A 和检索词 B，则检索式为 A AND B（或 A*B），表示让系统检索同时包含检索词 A 和检索词 B 的信息集合。

②逻辑或：用“OR”或“+”表示。用于连接并列关系的检索词。用 OR 连接检索词 A 和检索词 B，则检索式为 A OR B（或 A+B），表示让系统查找含有检索词 A、B 之一，或同时包括检索词 A 和检索词 B 的信息。

③逻辑非：用“NOT”或“-”表示。用于连接排除关系的检索词，即排除不需要的和影响检索结果的概念。用 NOT 连接检索词 A 和检索词 B，检索式为 A NOT B（或 A-B），表示检索含有检索词 A 而不含检索词 B 的信息，即将包含检索词 B 的信息集合排除。

除了逻辑检索外，还有截词检索和限制检索。截词检索是预防漏检提高查全率的一种常用检索技术，大多数系统都提供截词检索的功能。截词是指在检索词的合适位置进行截断，然后使用截词符进行处理，这样既可节省输入的字符数目，又可达到较高的查全率。尤其在西文检索系统中，使用截词符处理自由词，对提高查全率的效果非常显著。常用的截词符号包括？、$ 和 *，分别代表一个字符，0 个或者 1 个字符和多个字符，而根据位置可以分为前截断、中截断、后截断。

限制检索（range）是通过限制检索范围，达到优化检索结果的方法。限制检索的方式有多种，如进行字段检索、使用限制符、采用限制检索命令等。字段限制检索就是限制检索的一种，因为限制检索往往是对字段的限制，在搜索引擎中，字段检索多表现为限制前缀符的形式。如属于主题字段限制的有 Title、Subject、Keywords、Summary 等，属于非主题字段限制的有 Image、Text 等。作为一种网络检索工具，搜索引擎提供了许多带有典型网络检索特征的字段限制类型，如主机名（host）、域名（domain）、链接（link）、URL（site）、新闻组（newsgroup）、E-mail 限制等。这些字段限制功能限定了检索词在数据库记录中出现的区域，由于检索词出现的区域对检索结果的相关性有一定的影响，因此，字段限制检索可以用来控制检索结果的相关性，以提高检索效果。

操作与实践

视频

专业数字资源获取

任务一　在中国知网上检索“数字素养”有关的最新期刊论文，并下载获取最新的一篇期刊论文全文资源

（1）任务描述

学术期刊是在某一学术课题具有的新的科学研究成果或创新见解和知识的科学记录，用以

学习笔记

提供学术会议上宣读、交流、讨论，或用作其他用途的书面文件，本任务的要求在中国知网网站上，检索指定主题的最新期刊论文，并获取指定格式的 PDF 全文资源。

（2）任务实践

第一步，打开中国知网网站，如图 1-4 所示。

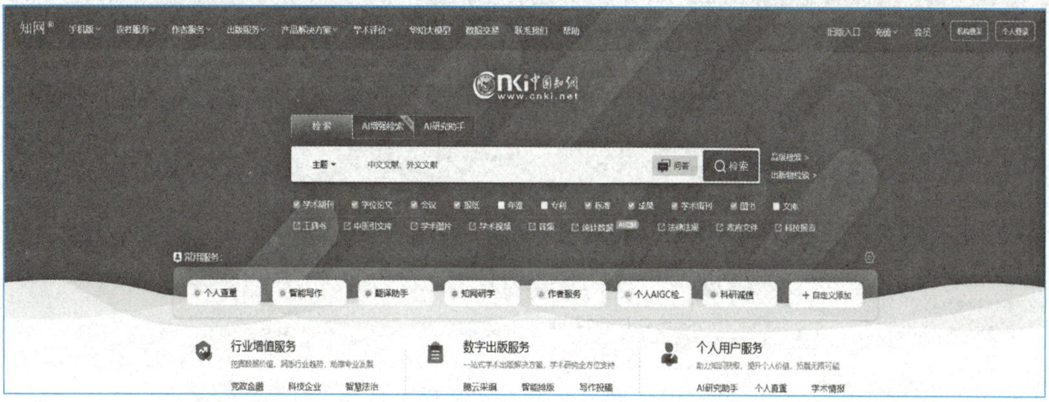

图 1-4　知网首页

第二步，在检索框中，输入“数字素养”，如图 1-5 所示，然后单击“检索”按钮。

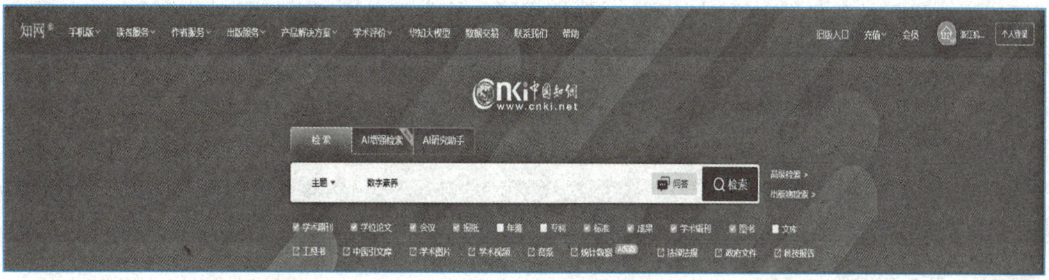

图 1-5　知网主检索框

知网提供了主题、篇关摘、关键词、篇名、全文、作者、作者单位、基金、参考文献、分类号、文献来源以及 DOI 等一系列缩小检索范围的选项，同时还可以通过搜索框下面的复选框，进一步把检索范围限制于学术期刊、学位论文、会议、报纸、年鉴、专利、标准、成果、图书和学术辑刊等更具体的检索对象中，除此之外，知网还提供了知识元检索和引文检索功能。

检索结果页如图 1-6 所示，包括三部分：第一部分位于顶部，最上面的依旧是搜索框，可以进行“结果中检索”和“高级检索”等深度检索功能，接下来是检索大类的对象，如学术期刊、学位论文等，以及各自的检索结果数量；第二部分位于页面的右侧，是一个检索范围筛选的功能，可以根据不同的学科、作者、机构和基金等信息，进一步缩小检索范围；第三部分是检索结果页的主体，包括题名、作者、来源、发表时间、数据库、被引次数、下载次数等列。

学习笔记

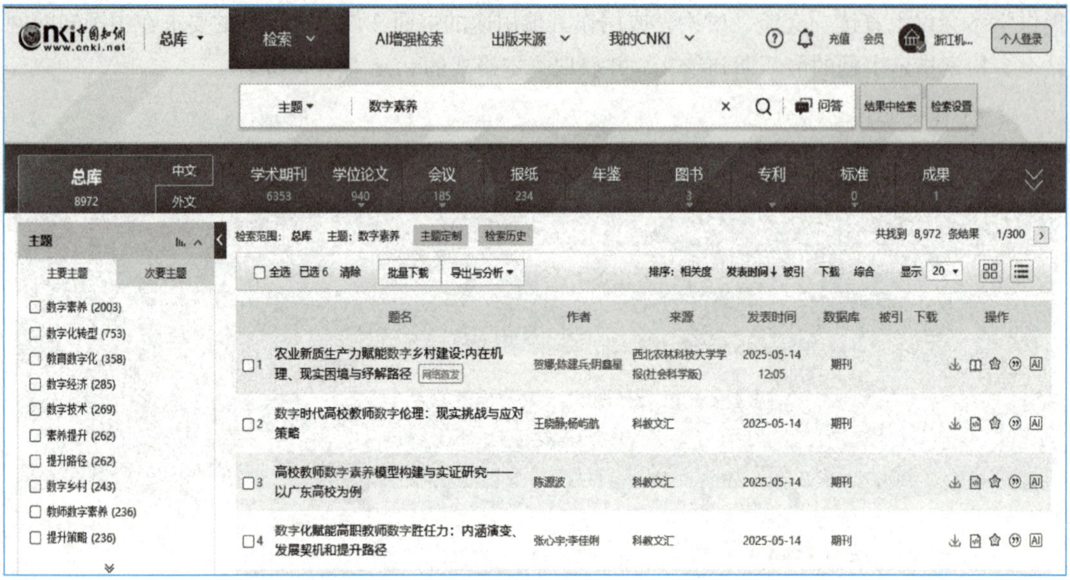

图 1-6　检索结果页

主体上方的功能导航栏，可以查看检索数据库范围、主题以及检索到的结果总数，以及进行即时翻页功能，还可以选择结果的排序方式，默认情况下，检索结果是按发表时间的逆序排列，还可以更改显示的条目数以及列表视图或详情视图。检索结果详细页如图 1-7 所示。

图 1-7　检索结果详细页

学习笔记

第三步，单击具体的篇名，就可以查看该期刊文献的具体内容，如图 1-8 所示。

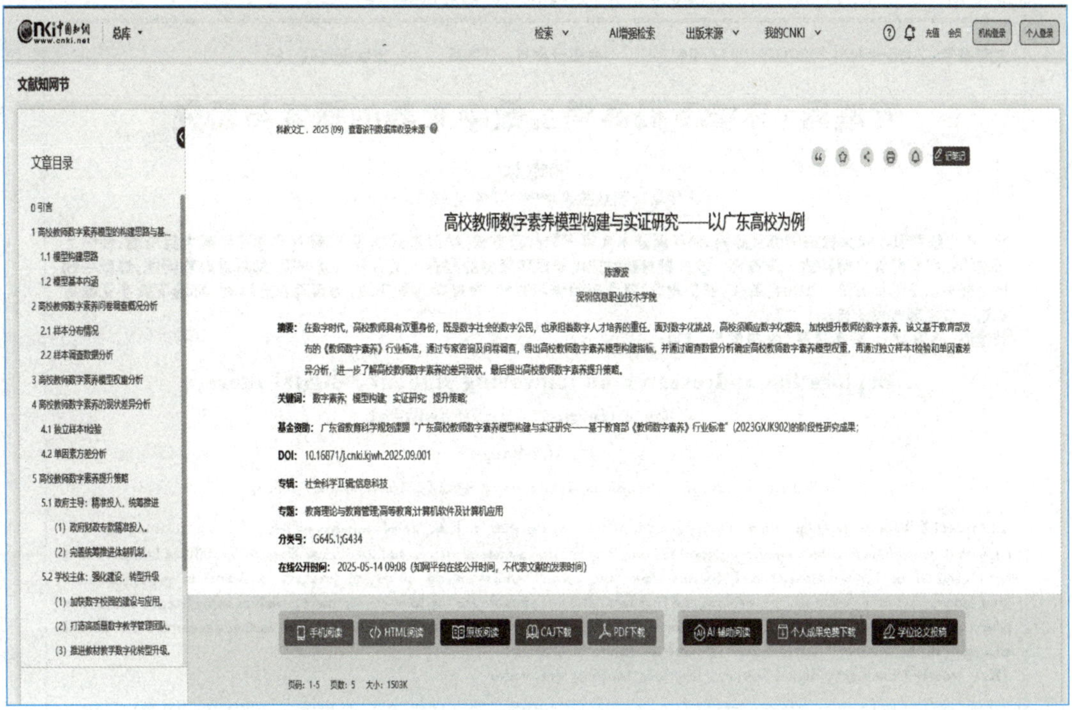

图 1-8　期刊文献的具体内容页

期刊文献的具体内容页，包括左右两个部分，左边是文章目录以及文内图片，右边是具体内容的主要页面，最上面一行是期刊的名称和发表的期号；第二行右侧是包括引用、收藏、分享、打印、关注和记笔记等一些辅助知识管理的功能；接下来的主体是文章标题、作者、摘要、关键词以及分类号等文献要素；再接下来，如果对全文有兴趣，就可以下载全文，知网提供了手机阅读、HTML 阅读、CAJ 下载（一种知网特有的格式，需要下载专用的阅读器）以及 PDF 下载，具体内容页还提供了下载次数、文章所在页码、页数以及电子文档大小等信息；除此之外，在具体内容页的最下方，知网系统还提供了核心文献推荐、引文网络可视化、参考文献和相关推荐等引导阅读信息，可以进一步了解该文献相关的知识链接资源。

第四步，单击“PDF 下载”可下载全文，如果账号有效登录的前提下，就可以获取该期刊文献的印刷体全文，如图 1-9 所示。

回到该期刊文献检索结果页，还可以单击作者姓名，查看获取文献作者的相关信息，包括作者的基本信息、关注领域、贡献的文献、导师及合作作者、获得支持的基金等文献信息。

通过该期刊文献检索结果页，单击刊名，可以查看期刊的基本信息、出版信息和评价信息，还可以按刊期浏览该期刊的所有文献资源。

学习笔记

第 10 卷 第 8 期 智能计算机与应用 2020 年 8 月
Vol.10 No.8 Intelligent Computer and Applications Aug. 2020

文章编号：2095-2163(2020)08-0217-04 中图分类号：TP392 文献标志码：A

互联网+环境下提高学生数字素养的探索与研究

浦慧忠
（无锡城市职业技术学院，江苏 无锡 214153）

摘 要：随着互联网大数据的普及应用，各种新技术支撑下的教育方式、学习方式的转变，数字化学习已成大势所趋，而随之带来的数字素养能力有待进一步加强。本文针对现阶段对于数字素养的理解以及存在成就差距、知识过时等问题，探索寻找适合新环境下的新方法。如角色转变、创新教育、整合多种学习方式、终身学习等手段，为实现在互联网+环境下数字化教育的进一步发展提供支持。

关键词：互联网+；数字素养；终身学习；创新

Exploration andresearch on improving students′ digital literacy in the Internet + environment

PU Huizhong
(Wuxi City College of Vocational Technology, Wuxi 214153, Jiangsu, China)

【Abstract】With the popularization and application of Internet big data and the transformation of education and learning methods supported by various new technologies, digital learning has become a general trend, and the digital literacy capabilities brought about by it need to be further strengthened. Starting from the current understanding of digital literacy, achievement gaps, outdated knowledge, and other realities, we explore and find new methods suitable for the new environment, such as role change, innovative education, integration of multiple learning methods, lifelong learning, etc., to provide support for the further development of digital education in the Internet + environment to serve the future of students.

【Key words】Internet+; digital literacy; life-long learning; innovation

图 1-9 下载获取的印刷体全文

任务二 利用中国知网 CNKI 检索“人工智能”有关的授权专利，并下载获取全文资源

（1）任务描述

专利是科研成果的一种，它是受到国家法律保护的发明创造，它允许申请人在一定时间内对其发明进行独占实施权的保护，如果其他人未经许可而实施了他人的专利，专利拥有人可以请求法院撤销侵权行为并寻求赔偿。专利还可以用于提高公司的品牌知名度和市场竞争力，并为发明人提供了一种经济有效的方式来推广自己的想法。一般来说，在我国，专利可以根据不同的标准被分为发明专利、实用新型专利以及外观设计专利。

专利检索是一种重要的专利管理活动，它可以帮助人们了解当前技术的发展动态，以及该技术的实际应用情况，从而减少风险和损失。专利信息是一种重要的专业数字资源。本任务的要求是在中国知网网站上，了解中国知网的专利数据库基本情况，并且检索指定主题“人工智能”相关的一项授权专利，并获取该专利的权利要求书全文。

（2）任务实践

第一步，打开中国知网网站，单击检索框下面的“专利”按钮，进入专利数据库，如图 1-10 所示。

中国专利收录了 1985 年以来在中国申请的发明专利、外观设计专利、实用新型专利，共

学习笔记

计收录从 1970 年至今专利 1.2 余亿项，每年新增专利约 200 万项。

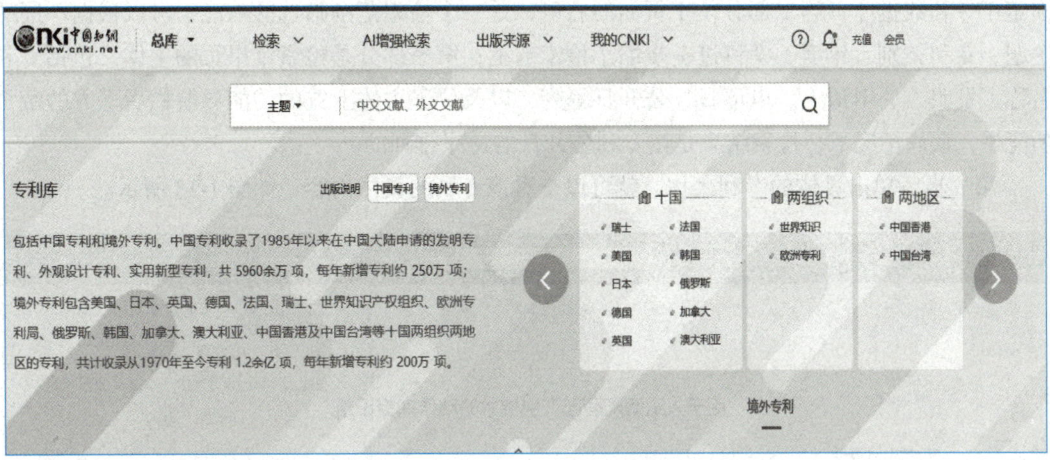

图 1-10　中国知网专利数据库首页

第二步，在中间的检索框中，输入“人工智能”，然后，单击“检索”按钮，就可以查看到专利库中与“人工智能”主题有关的查询结果，如图 1-11 和图 1-12 所示。

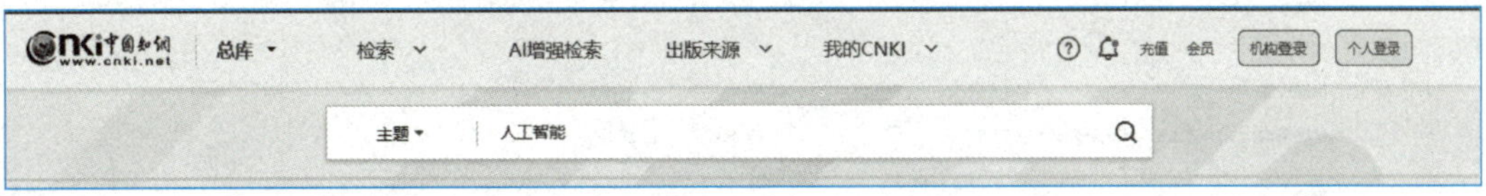

图 1-11　中国知网专利数据库检索框

图 1-12　专利检索结果页

学习笔记

检索结果页包括三个部分：第一部分位于顶部，最上面的依旧是检索框，接下来检索大类固定于专利数据库；第二部分位于页面的右侧，是一个检索范围筛选的功能，可以根据不同的主题、专利类别、年度、学科进一步缩小检索范围；第三部分是检索结果页的主体，包括专利名称、发明人、申请人、申请日、公开日等列，以及位于主体上方的功能导航栏后下方的翻页功能栏，默认情况下，检索结果是按专利公开日的逆序排列的。

第三步，单击具体的专利名称，就可以查看该专利的具体内容，如图 1-13 所示。

图 1-13　专利检索详情页

专利的具体内容页，包括了专利的名称、类型、申请（专利）号、申请日、授权公告号、授权公告日、申请人、地址、发明人、分类信息以及专利代理机构、摘要等信息，最主要的是，还可以查看专利的法律状态是“授权”，还是“失效”，以及具体的法律状态信息；除此之外，在具体内容页的最下方，知网系统还提供了相似专利、本领域科技成果与标准以及本专利研制背景等知识链资源。

第四步，全文下载。单击“CAJ 原文下载”按钮，在知网账号有效登录的前提下，就可以获取该专利的权利要求书印刷体全文，知网只能下载 CAJ 格式的全文，需要从知网下载专用的浏览器，才可以打开查看，具体如图 1-14 所示。

中国知网专业数字资源还包括自 1984 年以来我国各学科的硕博士学位论文、国家标准全文、行业标准全文、职业标准全文、国内外标准题录数据库、中国科技成果等一系列专业知识

学习笔记

相关的数字资源，以及学术不端文献检测系统等知识管理产品，是我国知识专业资源领域的行业龙头，包括维普和万方也是各有特色的专业数字资源平台。

(19) 中华人民共和国国家知识产权局

(12) 发明专利

(10) 授权公告号 CN 110264798 B
(45) 授权公告日 2021.09.07

(21) 申请号 201910554271.4

(22) 申请日 2019.06.25

(65) 同一申请的已公布的文献号
申请公布号 CN 110264798 A

(43) 申请公布日 2019.09.20

(73) 专利权人 范平
地址 610110 四川省成都市龙泉驿区大面镇东洪路××××××
专利权人 邓冰

(72) 发明人 范平

(74) 专利代理机构 北京集佳知识产权代理有限公司 11227
代理人 赵焕

(51) Int.Cl.
G09B 5/06 (2006.01)
G09B 11/10 (2006.01)

(56) 对比文件
CN 109473016 A,2019.03.15
CN 206431875 U,2017.08.22
CN 106373455 A,2017.02.01
CN 106128212 A,2016.11.16
US 2018225993 A1,2018.08.09
Kazuyuki HENMI and Tsuneo YOSHIKAWA.Virtual Lesson and Its Application to Virtual Calligraphy System.《Proceedings of the 1998 IEEE International Conference on Robotics & Automation Leuven》.1998,第1275-1280页.

审查员 裴仰

权利要求书2页　说明书10页　附图3页

(54) 发明名称
一种可穿戴系统及应用于可穿戴系统的教

图 1-14　检索详情页

任务三　使用互联网相关工具下载获取指定数据资源

（1）任务描述

网络数据资源是指可以在网上获取或生成数据，这些资源一般是结构化的文件，网络数据资源的出现大大降低了数据获取的门槛，使得数据的获取变得更加容易和便捷，这些数据资源对于政府、企业和个人都具有重要的意义，它们可以帮助我们更好地了解社会和经济情况，提供更好的决策和服务。

本任务要求从国家统计局官方网站查看 2020 年到 2024 年我国居民人均收入与支出数据，并以 Excel 电子表格形式下载这些数据资源。

（2）任务实践

第一步，通过网络搜索或者直接打开中国国家统计局官方网站，如图 1-15 所示。

学习笔记

图 1-15　国家统计局官方网站

国家统计局于 2013 年建立了新版统计数据库。在这里，可以查询到国家调查统计的各专业领域的主要指标，包含月度、季度、年度数据，以及地区数据、普查数据、国际数据六类统计数据。月度数据主要有居民消费价格指数（CPI）、工业生产价格指数（PPI）、商品零售价格指数、规模以上工业生产、固定资产投资、房地产开发投资、社会消费品零售总额、对外经济贸易、交通运输、邮电通信、采购经理指数（PMI）、财政、金融等。季度数据主要有国内生产总值、农业、工业、建筑业、城镇居民收入与支出、农村居民收入与支出、固定资产价格指数、农产品生产价格指数。年度数据包括综合、国内生产总值、人口、就业人员和工资等 27 个领域的数据。地区数据涵盖了全国以及部分城市主要经济指标。普查数据包括 2000 年、2010 年全国人口普查，2004 年、2008 年全国经济普查数据。国际数据提供了世界众多国家国内生产总值等主要指标的月度及年度数据。

第二步，单击“年度数据”菜单，如图 1-16 所示。

图 1-16　年度数据查询

第三步，单击“简单查询”→“人民生活”→“全国居民人均收入情况”选项，再进一步选择相应时间段，即可获取 2020 年—2024 年全国居民人均收入与支出列表数据，如图 1-17 所示。

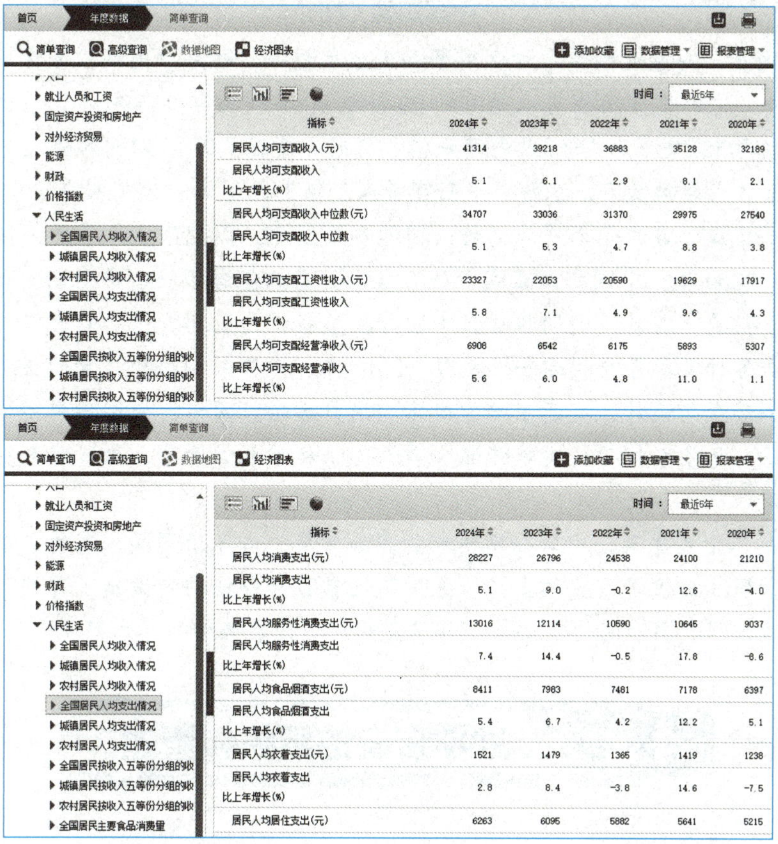

图 1-17　获取 2020 年—2024 年全国居民人均收入与支出列表数据

第四步，在右上角，单击“下载”按钮，即可以 Excel 的格式下载相关的数据，如图 1-18 所示。

数据库：年度数据					
时间：最近5年					
指标	2024年	2023年	2022年	2021年	2020年
居民人均可支配收入(元)	41314	39218	36883	35128	32189
居民人均可支配收入比上年增长(%)	5.1	6.1	2.9	8.1	2.1
居民人均可支配收入中位数(元)	34707	33036	31370	29975	27540
居民人均可支配收入中位数比上年增	5.1	5.3	4.7	8.8	3.8
居民人均可支配工资性收入(元)	23327	22053	20590	19629	17917
居民人均可支配工资性收入比上年增	5.8	7.1	4.9	9.6	4.3
居民人均可支配经营净收入(元)	6908	6542	6175	5893	5307
居民人均可支配经营净收入比上年增	5.6	6	4.8	11	1.1
居民人均可支配财产净收入(元)	3435	3362	3227	3076	2791
居民人均可支配财产净收入比上年增	2.2	4.2	4.9	10.2	6.6
居民人均可支配转移净收入(元)	7644	7261	6892	6531	6173
居民人均可支配转移净收入比上年增	5.3	5.4	5.5	5.8	8.7
注：1.人均可支配收入增长（%）和人均消费支出增长（%）为扣除价格因素的实际增长（%），其余增长（%）均为名义增长（%）。					
2.人均收入中位数是指将所有调查户按人均收入水平从低到高（或从高到低）顺序排列，处于最中间位置调查户的人均收入。					
数据来源：国家统计局					

图 1-18　下载并打开的 Excel 格式数据资源

学习笔记

拓展阅读

中国知网 CNKI

中国知网是国内最大的学术搜索引擎和文献库之一，也是中国高校最常用的在线文献检索工具之一。它的发展历程可以追溯到 20 世纪 90 年代初期。1999 年，中国科学技术信息研究所（简称 ISTIC）开始研发中国知网。当时，中国的学术期刊和论文资源分散、传统的文献检索方式效率低下，这给学术研究带来了很大的困难。为了解决这个问题，ISTIC 决定开发一个集成了各种学术资源的搜索引擎和文献库，以便研究人员更方便地查找和获取学术文献。2000 年，中国知网正式上线。当时，它只包含了一些中文期刊和学位论文的全文数据库。但是，随着时间的推移，中国知网不断扩大了其数据库的规模和范围，逐渐成了一个集成各种学术资源的综合性平台。2012 年，中国知网推出了新的版本，采用了全新的技术架构和界面设计，提高了检索效率和用户体验。同时，中国知网还推出了一系列的功能和服务，如学术搜索、文献传递、学术交流和学术评价等，为研究人员提供了全方位的学术支持。

在过去的二十多年里，中国知网不断创新和发展，成了中国学术界的重要组成部分，它不仅为学术研究提供了重要的支持，也为高校教育和科技创新做出了贡献，作为一名大学生，需要认识到中国知网的重要性，并学会如何利用它来进行学术研究。

1.3 数字资源的组织和管理

学习目标

◎了解数字资源的特点和数字资源的管理需求。

◎了解数字资源的安全和保密知识，以保证数字资源的安全。

◎熟悉各种数字资源工具和软件的使用、收集和整理。

◎具备与不同类型的数字资源进行交互和协作的能力，提高数字化生存能力。

相关知识

1. 数字资源的组织和命名规则

随着人类进入信息社会，一方面信息在现实生活中已经并且将长期发挥越来越重要的作用，另一方面，信息爆炸，信息环境恶化成为全球共同面临的难题。人们对于信息组织以及管理方面的需求日益迫切。信息构建（information architecture，IA）以信息的清晰化和信息的可理解、易获取为主要目标，可以应用于解决复杂的信息组织和管理问题。

个人拥有的数字资源作为信息的一种重要形式，也可以应用信息构建对其进行组织和管理，个体数字资源信息构建的核心思想是关注用户、以人为本，用户、内容、组织是信息构建的三要素，是三者的交集。

当文件需要经过更多的步骤或处理环节，需要被更多的程序或人来处理时，在文件命名中启用某种规则，显然可以提高工作效率，降低差错率。与此同时，当需要处理大批量文件时，合理的文件夹组织也将显得格外重要。

通常来说，计算机软件或手机拍摄都有默认的命名规则，为了避免重复和保持兼容性，它们常常由八个西文字母或数字的组合作为文件名，比如 Img00123.mov，然而这样的素材文件，除非你打开回放，否则不知道它是什么。

文件夹分类是数字资源组织和管理最基础的一个步骤，大部分人会按主题做非常细致和复杂的整理，计算机的操作系统已经提供了简单的文件夹一级分类，如开源 Linux 系统的一级分类如图 1-19 所示。

图 1-19　Linux 操作系统文件夹一级分类

微软的视窗 Windows 系统的一级分类如图 1-20 所示。

图 1-20　Windows 操作系统文件夹一级分类

可以在此基础上，制定一套属于自己的文件夹分类方法，在此提供一些分类原则：

第一，一级目录可以按数字资源的主题分类，并且适当加上排序编号。

第二，二级目录可以按时间分配目录，比如 2021、2023 作为二级目录，三级目录里再按项目或者按月组织，这些都是非常有效的文件夹分类方法，比完全按主题分目录更好，因为主题分类的方法往往会随着时间而发生改变，所以在档案馆里，把纸质档案按时间进行归档，是相当科学的。

第三，文件夹嵌套不超过四级。

图 1-21 是一个简单的文件夹分类方法。

关于数字资源的命名规则，有很多种方式，在欧美国家，被广泛应用的主要是数字对象标识符（简称 DOI）和统一资源名称（简称 URN）等，我国国家档案局也于 2016 年 6 月发布实施了关于数字资源归档的行业标准《归档文件整理规则》（DA/T 22—2015），对归档电子文件提出了具体的整理要求。对于个人，当然不需要那么严格的规范，除了坚持便于存储、便于查找的原则外，可以采用三段式命名方法来确定数字资源的文件名称，即每个数字资源的名称由“内容题目”“内容关键词”“创建日期和修改次数”三部分组成，再加上默认的文件扩展名即可，如图 1-22 所示。

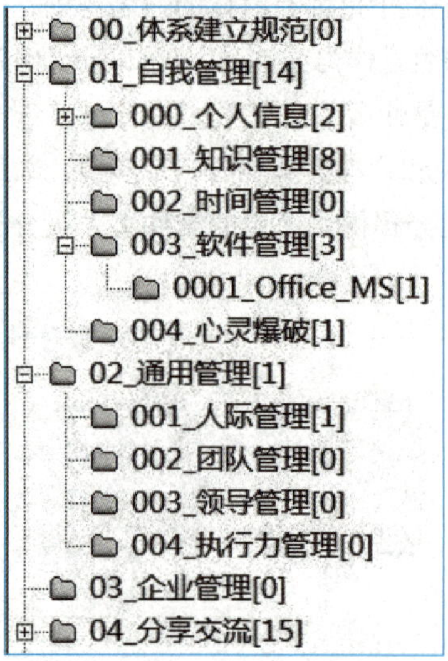

图 1-21　文件夹分类参考

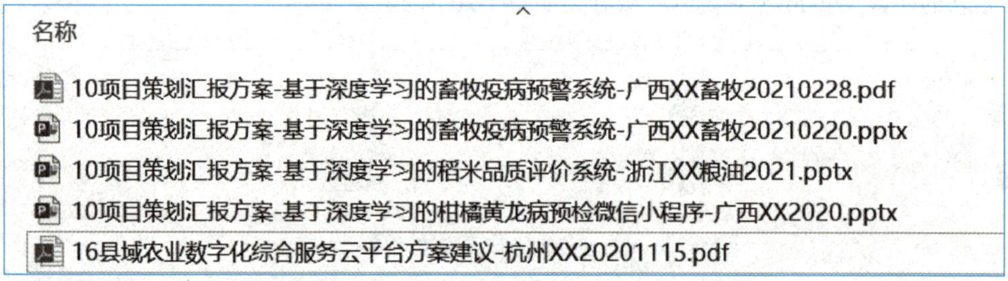

图 1-22　三段式数字资源命名法示例

2. 数字资源的快速检索

高效的检索，可以在最短的时间内，帮助人们找到所需的、准确的数字资源，提高工作效率。虽然智能手机已经非常普及，各项功能也逐渐丰富，甚至很多人在生活和工作方面都使用智能手机代替了计算机，但计算机的部分功能还无法在智能手机端实现，同时，即便智能手机已经实现的一些功能中，也有实际体验不如计算机。伴随着远程办公和远程网课的兴起，计算机依旧占据着办公领域的主场，本地数字资源高效检索，主要指的是在 Windows 桌面操作系统下，如何最快地检索所需要的数字资源对象（即文件）。

Windows 自带的搜索服务 Windows Search，在 Windows 10 操作系统里得到了明显的改善，

学习笔记

但依旧难用，在这里，推荐一款本地数字资源高效检索的小工具——Everything，它是一款基于文件名搜索软件，官网描述为“基于名称实时定位文件和目录（locate files and folders by name instantly）”。它体积小巧，界面简洁易用，快速建立索引，快速搜索，同时占用极低的系统资源，实时跟踪文件变化，并且还可以通过 http 或 FTP 形式分享搜索，速度超快，比 Windows 自带的快很多倍，同时，它是一款低学习成本的软件，具体的使用方法如下：

（1）简单搜索

图 1-23 是 Everything 的主界面，从上到下依次为菜单栏、搜索栏、搜索结果栏。Everything 的简单搜索，就像使用浏览器一样，用法简单，直接在输入栏输入即可，图 1-23 为搜索所有“soft”相关的资料的搜索结果。

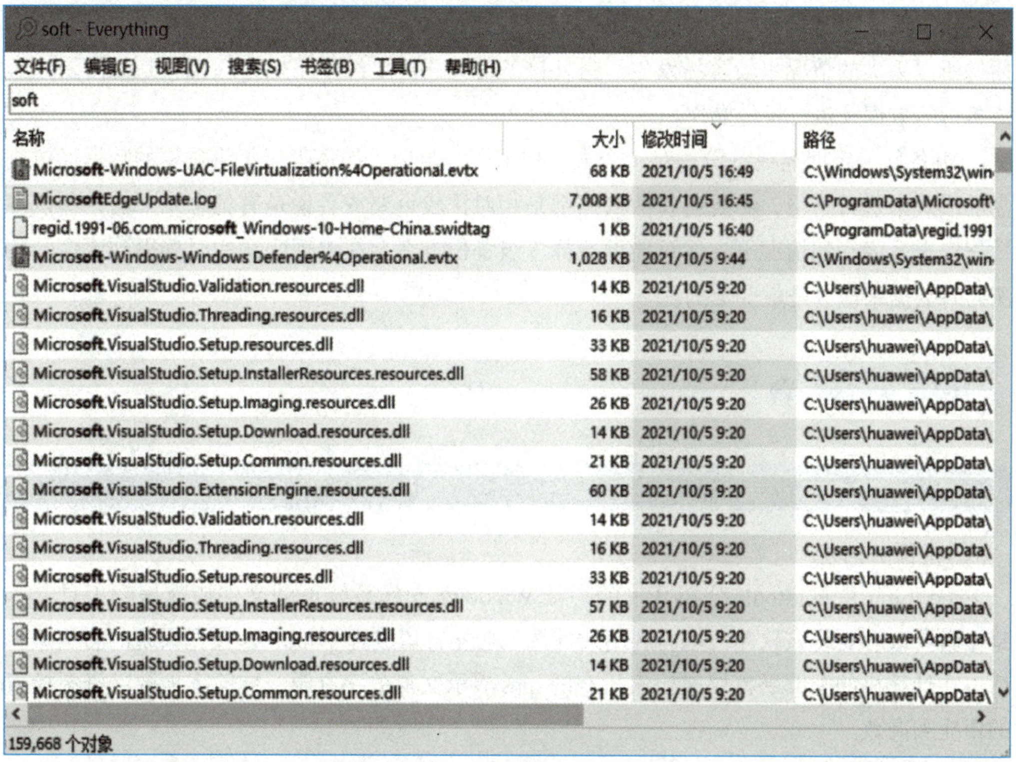

图 1-23　Everything 的主界面

（2）中级搜索

中级搜索支持各种语法，用法类似网页搜索，在这里举几个例子，更加复杂的搜索可以查看软件的帮助文件。

搜索“soft”相关的 Word 文档，搜索框输入：soft *.doc。

搜索“soft”相关的 Word 文档和 PPT 文档，搜索框输入：soft *.doc|*.ppt。

除了语法搜索，还有很多高级的搜索功能，如正则匹配法、模糊搜索等，在菜单项“帮助”下有搜索语法、正则表达式语法等的详细使用说明。Everything 的搜索有三种方式：常规搜索、通配符和正则表达式。

学习笔记

数字资源丢失和损坏也是数字时代经常遇到的问题，数字资源备份可以有效保护重要数据，对于数据丢失，最好的方法是提前做好数据备份。

一般来说，建议做三级数据备份。

一级备份，建议采用准实时的云备份。一级备份也是现在智能手机终端对于数字资源的保存方式，通过 Internet 连接将设备的数据备份到云端，云备份的解决方案易于管理，因为是云服务商提供对用户的支持，是现今较流行的解决方案，但是由于数据存储在云服务提供商的数据中心，因此不会受到当地灾难的影响，但是使用云备份解决方案的主要问题是数据的隐私性和安全性，在选择时确保选择采取适当安全措施的云备份服务。

二级备份，将重要的数据通过 U 盘或移动硬盘来进行备份。这种备份形式最大的好处就是便携成本低，但是存在物理风险，如果 U 盘或移动硬盘发生损坏数据也很难找回来，同时因为便携所以丢失的情况也较容易发生，另外该备份方式需要纯手工操作，也就是说需要人工去选择备份的数据及执行备份操作。

三级备份，定期离线备份。对于个人用户来说，定期（如每半年）将重要的数据通过刻录光盘的形式来进行备份，需要备份的数据都是相对比较重要或者说是有纪念意义的，所以在保证数据安全及隐私的情况下，尽可能地选择多级备份方案会在出现问题的时候得到更多的解决方法，对数据来说也是最安全的。

操作与实践

任务　本地数字资源的快速检索软件——Everything 的操作实践

（1）任务描述

Everything 是 voidtools 公司开发的一款 Windows 操作系统下的文件快速搜索工具，本任务是搜索获取和安装该软件，然后利用软件选项功能，集成到 Windows 操作系统的右键菜单，最后，在计算机的全部硬盘快速检索所有的 .ppt 演示文稿数字资源，体验本地数字资源检索软件的便捷和高效。

视频　数字资源的组织和管理

（2）任务实践

第一步，获取 Everything 软件。通过访问官网查看最新版本的 Everything 软件，根据操作系统的类型，下载安装版或便携版即可，如 64 位的安装版，下载完成安装软件后，就可以使用。一般情况下，建议把该功能集成到鼠标右键，具体操作是单击“工具”→“选项”→“常规”→“集成到资源管理器右键菜单”复选框，如图 1-24 所示。

第二步，即使计算机文件夹或文件没有按照本任务介绍的分类规则和命名方法进行组织和管理，在经过短暂的索引数据库重建后，Everything 软件也可以快速检索用户想要的文件信息。用户只需熟悉一些通配符或表达式，如搜索所有的 .ppt 演示文稿文件，只需要在搜索栏输入“*.ppt”，就可以快速得到所有的扩展名为 .PPT 的数字资源，如图 1-25 所示。

学习笔记

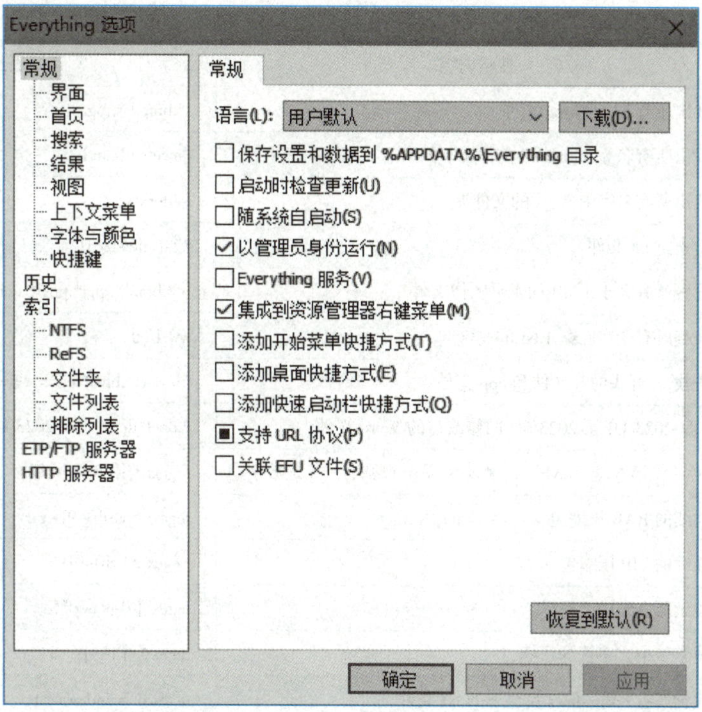

图 1-24　“Everything 选项”界面

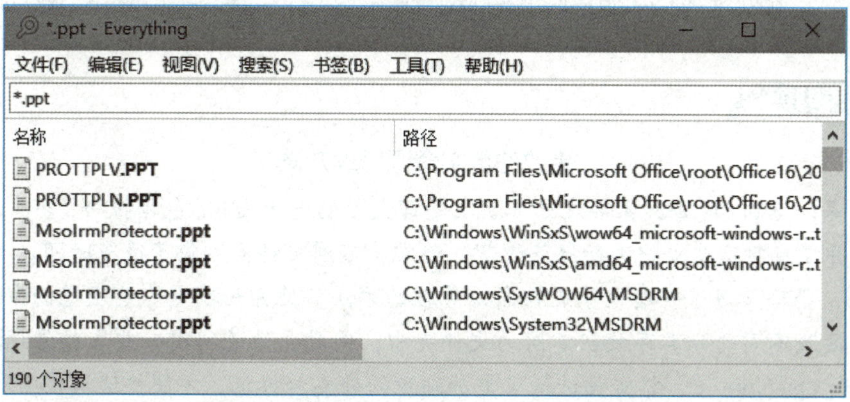

图 1-25　通配符查找所有 .ppt 演示文稿

Everything 软件功能特别强大，除了简单地按文件名搜索、按文件大小、按图片尺寸、按日期等初级功能外，还支持部分的内容搜索和正则表达式搜索等高级功能，配合实例可以更好地掌握该软件的使用方法，见表 1-1。

表 1-1　Everything 软件使用示例

实例序号	搜索内容	正则表达式
1	找到所有 c 目录及其下任意子目录的 txt 文件	c:\ *.txt

学习笔记

续表

<table>
<tr><th>实例序号</th><th>搜索内容</th><th>正则表达式</th></tr>
<tr><td>2</td><td>找出所有 bmp 和 jpg 文件</td><td>*.bmp | *.jpg</td></tr>
<tr><td>3</td><td>找出所有名为 download 文件夹下的所有 avi 文件</td><td>download\ .avi</td></tr>
<tr><td>4</td><td>找出所有名字中含 .tx 的文件夹</td><td>folder:.tx</td></tr>
<tr><td>5</td><td>搜索空 txt 文件</td><td>*.txt file:size:0</td></tr>
<tr><td>6</td><td>搜索所有大于 1 MB 的常见图像文件</td><td><*.bmp|*.jpg|*.png|*.tga> size:>1mb</td></tr>
<tr><td>7</td><td>查找所有全字匹配 1.txt 的文件</td><td>ww:1.txt</td></tr>
<tr><td>8</td><td>查找 wi 开头的 h 文件和 cpp 文件</td><td>file:<wi*.h|wi*.cpp> 或 wi* <ext:h|cpp></td></tr>
<tr><td>9</td><td>d 盘 2023/1/1 至 2023/6/1 的修改过的 Word 文件</td><td>*.doc|*docx　dm:2023/1–2023/6</td></tr>
<tr><td>10</td><td>×××第 N 集 .rmvb”，×××是电视剧名，N 是数字</td><td>regex:.* 第 [0–9]+ 集</td></tr>
<tr><td>11</td><td>连续的 RAR 压缩包 ××××.partN.rar</td><td>regex:.*part[0–9]+.rar</td></tr>
<tr><td>12</td><td>连续的 ZIP 压缩包 ××××.zN</td><td>regex:.*\.z[0–9]+</td></tr>
<tr><td>13</td><td>搜索所有纯中文目标</td><td>regex:^[^0–9a–z]*$</td></tr>
<tr><td>14</td><td>搜索带中文字符的目标</td><td>regex:^.*[^!–~]+.*$</td></tr>
<tr><td>15</td><td>找到所有 c:\windows 目录下的 txt 文件</td><td>regex:c:\\windows*.tx</td></tr>
<tr><td>16</td><td>列出所有 c:\windows 的 N 级子目录</td><td>regex:c:\\windows*（*）{N}$</td></tr>
<tr><td>17</td><td>列出所有 c:\windows 的 N 级子目录下的 txt 文件</td><td>regex:c:\\windows*（*）{N}\.txt$</td></tr>
</table>

拓展阅读

高效的数字资源管理方法

小玲是一名白领，每天需要在计算机上处理大量的电子文档，包括报告、合同、邮件等，起初，她并没有对这些文档进行规范管理，经常找不到文档，浪费了很多时间。

后来，小玲学习了一些电子文档高效管理的方法，她开始制定一些规范的命名规则，并将文档按照不同的分类存放在不同的文件夹中，同时，她还利用一些文档管理软件，如 Evernote 和 OneNote 等，将文档进行了更加细致的分类和标记，方便快速地检索和查找。

除此之外，小玲还利用云存储工具进行了文档备份和同步，确保文档的安全性和可靠性。她还定期对计算机上的文档进行清理和整理，删除不必要的文档，从而保持计算机的整洁和高效。

通过这些高效的管理方法，小玲的文档变得更加整洁、易于管理，她也能够更快地找到所需的文档，提高了工作效率。在以后的工作中，她也不断地总结和改进自己的电子文档管理方法，为自己的工作带来了更多的便利和效率。这些方法包括：

第一，要根据自己的工作特性建立一套科学合理的文件夹管理方式。一般可以通过时间和项目类型整理出两套横纵管理线路，横向就是工作类别或者项目类型，纵向就是年度或者是季度，文件夹的建立要遵循 MECE 规则，也就是穷尽且互不交叉。

学习笔记

第二，对于文件要有一套合理的命名规则，例如，时间＋文件主体＋项目名称＋经手人（协同办公时添加）＋修改版本。合理命名的好处就是不用打开文件就知道文件的类型信息，方便后期的整理和检索，以及工作交接。

第三，及时整理。大部分人处理临时文件的方式，可能都是先存在桌面上，然后等结束手头工作之后集中进行整理，所以利用一分钟法则及时整理就非常重要，趁着对文件的内容还有一定的印象，及时完成归档，会在很大程度上减轻整理的工作压力。

思考和作业

1. 除了百度、搜狗等中文搜索引擎，你还熟悉哪些通用搜索引擎？

2. 除了中国知网等专业搜索引擎，结合所学的专业，你还用过哪些专业搜索引擎或垂直门户网站？

3. 利用关键词在通用搜索引擎上获得本校所在城市最大的大学生招聘求职网站的官方网址。

4. 使用通用搜索引擎获得本校所在城市最近六个月，与本专业有关的会议名称、时间、地点、主办方等信息。

5. 利用通用搜索引擎，获得并下载你生源所在地前一年高考语文试卷及答案全文。

6. 利用 LBS（location based service）网络服务资源，寻找离本校区最近的一处人文景点或地标建筑，并提供工作日上午9时出发的最短公共交通路线规划和费用预算。

小　结

本单元主要介绍数字资源的识别和分析、通用数字资源和专业数字资源的定义、常见类型和应用场景、数字资源工具和平台的使用、信息检索的基本概念和流程、学术搜索网站的使用方法以及数字资源的安全和保密知识等内容。通过学习本单元，读者将具备自主学习和探索数字资源的能力，包括收集、阅读、研究常见通用数字资源和专业数字资源，熟悉文献阅读方法，掌握文献评价技巧，具备与不同类型的数字资源进行交互和协作的能力，提高数字化生存能力。同时，读者也将了解数字资源的特点和数字资源的管理需求，了解数字资源的安全和保密知识，以保证数字资源的安全。

单元 2 数字时代的沟通和协作能力

学习笔记

数字时代的沟通和协作能力包括数字化沟通、社交媒体使用、数字化表达技巧和协作能力等多个方面。数字化沟通是指能够使用数字工具和技术进行有效的交流，包括口头和书面的交流；社交媒体的使用，不仅是指相关社交媒体应用程序或者 App 的操作使用，更是指了解和遵守社交媒体的使用规则，包括如何评论、分享和传播信息；数字化表达技巧是指在数字社会里如何进行语言、文字、表情甚至虚拟空间里的肢体动作方面的表达；协作能力是指能够通过数字工具与他人合作，共同完成任务、目标和使命，并在不同个体之间建立互信关系。

数字时代的沟通与协作能力有助于提高信息的传递效率，减少沟通成本，增加团队成员间的相互了解和信任，促进紧密合作关系，从而提高个体和企业的竞争力。

2.1 沟通和分享

学习目标

◎了解数字时代的沟通和分享方式，包括社交网络、即时通信、邮件等。

◎了解数字时代的信息传播和处理方式，包括搜索引擎、博客、微信等。

◎熟悉数字时代的版权和隐私保护相关知识。

◎掌握各种数字化工具和平台的基本操作和使用方法。

◎能够运用数字化工具和平台进行信息的发布、传播和交流，能够运用数字化工具和平台进行数据分析和信息处理。

◎具备良好的信息素养和信息伦理意识，具备利用数字工具进行口头和书面表达的能力。

相关知识

1. 数字时代的沟通与交流

表达、沟通与交流是现代社会职场人的一项基本能力，这个能力是指有效利用各种符号和工具，表达个人的思想或观点，倾听及与他人沟通，并能与他人分享不同的见解或信息。善于表达的人，可以清楚、有效地把自己的意思表达出来。

人与人之间，常常有不同的思想或观念，如何化冲突为和谐，化对立为互助，就需要沟通和交流，沟通与交流是指双方把自己的思想、知识或情感，用语言、文字、符号等各种不同的方式进行表达，产生激荡和影响。现在是开放的社会，人与人之间的来往增加了，人与人之间的沟通便成为我们日常生活中不可缺少的一部分。沟通是一门艺术，也是一门学问。在实际工作中，一个人的沟通协调能力是很重要的，善于沟通，良好的沟通效果往往会使人很快在工作中打开局面，赢得宽松的发展空间，并且有较高的成就感，而不善于沟通、沟通不畅则经常会让人感到举步维艰，有较强的挫折感。

区别于传统的面对面沟通、书面沟通和非语言交流（如动作、表情、手势等体态语言），数字时代的沟通和交流能力，指的是运用计算机网络互联网，在虚拟的世界，人与人之间通过智能终端工具进行的文字、图片、声音、视频的表达、交流和分享，数字时代的沟通和交流更强调文字、音频的表达能力和数字化工具的应用能力。

2. 数字化交流方式

调查表明，大学生热衷于数字化交流方式，主要的数字化工具是智能手机以及依托于智能手机的各种即时通信应用（如微信、QQ 等），以下是一些我国最新的数字交流和沟通工具：

微信：微信是我国最流行的社交工具之一，它不仅提供了即时通信、朋友圈、公众号等基本功能，还能提供支付、打车、点餐等生活服务。其特点是用户基数庞大、功能丰富、生态系统完整。

抖音：抖音是一款短视频分享平台，用户可以通过拍摄、剪辑短视频来分享自己的生活、才艺和观点。其特点是内容多样、用户年轻、粉丝互动性高。

快手：快手也是一款短视频分享平台，与抖音类似，但其用户群体更加广泛，内容更加多元化，除了短视频之外，还有直播、短视频剪辑等功能。

QQ：QQ 是中国最早的即时通信软件之一，其在游戏、社交群等方面仍有广泛应用。

B 站：B 站是一款以动漫、游戏、文化等为主题的视频分享平台，它的用户群体偏向年轻人，内容也更加独特、个性化。它的特点是用户活跃、内容优质、用户黏性高。

总的来说，中国最新的网络交流和沟通工具具有以下特点：使用便捷、功能丰富、社交互动性强、内容多样化、用户群体广泛等。

数字时代的沟通主要特点在于信息传输速率快、成本低，数字化沟通工具（微信、腾讯 QQ 等），除了文字方式的即时通信外，还具备语音通信、视频通信和文件传输功能等优点，其缺点在于对于那些需要面对面解决的复杂问题，不能采集到微妙的、情感化的非语言线索；时间的碎片化，工作的节奏很容易被打破，注意力很容易被分散。有越来越多人担心智能手机和社交媒体正在把我们每个人改变成“新物种”，当智能手机变成我们生活中不可或缺的工具，成为人机交互最重要的界面，甚至被一些人比喻为每个人肢体的延伸的时候，它也在不断侵蚀我们的时间、注意力。

数字化社交软件的广泛使用，为网民提供了丰富和便捷的生活服务，但由于网络的虚拟性、开放性和隐蔽性，出现了诸如炒作无底线、虚假信息泛滥、网络语言暴力、网络欺诈侵权等网

学习笔记

络乱象，给网络社会道德秩序带来极大冲击。

数字时代的沟通与交流除了数字工具的操作能力外，还需要进一步了解网络安全、社交礼仪以及社交心理学等三个方面的知识。网络安全是指在交流过程中，需要保护好个人信息和隐私，避免网络钓鱼、欺诈等安全风险；社交礼仪是指在社交平台上，需要遵守一定的社交礼仪，尊重他人意见，避免过度自我宣传和攻击性言论；了解社交心理学的基本知识，能够更好地理解和应对社交关系中的各种问题。

操作与实践

任务一　数字工具（微信）的面对面建群

视频

数字时代的沟通

微信作为智能手机上的App，在点对点交流的用户体验上，越来越简单化、人性化，极大地降低了人们的使用门槛，尤其是发语音功能，极大地方便了很多老年人数字化生活。微信的面对面建群功能是一项方便用户快速建立群聊的功能，用户可以在同一地点的人群中，通过微信“面对面建群”功能，快速创建一个微信群聊。

具体操作步骤是：打开微信，点击右上角的“＋”号，选择“面对面建群”功能；在弹出的界面中，点击“开始建群”；进入“面对面建群”界面后，系统会自动扫描周围的用户，并在界面中显示出来；用户可以选择需要添加的人，然后点击“创建群聊”；在弹出的界面中，可以为群聊设置名称和群聊头像，然后点击“确定”即可创建成功。

任务二　数字工具（微信）的好友群发

微信的好友群发功能是一项方便用户将同一条信息同时发送给多个好友的功能。用户可以通过好友群发功能，快速向多个好友发送消息、图片、语音、视频等内容。

具体操作步骤如下：打开微信，进入“我”的页面，点击右上角的“＋”号，选择“发起群聊”；在弹出的界面中，选择需要发送信息的好友，点单击“确定”；进入群聊界面后，用户可以选择发送文字、图片、语音、视频等内容，输入完毕后，点击“发送”即可。

需要注意的是，微信的好友群发功能是通过建立一个临时的群聊来实现的，只有在群聊中发送的信息才会同时发送给多个好友，另外，微信限制了每个群聊的人数为500人，如果需要向更多的好友发送消息，可以多次使用好友群发功能。

总的来说，微信的好友群发功能方便快捷，适合在需要向多个好友发送相同信息的场合使用，可以节省用户的时间和精力。

拓展阅读

数字时代的表情符号

当今社会，即便对于善于沟通的人来说，表情符号也已经成为一种必不可少的快捷工具。它们不仅出现在短信和群组聊天中，还被广泛地应用于演示文稿、视频会议和电子邮件。用表情符号能够更快捷、更生动、更丰富地表达自己。同时也应看到，当我们用表情符号来代替实际的文字时，造成的混乱与误解往往超出我们的想象。

人类每天发出60亿个表情，平均每人在24小时内发送出96个。不仅《牛津英语词典》将表情符号列为年度词汇，学术界也注意到了表情的广泛使用。“我们正处于语言发展的新阶段，”印第安纳大学信息科学和语言学教授苏珊·贺林称，“越来越多的图形类表达，如表情符号、动图、贴纸等，正被纳入数字沟通的语言中。”

即便如此，表情符号还是不会在短期内成为任何人的第一语言。它们更接近俚语，最好是作为强调用词而非直接替代具有真实含义的词汇。另外，如果我们追求清晰明确的沟通效果，表情符号的应用可能并不像我们想象得那么普遍。在错误的时机发送不恰当的表情符号会造成误解，所以，请谨慎使用表情符号。

2.2 协同和远程办公

学习目标

◎了解数字化协同和远程办公的相关概念和原理，包括虚拟团队和远程会议等。

◎了解远程协同工作流程和远程工作规范。

◎掌握各种数字化协同工具和远程办公软件的基本操作和使用方法。

◎能够使用数字化协同工具和远程办公软件进行团队协作、远程会议和项目管理。

◎具备良好的沟通和协作能力，能够有效地与团队成员进行远程协作和沟通。

相关知识

1. 远程办公和在线文档产品

随着互联网的发展，加速了远程办公的发展，远程办公是员工在办公室外工作的工作方式，通常在家或者离家近的地方工作，远程办公有它的优点，也有它的缺点。远程办公的一种必不可少的应用——在线文档，在线文档是为客户提供的一种可多人实时协作编辑的文档创作工具，支持在线编辑 Word、Excel 和 PPT 文档，并自动进行云端实时保存。

国内外知名的在线文档产品包括：

①微软 Office Online：微软 Office 很早就已经开启了云端产品布局，登录微软账号后，即可使用 Office Online 在线文档服务。优点：功能强大，兼容性好，和 Office 软件深度集成。缺点：网页版国内无法正常使用。

② WPS 云文档：作为国内老牌的办公软件，WPS 近几年推出了云备份、云文档等一系列服务。作为 Office 软件的免费替代，WPS 在国内用户极多。优点：登录方式简单，和 WPS 软件集成，有思维导图的功能。缺点：金山云服务偏弱，难以全面对接工作。

③有道云协作：网易有道很早就推出了云笔记，获得了不少用户的好评。作为网易推出的在线文档产品，有道云协作可以和有道云笔记无缝对接，但它的体验和很多产品都不太一样。

学习笔记

优点：登录方式简单，群组管理方便，带有 IM 功能，可以通过有道云笔记实现思维导图等功能。缺点：支持格式较少，亮点功能依赖群组，网易云服务偏弱，难以全面对接工作。

④石墨文档：这是一款在国内有一定流行度的在线文档服务。石墨文档的登录机制和其他国内在线文档服务一样，支持 QQ、微信等方式登录。石墨文档的功能比较成熟，支持 Office 软件文档的导入和创建。优点：完善的在线文档功能，较严密的协作机制，支持思维导图等功能。缺点：缺乏其他云服务，适用场合受局限。

⑤腾讯文档：2018 年腾讯文档以黑马的姿态，进入在线办公市场，腾讯文档支持文字、表格和幻灯片办公软件，而在线文档应有的特性，无论是多人同时编辑、批注，还是分享文档、设置权限，都可以实现。优点：完善的功能，和腾讯个人、企业产品的深度整合，强大的腾讯生态支持。缺点：尚未推出企业版，未整合腾讯微云。

2. 腾讯文档数字化工具

腾讯文档也是需要重点掌握的协同工具，腾讯文档的入口很多，在计算机上用户可以通过网页版进行登录及操作，在手机和平板电脑上则有专门的安卓与苹果客户端 App，在微信 App 里则有专属的“腾讯文档”小程序，腾讯文档可以使用微信、QQ、TIM 账号直接登录，而不需要安装办公软件应用，腾讯文档主界面如图 2-1 所示。

图 2-1　腾讯文档主界面

腾讯文档带有一些文档与表格的模板，可以直接进行套用，可以极大地提高工作效率。其中文档的基本功能包括：打印、撤销、重做、格式刷、设置字体、设置字号、设置字体（加粗、倾斜、加下划线、加删除线）、设置字体颜色与突出显示、三种类别形式、设置对齐方式、缩进插入图片、插入表格、设置链接、分隔线、文档翻译、加入水印。

表格的基本功能包括：打印、撤销、重做、格式刷、设置字体、设置字号、设置字体（加粗、倾斜、加下划线、加删除线）、设置字体颜色与突出显示、设置边框、合并单元格、设置对齐方式、自动换行、筛选数据、排序、冻结、插入函数、插入图、插入链接、搜索替换。

腾讯文档主打的功能就是多人协作，它可以让多个用户在线同时编辑同一文档，个人修改的内容将实时显示到所有参与者中。在腾讯文档的任意文档中，右上角有分享与权限两个功能按钮，这就是多人协作的两个功能，用户可以将文档以链接形式分享给需要参与的其他用户，用户可以设置协作者的编辑和阅读权限，还可以针对好友设置访问权限，避免内容泄露和恶意篡改。

其他人通过链接打开在线文档后，即使用户设置了文档权限为所有人可编辑也不能立刻进行编辑操作，只能查看。要编辑的话需要用户登录账号后才能进行操作，登录后就可进行编辑操作，所有参与者修改的内容会同步显示在屏幕上，并标记出人员名字，防止错乱，也让用户一目了然地知道谁在编辑，用户还可以使用“查看修订记录”的功能，随时回滚历史文档并保存。

腾讯文档给用户提供了一个简单的在线文档编辑工具，多人协作功能可以让团队协作变得更加高效。

学习笔记

操作与实践

任务 利用腾讯文档协作工具完成课程意见反馈表的数据采集，并分发给班级交流群

（1）任务描述

腾讯在线文档的协同数据采集功能可以记录多个用户同时编辑同一文档时的协同情况，包括用户的操作时间、操作内容等，还可以采集用户的登录信息、IP 地址等安全数据，以保障用户的账号安全和文档的信息安全。

视 频

数字时代协同

（2）任务实践

第一步，打开腾讯文档网站，用 QQ 账号登录，从左边的导航栏单击“模板”选项，继续单击“收集表”选项，结果如图 2-2 所示。

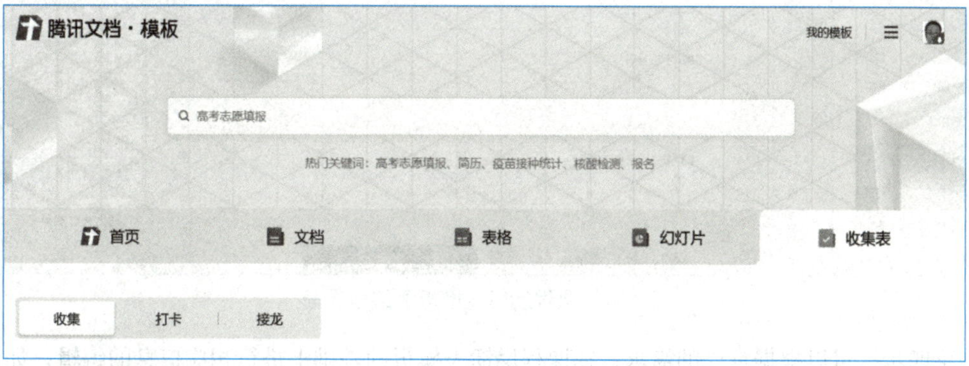

图 2-2 收集表模板

视 频

远程办公

第二步，通过模板浏览的问卷调查区域找到“课程意见反馈表”或直接在搜索栏搜索“课程意见”即可获得腾讯文档官方定制的“课程意见反馈表”数据采集模板，如图 2-3 所示。

学习笔记

图 2-3　课程意见反馈表模板

第三步，浏览“课程意见反馈表”模板信息，再单击“立即使用”按钮，即可开始对该模板进行编辑，编辑界面如图 2-4 所示。

图 2-4　课程反馈表模板之编辑界面

第四步，可以根据自己的需求，在课程反馈表模板的基础上进行相应信息的编辑，如添加封面、添加包括问答题、单选多选题，甚至地理位置等各种类型的问题。按自己的要求编辑完成后，可以通过单击“大纲”选项了解整个反馈表的大纲信息，也可以通过“预览”按钮，查看定制后的“课程意见反馈表”信息，如果确认没有问题，单击“发布”按钮，即可进入后续的权限设置，如图 2-5 所示。

图 2-5　课程反馈表之权限设置

第五步，在权限设置界面，可以设置谁可以填写该文档，是限制 QQ 好友，还是所有人都可以填写，还可以设置“有人填写后通知我”以及设置文档的访问有效期，是 1 天、7 天还是永久有效，甚至还可以禁止填写者生成副本和保存为模板等功能。当然，还可以转移文档的所有权，等所有的权限设置完成后，可以将文档分享给微信或 QQ 好友，或生成二维码图形，或生成 URL 链接地址，这样一份定制的“课程意见反馈表”数据采集在线文档就制作完成了。

拓展阅读

数字时代的协作之光：在线文档助力跨国救援与国家行动

2025 年 1 月，演员王星从缅甸电诈园区获救的消息引发全国关注。这一事件催生了一项由民间自发组织、依托在线文档的“星星回家计划”（见图 2-6）。该文档在短短一周内汇集了 1 564 条求救信息，成为凝聚社会力量的关键工具。

“星星回家计划”通过在线文档的多人协同编辑功能，迅速搭建起全国性的信息收集平台。家属们以匿名方式填写受困者信息，包括失踪时间、地点、被骗手段等关键字段。文档通过智能分类与数据标签化处理，将分散的个案转化为结构化数据库，为后续救援提供了清晰的数据支撑。例如，文档显示 94.22% 的受困者为男性，80% 于 2024 年失踪，且“高薪招聘”等关键词高频出现，直接揭示了诈骗活动的演变趋势。

在线文档的动态更新特性，使得救援信息能够实时同步至警方、媒体和国际组织。家属群通过文档链接的传播，迅速吸引法律专家、数据分析师和志愿者的加入。计算传播学者郭璟璇对文档的 1 141 条记录进行词频分析，发现“联系”“解救”“赎金”等词汇的集中分布，精准定位了家属的核心诉求。这种“技术＋众包”的模式，打破了传统救援的

学习笔记

信息孤岛，形成了多方联动的救援网络。

行动由来（大家别写名字了！）演员王星获救的消息大快人心的同时，也给予全国众多哽灭在角落中、具有同样遭遇的家属一丝丝希望。据悉24年以来，仍有源源不断的无知中青年乃至未成年被诱骗出境。我们无意挑起任何对立，只想切实引起国家重视，尽快加强打击力度和速度。他们是子女！是父兄！是叔侄！是子孙！是同学！是朋友！我们深切期盼家人回国接受应有后果				填表说明	务必注意隐秘填写！不需细致暴露亲人信息！！只需大致方位 1、本表为在线表格任何人可填写自己亲朋的遭遇，扩大数据库！拉到最后新占领一行进行填写！ 2、大家按顺序抢占表格，每填写一行可自动锁定，他人无权更改内容 3、【特殊身份】可写军人/学生/未成年等等，【立案事由】如未立案则写未立案 4、本表未收集受害人的具体信息姓名和肖像，也请家属放心！可适当隐藏容易暴露的信息保护家人，也会同步各大媒体进行收集曝光这个群体之大，也许下一次大规模解救就有你的功德🙏 5 谨慎填写，填表人ID可追溯，相关部门会联系你！		
男	20	无	2024年7月24	立被非法拘禁	涪陵-云南昆明-临沧	万海海普华盛园区（22°07'48"0N 98°12'48".0E）转移后位于（22°06'40.0"N 98°16'35.0"E）	弟弟于2024年7.24日到达云南昆明，后到临沧临翔某酒店有一夜住宿记录后失联，我和弟弟是单亲家庭，父亲不管老小，自小被爷爷奶奶带大，在爷爷去世不到一年弟弟便遭此不幸，7月份的我面临实习和学费压力弟弟表示会帮我想办法分担，结果却被不法份子利用其心拐骗至缅北，弟弟曾偷偷联系我让我报警，说他所在的园区（22°07'48"0N 98°12'48"西合院海普华盛园区）上千人，包括国内几百名在逃人员，看管人员持有枪支无法逃脱，没有业绩或者逃跑便会对其进行毒打，电棍打等。同年10.18日我生病住院期间弟弟最后一次发信息后断联至今，现与其他家属沟通得知，其园区已经转移至新园区（22°06'40"N 98°16'35"E）目前仍在继续新建。
男	失踪时15岁现在20岁	辍学学生	2019.8.20	报案无立案	缅北	当前不详	孩子一直在农村念书，不知道后因厌学还是有人诱导就不念书了，然后到我们甘肃陇南武都进城转了几天，大人着急没办法说你不念书也可以要不就学个手艺，他自己学了理发的，理发店开在我们县城，大概学了3个月时间
男	21	大二学生	2024年1月16日	报案，没有立案	柬埔寨	柬埔寨	希望打击柬埔寨的时候可以解救回来
男	21		2024年5月27日	已立案，目前转回户籍地处理	昆明-佤邦	之前位置在当阳莱卡镇	
男	26	无	2024年9月23日	已报案：口头告知已立案，未提供相关回执	重庆-昆明-西双版纳-普洱	缅北当阳孟景山上	2024年9月21晚重庆西站出发至昆明，23日上午处于景洪，下午与家人失联，25日家人报警，9月底连续几天接到要20万赎金的语音电话，10月初当事人给家人发来求助消息被非法囚于位置当阳孟景山上，并透露是居中介把他诱骗至西双版纳。在此期间家属不断向当地警方寻求帮助。从失联至今，受害人陆陆续续向家人发送求助消息，遭遇压榨他们进行诈骗行为，随时都有可能对他们进行殴打、电击。近期园区随时可能转移。
男	27						
男	19	高中生	2024年6月10日	未成功立案	受害人于2024年6月10日从重庆抵达昆明后失联	缅甸当阳 22°00'02.4"N98°40'05.6"E 22.000709866818	

图 2-6 “星星回家计划”金山文档

面对境外电诈的严峻挑战，中国政府以雷霆之势展开跨国执法行动，并通过政策创新与技术手段构建起立体化防控体系。

2025 年 1 月 10 日，中国公安部召开新闻发布会表示，截至 2024 年底，临近中国边境的缅北地区规模化电诈园区已被全部铲除，已累计抓获中国籍涉诈犯罪嫌疑人 5.3 万余名，彻底摧毁缅北果敢“四大家族”犯罪集团。在公安的强力打击震慑下，全国电信网络诈骗立案数和损失大幅下降。中国公安部发言人还表示，正在全面开展国际执法合作，将坚持不懈盯着打、追着打，坚决摧毁境外诈骗窝点。

2025 年 1 月 11 日凌晨 2:53，在王星获救重返中国的那个夜晚，他的女友嘉嘉发了一条“相信光明，终会胜过黑暗”的微博。

在继续等待的日子里，缅东 131 号的亲人写道：“伟大祖国的阳光照耀到每一个黑暗的角落，希望我的孩子能平安健康地归来。”

从“星星回家计划”到国家级的跨国执法，在线文档不仅是信息工具，更成为数字时代公民参与社会治理的象征。它证明了技术的力量永远根植于人性的温度——正如文档中某位家属的留言：“我们不是明星，但每一个普通人的声音都值得被听见。”当技术协作与国家行动形成共振，黑暗角落中的求救信号终将化作照亮归途的星光。

思考和作业

1. 在数字时代，我们如何保持有效的沟通和协作，尤其是在远程工作的情况下？

2. 数字时代的网络素养和交流礼仪要求是什么？我们如何避免在网络交流中出现不当言行？

3. 在数字时代，我们如何选择合适的点对点和点对多的交流手段，以便更好地完成任务和协作？

4. 在线文档具有哪些优点和应用场景？我们如何更好地利用在线文档进行协作和远程办公？

5. 利用远程协助数字工具，基于互联网，远程协助另一位同学安装一款即时通信软件。

6. 使用数字工具，组织召开一场七人左右的远程视频会议，讨论如何更好地学习编程。

小　结

本单元主要介绍数字时代沟通和交流能力的特点、网络素养和交流礼仪要求、点对点和点对多的交流手段以及常见社交软件的使用。同时，本单元也介绍了协同办公和远程办公的概念、在线文档的优点和应用场景、以及腾讯在线文档的优点和使用方法。通过学习本单元，读者可以掌握数字时代的网络素养和交流礼仪要求，熟悉常见社交软件的使用，掌握点对点和点对多的交流手段，以及掌握腾讯在线文档数据采集表和协同电子表格的使用方法，提高数字时代的协同办公和远程办公能力。

单元 3 数字内容创建能力

学习笔记

数字内容在生活中随处可见，如一张照片、一段音频、一篇“心灵鸡汤”小短文等，这些如果以数字化形式存放在计算机设备中，则都属于数字内容范畴。

每个人都可以在自己喜欢的领域提出观点、发言，人人都有着这个权利。数字时代，每个人都可以吸引自己的特定人群并转化成流量，而这些流量就是自己的收益。利用数字智能设备，就可以写图文，把自己的观点编辑出来发布，这就是属于自己的作品。

人人都是数字内容生产者。我们的手机和计算机，就是生产工具。

数字内容的创建能力包括内容编写能力、图片处理能力、音频视频编辑能力和思维表达能力等几个方面。

3.1 文档处理能力

学习目标

◎掌握文档的基本操作，如打开、复制、保存等，熟悉自动保存文档、联机文档、保护文档、检查文档、将文档发布为 PDF 格式等操作。

◎掌握文本编辑、文本查找和替换、段落的格式设置等操作。

◎掌握图片、图形、艺术字等对象的插入、编辑和美化等操作。

◎掌握在文档中插入和编辑表格、对表格进行美化、灵活应用公式对表格中数据进行处理等操作。

◎熟悉分页符和分节符的插入，掌握页眉、页脚、页码的插入和编辑等操作。

◎掌握样式与模板的创建和使用，掌握目录的制作和编辑操作。

◎具备在团队中协作使用字处理软件进行文档的共享和编辑能力。

相关知识

学习笔记

1. 电子文档处理软件

电子文档的创建和处理是信息化办公的重要组成部分，广泛应用于人们的日常生活、学习和工作等方方面面。我们一般使用文字处理软件来完成电子文档的创建和处理，文字处理软件是办公软件的一种，一般用于文档的创建、编辑、保存以及格式化排版。文字处理软件的发展和文字处理的电子化是数字社会发展的标志之一，用计算机打字、编辑文稿、排版印刷、管理文档，使用户方便自如地在计算机上编辑、修改文章，这种便利是在纸上写文章所无法比拟的。现有的中文文字处理软件主要有微软公司的 Microsoft Office Word、金山软件公司的 WPS Office、永中 Office 和 Openoffice 等，以微软公司的 Word 软件为例，它的主要功能包括：

①文字编辑功能。Word 软件可以编排文档，包括在文档上编辑文字、图形、图像、声音、动画等数据，还可以插入来源不同的其他数据源信息。Word 软件可以提供绘图工具制作图形，设计艺术字、编写数学公式等功能，满足用户多方面的文档处理需求。

②表格处理功能。Word 软件可以自动制表，也可以手动制表。可以制作各种类型的表格，包括柱形图、折线图等。同时，Word 制作的表格中的数据可以自动计算，并完成多种样式修饰。

③文件管理功能。Word 提供丰富的文件格式的模板，方便创建各种具有专业水平的信函、备忘录、报告、公文等文件。

④版面设计功能。Word 可以设置字体和字号、页眉和页脚、图表、图形、文字，并可以分栏编排。

⑤制作 Web 页面功能。Word 支持 Web，用户根据 Web 页向导，可以快捷而方便地制作出 Web 页（通常称为网页），还可以用 Word 软件的 Web 工具栏，迅速地打开、查找或浏览包括 Web 页和 Web 文档在内的各种文档。

⑥拼写和语法检查功能。Word 软件提供了拼写和语法检查功能，提高了英文文章编辑的正确性，如果发现语法错误或拼写错误，Word 软件还提供修正的建议。

⑦强大的打印功能和兼容性。Word 软件具备打印预览功能，有对打印机参数强大的支持性和配置性。Word 软件支持许多种格式的文档，有很强的兼容性。

2. WPS Office 字处理软件

WPS Office 文字编辑系统，是金山软件公司研发的办公软件，现在最新版本已经到 WPS Office 2025，其中的字处理软件，完全免费使用。

从软件功能上，WPS 文字编辑系统包括微软 Word 软件的基本功能，几乎所有 Word 的功能在 WPS 里面都是一样的操作，WPS 是专门为中国人开发的软件，所以 WPS 使用起来更加符合中国人的习惯，WPS 还拥有丰富的网络资源和文档模板，可以直接登录云端备份存储数据，除此之外，WPS 还提供了 Linux 跨平台版本。

学习笔记

操作与实践

视频

文档处理能力

任务一　利用文字处理软件完成个人简历的制作和排版

（1）任务描述

利用 WPS Office 2019 字处理软件制作一个纯文字的求职简历，分成求职意向、教育背景、实习工作经历、社团与组织经历与其他等几个大模块，并在每个大模块下描述具体的相应经历。对制作好的简历进行排版并导出 PDF 格式，参考成品如图 3-1 所示。

周进步

求职意向|产品运营

深圳 |188-8888-8888 | zhoujinbu@oneweek.me

教育背景

2014.09-2018.06　壹周大学（统计学专业）　本科

- GPA:3.6/4.0（专业排名 3/16）
- 2015-2016 国家奖学金二等奖

实习工作经历

2017.11-2018.05　壹周传媒文化有限公司　新媒体运营

- 撰写高质量原创文章，包括学生职场领域热点的及时抓取、办公工具/软件测评，5 篇原创推送，微信公众号头条文章平均阅读量 3w+；
- 负责微信公众号、微博、知乎、头条号等各平台的内容采编和更新，粉丝互动与维护分析和整理用户反馈及数据，半年增粉 50W+，同时用户转化率提升 35%；

2017.06-2017.08　Piti 实验室　产品运营助理

- 负责产品整体文案，策划推广方案并执行，联络优质用户 31 人，为平台贡献 UGC 内容，并积极维护增加其粘性；
- 参与公司新系列产品 Piti 插件的研发设计，并负责为新产品设计制作 PPT 提案演示；
- 参与线上活动的策划，执行专题的制作与文案撰写，协助插件的市场推广，成功推出 2 个浏览量 10w+的刷屏活动，获取用户 6w+；

社团与组织经历

2016.07-2018.04　PPT 演示设计爱好者协会　副主席

- 创立校内首个校企支持的演示设计交流平台，两年内总计招纳超过 200 名会员；
- 联系有 PPT 设计需求的企业，开展业务合作，在职期间为协会带来超过 5 万元的幻灯片定制设计收入；

其他

- 技能：精通 Excel 数据处理，善于使用数据透视表进行统计分析、制作图表；熟悉使用 Photoshp 图像处理软件，懂得调色、抠图，能够制作简单的海报物料；
- 证书：微软办公软件国际认证大师级、CET-6 英语六级
- 兴趣爱好：阅读（中英文无障碍阅读）、写作（知乎文章 32 篇）、摄影

图 3-1　美观简洁学生求职简历示例

学习笔记

（2）任务实践

第一步，全局设置。

对简历设置字体（微软雅黑、宋体，或者等线字体），字号（9 到 10.5 磅，或者小五到五号），行距（1.3 到 1.5 倍行距），根据内容多少调整，目的是让简历不超过一页为标准。

①全选所有内容，在“开始”选项卡的“字体”组中将文字的字体设置为“微软雅黑”，字号设置为“小五”。

②单击“开始”选项卡的“段落”组右下角的对话框启动器按钮，将显示“段落”对话框，设置行距为“1.3 倍行距”，如图 3-2 所示。设置完毕后，单击“确定”按钮。

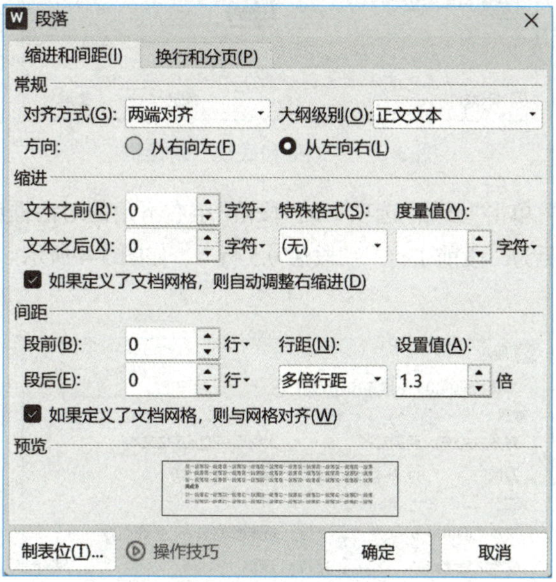

图 3-2　段落设置

第二步，对每个大模块的标题进行排版。

“教育背景”“实习工作经历”“社团与组织经历”“其他”这四个大模块标题加粗，增大字号。为了层次更加明显，建议把每个大模块标题颜色设成蓝色。在每个大模块标题下增加蓝色分隔线。为了让每个大模块之间的区分更加突出，对大模块标题所在段落设置段前距为 1 行，段后距离 0.5 行。

①选中第一个大模块的标题“教育背景”，在“开始”选项卡的“字体”组中单击“加粗”按钮**B**；单击“增大字号”按钮A⁺，字体颜色设为蓝色。

②单击“开始”选项卡中的“段落”组的“边框”按钮（通常显示为一个方框图标），在下拉菜单中选择“边框和底纹”命令以打开更详细的设置对话框，如图 3-3 所示。

在“边框和底纹”对话框中，切换到“边框”选项卡。在“设置”区域，选择“自定义”选项。在“颜色”下拉菜单中选择“蓝色”作为分隔线的颜色。在“预览”图示中，单击希望分隔线出现的位置。通常，为了应用于段落下方，应该单击图示中的下方边框线。确保在“应用于”下拉菜单中选择“段落”选项，单击“确定”按钮。

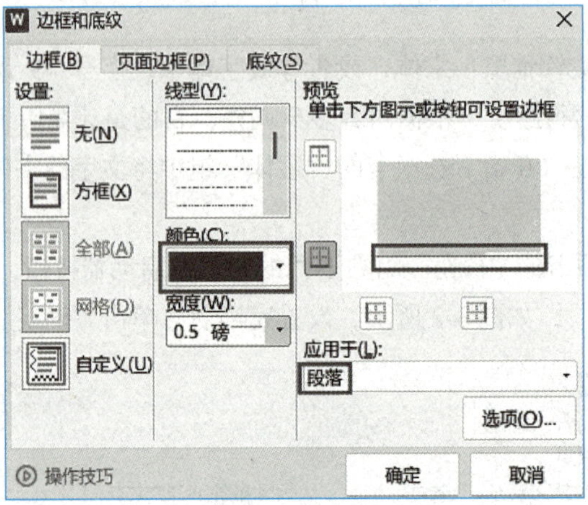

图 3-3 “边框和底纹”对话框

③选中“教育背景”，单击“开始”选项卡的“段落”组右下角的对话框启动器按钮，将显示“段落”对话框，设置段间距为“段前 1 行”“段后 0.5 行”，如图 3-4 所示。设置完毕后，单击“确定”按钮。

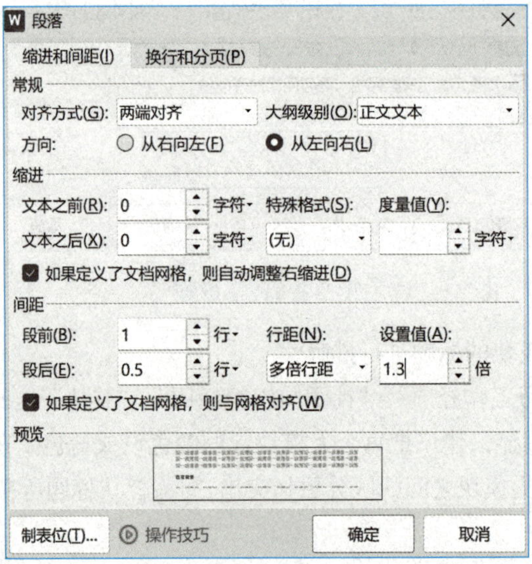

图 3-4 段落设置

④选中“教育背景”。

⑤双击“格式刷”按钮，按照前面设置“教育背景”的操作把所有其他大模块标题的格式都设置成一样，结果如图 3-5 所示。

第三步，使用制表位和制表符对每个大模块下的经历进行排版。

①启用标尺。单击“视图”选项卡，勾选“标尺”复选框以显示标尺栏。标尺通常位于文档的顶部和左侧边缘，如图 3-6 所示。

学习笔记

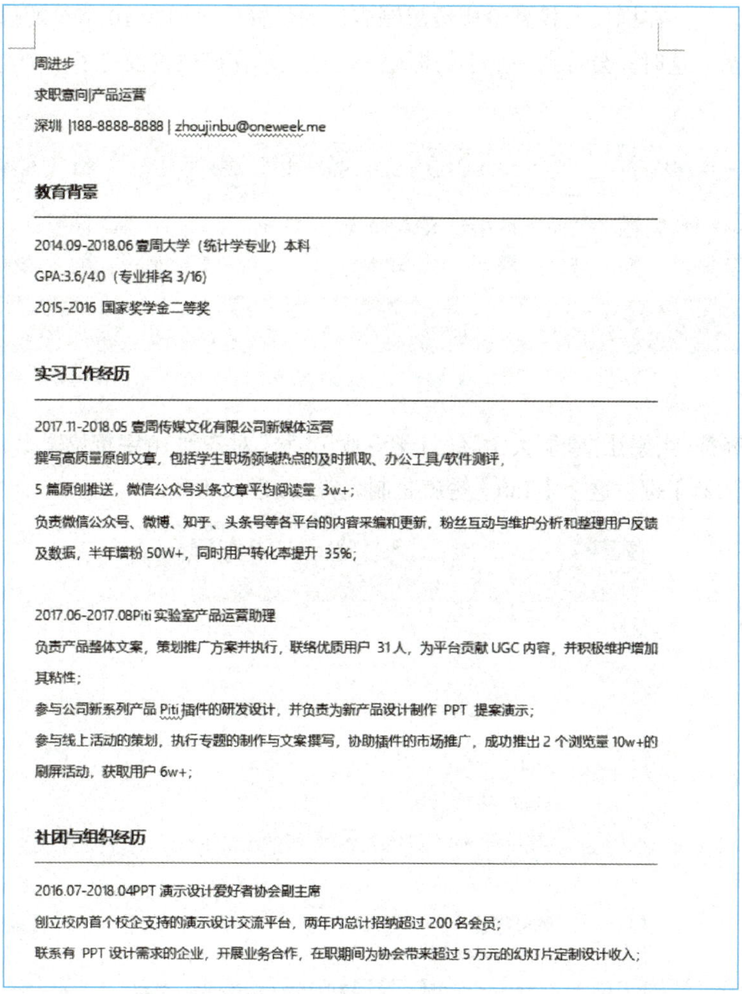

周进步

求职意向|产品运营

深圳 |188-8888-8888 | zhoujinbu@oneweek.me

教育背景

2014.09-2018.06 壹周大学（统计学专业）本科

GPA:3.6/4.0（专业排名 3/16）

2015-2016 国家奖学金二等奖

实习工作经历

2017.11-2018.05 壹周传媒文化有限公司新媒体运营

撰写高质量原创文章，包括学生职场领域热点的及时抓取、办公工具/软件测评，

5 篇原创推送，微信公众号头条文章平均阅读量 3w+;

负责微信公众号、微博、知乎、头条号等各平台的内容采编和更新，粉丝互动与维护分析和整理用户反馈及数据，半年增粉 50W+，同时用户转化率提升 35%;

2017.06-2017.08Piti 实验室产品运营助理

负责产品整体文案，策划推广方案并执行，联络优质用户 31 人，为平台贡献 UGC 内容，并积极维护增加其粘性;

参与公司新系列产品 Piti 插件的研发设计，并负责为新产品设计制作 PPT 提案演示;

参与线上活动的策划，执行专题的制作与文案撰写，协助插件的市场推广，成功推出 2 个浏览量 10w+的刷屏活动，获取用户 6w+;

社团与组织经历

2016.07-2018.04PPT 演示设计爱好者协会副主席

创立校内首个校企支持的演示设计交流平台，两年内总计招纳超过 200 名会员;

联系有 PPT 设计需求的企业，开展业务合作，在职期间为协会带来超过 5 万元的幻灯片定制设计收入;

图 3-5　简历制作

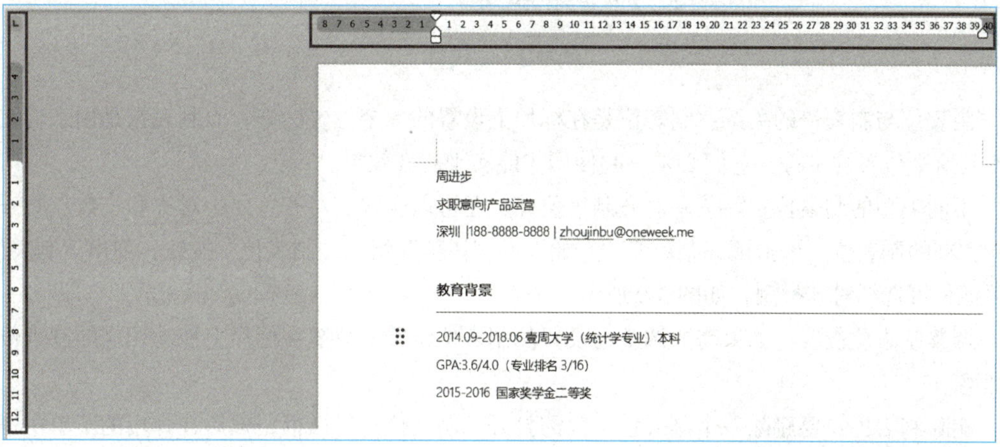

周进步

求职意向|产品运营

深圳 |188-8888-8888 | zhoujinbu@oneweek.me

教育背景

2014.09-2018.06 壹周大学（统计学专业）本科

GPA:3.6/4.0（专业排名 3/16）

2015-2016 国家奖学金二等奖

图 3-6　标尺

②设置制表位。在标尺上找到希望设置制表位的位置，比如在 10 字符的位置，单击标尺上 10 字符的位置。这时，会看到一个小的标记 ∟，这表示在该位置设置了一个左对齐制表位，如图 3-7 所示。

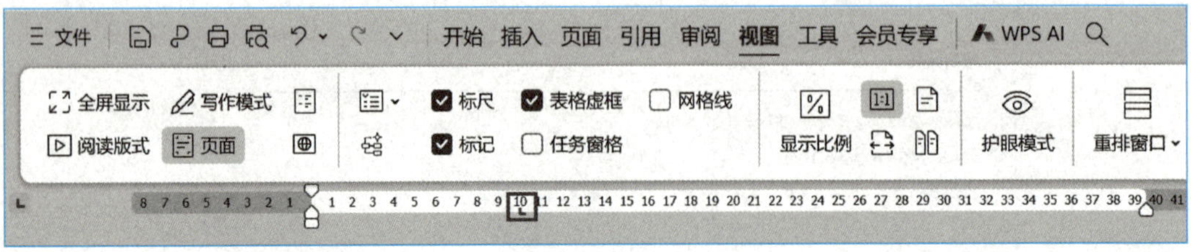

图 3-7　设置制表位

③使用制表符。当想让“壹周大学(统计学专业)本科”对齐到 10 字符位置上，只需要在“壹”前面插入一个【Tab】键，这个【Tab】键就是制表符，如图 3-8 所示。

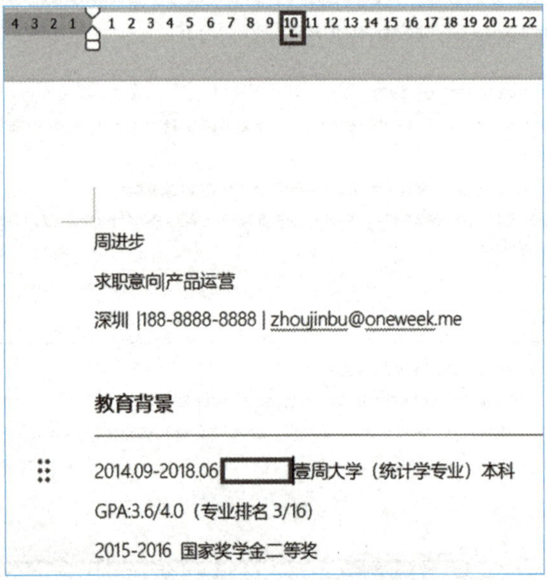

图 3-8　制表符

制表位与制表符的关系：制表位是在标尺上设置的一个位置标记，而制表符是用来将文本对齐到这个位置的字符，它们必须一起使用才能实现对齐效果。

不同类型的制表位：除了左对齐制表位外，还可以设置右对齐、居中对齐和小数点对齐等不同类型的制表位。单击顶部菜单栏“开始”中“段落”组的“制表位”按钮，弹出“制表位”对话框，可选择对齐类型，如图 3-9 所示。

调整制表位位置：如果需要调整已设置的制表位位置，只需在标尺上拖动相应的制表位标记即可。

删除制表位：要删除一个制表位，只需打开“制表位”对话框，然后在弹出的菜单中选择相对应的制表位并清除它，如图 3-10 所示。

学习笔记

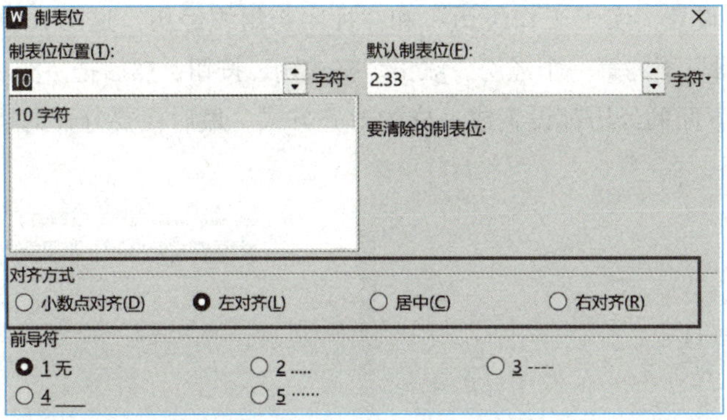

图 3-9　制表符对齐方式

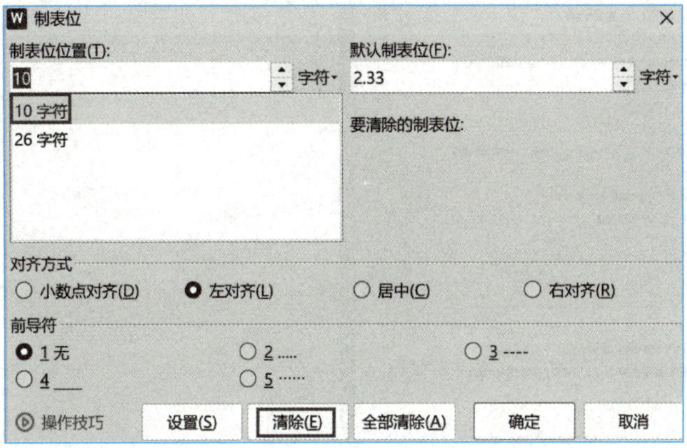

图 3-10　删除制表位

通过以上步骤，可以轻松地在文档中使用制表位来对齐文本，使文档看起来更加整洁和专业。

④使用右对齐制表位。先在字符 26 位置或者任意其他位置插入新的左对齐制表位，然后在“本科”前插入左对齐制表位键，如图 3-11 所示。

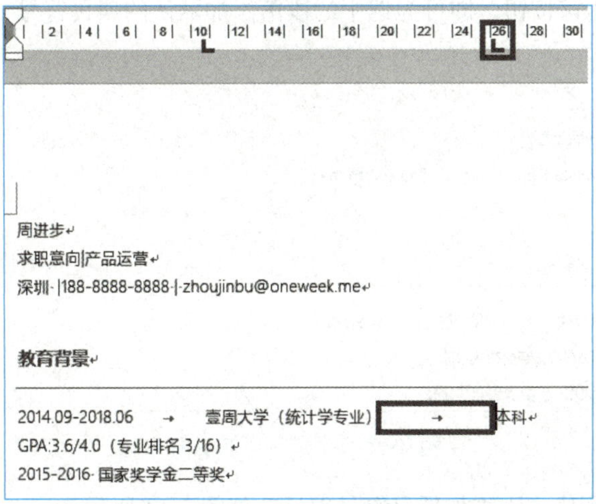

图 3-11　插入左对齐制表位

学习笔记

⑤利用格式刷设置“实习工作经历”和“社团与组织经历”这两大模块的经历的对齐方式。选中“教育背景”下的第一个经历，双击“格式刷”按钮，然后把“实习工作经历”和“社团与组织经历”的下面的经历都设置成一样的对齐方式。最后在要分开的地方插入制表符，如图 3-12 所示。

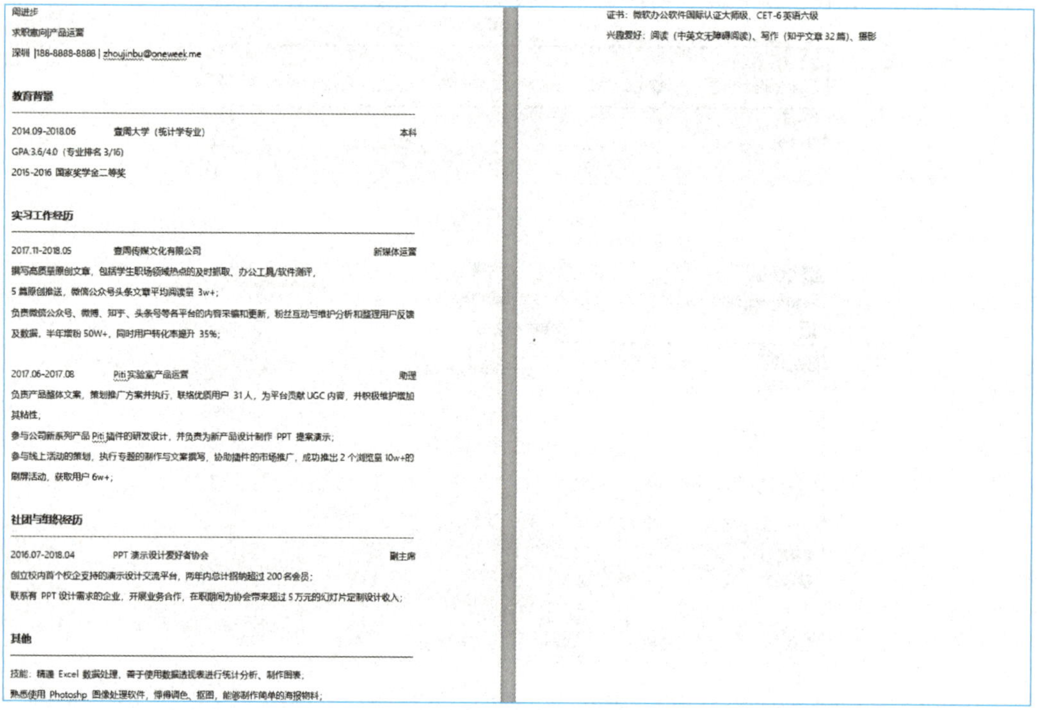

周进步

求职意向|产品运营

深圳 |188-8888-8888 | zhoujinbu@oneweek.me

教育背景

2014.09-2018.06　壹周大学（统计学专业）　本科

GPA:3.6/4.0（专业排名 3/16）

2015-2016 国家奖学金二等奖

实习工作经历

2017.11-2018.05　壹周传媒文化有限公司　新媒体运营

撰写高质量原创文章，包括学生职场领域热点的及时抓取、办公工具/软件测评，

5 篇原创推送，微信公众号头条文章平均阅读量 3w+；

负责微信公众号、微博、知乎、头条号等各平台的内容采编和更新，粉丝互动与维护分析和整理用户反馈及数据，半年增粉 50W+，同时用户转化率提升 35%；

2017.06-2017.08　Piti 实验室产品运营　助理

负责产品整体文案，策划推广方案并执行，联络优质用户 31 人，为平台贡献 UGC 内容，并积极维护增加其粘性；

参与公司新系列产品 Piti 插件的研发设计，并负责为新产品设计制作 PPT 提案演示；

参与线上活动的策划，执行专题的制作与文案撰写，协助插件的市场推广，成功推出 2 个浏览量 10w+的刷屏活动，获取用户 6w+；

社团与组织经历

2016.07-2018.04　PPT 演示设计爱好者协会　副主席

创立校内首个校企支持的演示设计交流平台，两年内总计招纳超过 200 名会员；

联系有 PPT 设计需求的企业，开展业务合作，在职期间为协会带来超过 5 万元的幻灯片定制设计收入；

其他

技能：精通 Excel 数据处理，善于使用数据透视表进行统计分析、制作图表；

熟悉使用 Photoshp 图像处理软件，懂得调色、抠图，能够制作简单的海报物料；

证书：微软办公软件国际认证大师级、CET-6 英语六级

兴趣爱好：阅读（中英文无障碍阅读）、写作（知乎文章 32 篇）、摄影

图 3-12　格式刷的使用

第四步，对每个经历下的内容增加项目符号。

①选中第一个经历下的所有内容，在“开始”选项卡中的“段落”组寻找一个带有项目符号图标的按钮☷，单击该按钮，即可为选中的段落添加默认的项目符号，如图 3-13 所示。

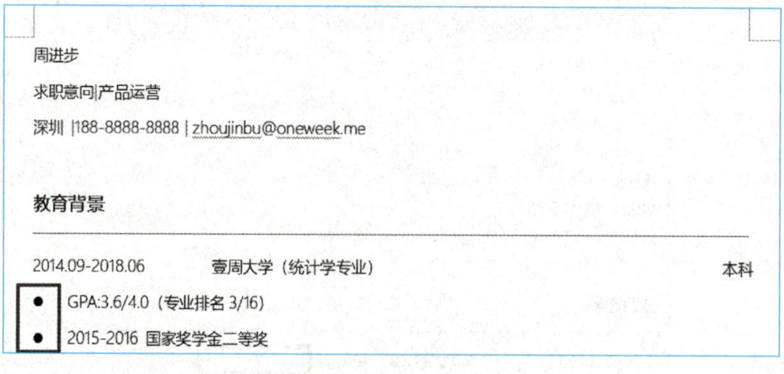

周进步

求职意向|产品运营

深圳 |188-8888-8888 | zhoujinbu@oneweek.me

教育背景

2014.09-2018.06　壹周大学（统计学专业）　本科

- GPA:3.6/4.0（专业排名 3/16）
- 2015-2016 国家奖学金二等奖

图 3-13　项目符号的使用 1

②对其他部分使用格式刷添加项目符号编号，如图 3-14 所示。

学习笔记

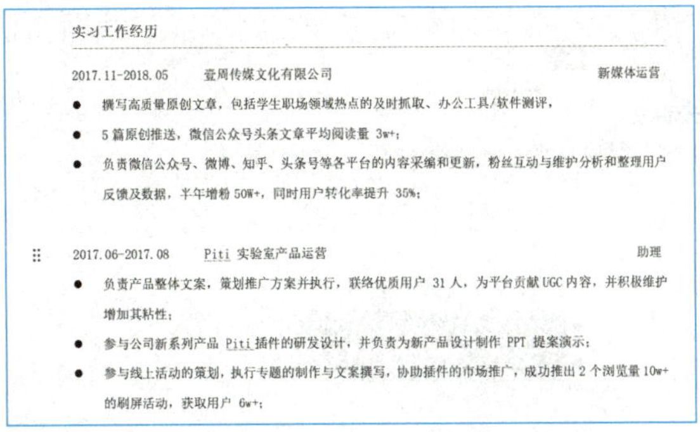
实习工作经历

2017.11-2018.05　　壹周传媒文化有限公司　　新媒体运营

- 撰写高质量原创文章，包括学生职场领域热点的及时抓取、办公工具/软件测评，
- 5 篇原创推送，微信公众号头条文章平均阅读量 3w+；
- 负责微信公众号、微博、知乎、头条号等各平台的内容采编和更新，粉丝互动与维护分析和整理用户反馈及数据，半年增粉 50W+，同时用户转化率提升 35%；

2017.06-2017.08　　Piti 实验室产品运营　　助理

- 负责产品整体文案，策划推广方案并执行，联络优质用户 31 人，为平台贡献 UGC 内容，并积极维护增加其粘性；
- 参与公司新系列产品 Piti 插件的研发设计，并负责为新产品设计制作 PPT 提案演示；
- 参与线上活动的策划，执行专题的制作与文案撰写，协助插件的市场推广，成功推出 2 个浏览量 10w+ 的刷屏活动，获取用户 6w+；

图 3-14　项目符号的使用 2

注意事项：如果希望自定义项目符号的样式（如颜色、形状等），可以在单击“项目符号”按钮后，从弹出的菜单中选择“自定义项目符号”命令来设置。如果文档中有多个段落需要添加项目符号，可以重复上述步骤，或者选中多个段落后一次性添加项目符号。

③使用标尺上的悬挂缩进滑块来减少项目符号与文本之间的距离。选中想要调整的项目符号及其后的文本段落，在标尺上，通常会有一个小的正三角形标记，它代表悬挂缩进，这个标记可能位于标尺的不同位置，取决于当前的文档设置，如图 3-15 所示。

第五步，对每条经历下的内容设置左缩进。

①选中要左缩进的内容。

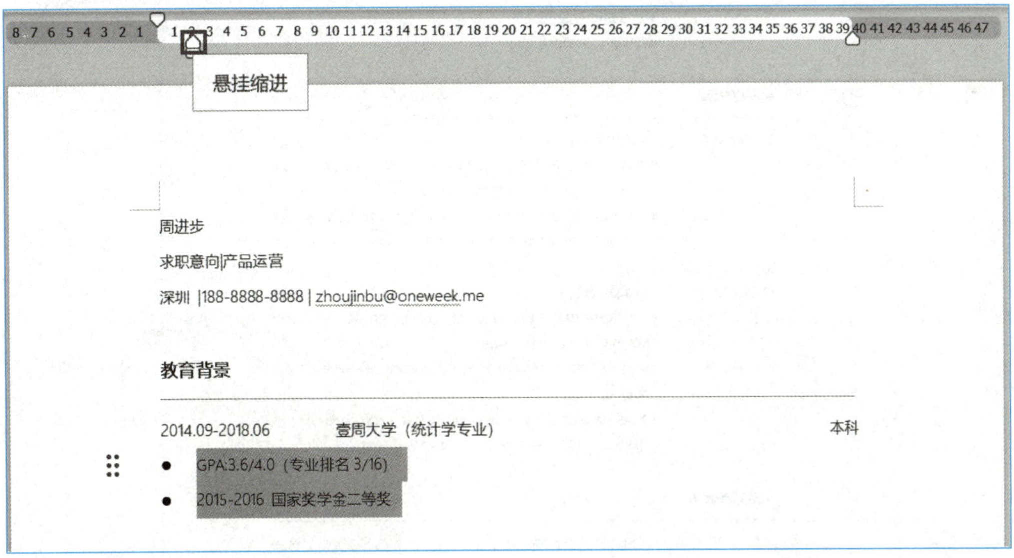

图 3-15　标尺设置悬挂缩进

②调整左缩进。在标尺上，看到左缩进标记（上三角▲控制悬挂缩进，下三角▽控制首行缩进，底部矩形■控制左缩进）。将鼠标指针悬停在左缩进标记上，直到它变成一个可以拖动的图标（箭头）。然后，向右拖动这个标记来增加左缩进。拖动到希望的缩进量后，释放鼠标，可以按住【Alt】键进行微调，如图 3-16 所示。

学习笔记

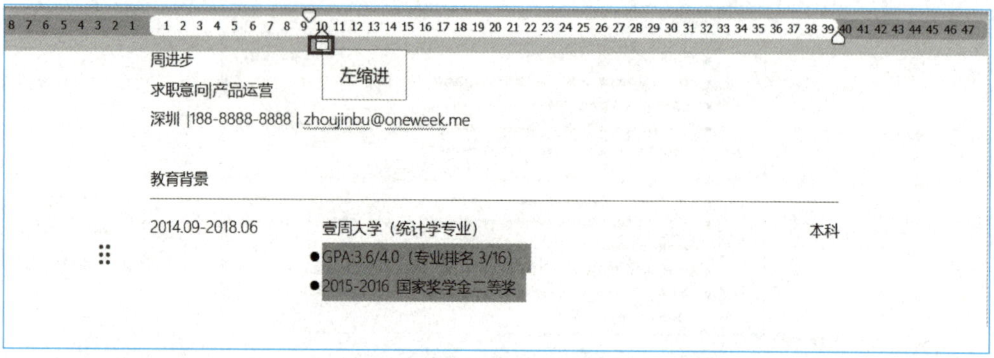

图 3-16　标尺左缩进

对其他要缩进的部分使用格式刷完成所有左缩进即可，如图 3-17 所示。至此，简历的基本排版已经完成。

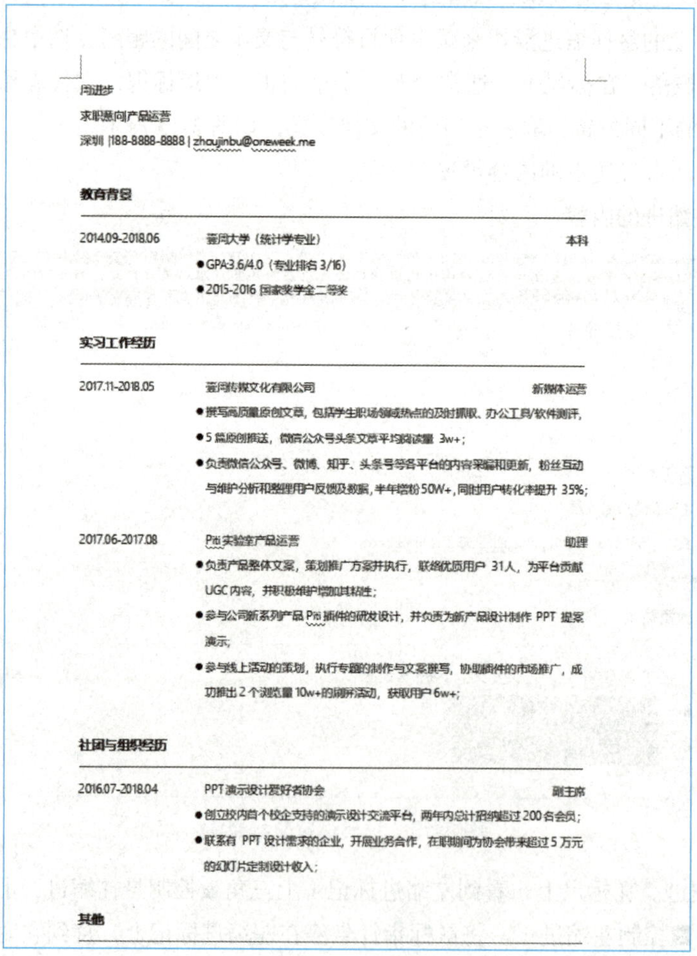

图 3-17　缩进效果

第六步，将简历内容调整至一页内。

①将简历人名字体大小设为小二号，加粗，颜色蓝色。“求职意向”及其内容字体加粗。联系方式颜色设为浅灰色，这样比较有层次感，如图 3-18 所示。

②调整行间距。如果简历内容过多超过一页，首先可以尝试调整行间距。单击“开始”选项卡的“段落”组的右下角的对话框启动器按钮↘，打开“段落”对话框，将之前设置的行间距调整为 1.1 或 1.2，既能保持内容的可读性，又能有效减少页面占用。

图 3-18　字体设置

③设置页边距。如果上述方法仍然无法解决问题，可以尝试调整页边距。减小上下页边距是一个有效的选择，但需要注意不要过分缩小，以免影响内容的可读性和页面的美观性。一般来说，将上下页边距设置为 2.4 厘米或更小（根据具体情况而定）是一个可行的选择。单击顶部菜单栏“页面”，选择“页边距”按钮。在弹出的下拉菜单中选择“自定义边距”命令，将显示“页面设置”对话框，单击“页边距”选项卡，将上、下页边距设置为 2.4 厘米，将应用范围设置为“整篇文档”，设置完毕后，单击“确定”按钮即可完成对页边距的设置，如图 3-19 所示。

④拖动标尺。如果以上方法仍然无法将简历压缩到一页内，可以尝试使用标尺进行最后的调整。标尺通常位于页面的顶部和左侧。通过向下拖动页面底部的标尺，可以减小页面的可用高度，从而将内容压缩到一页内。在拖动时，需要仔细观察页面的变化，以确保调整后的效果符合期望，如图 3-20 所示。

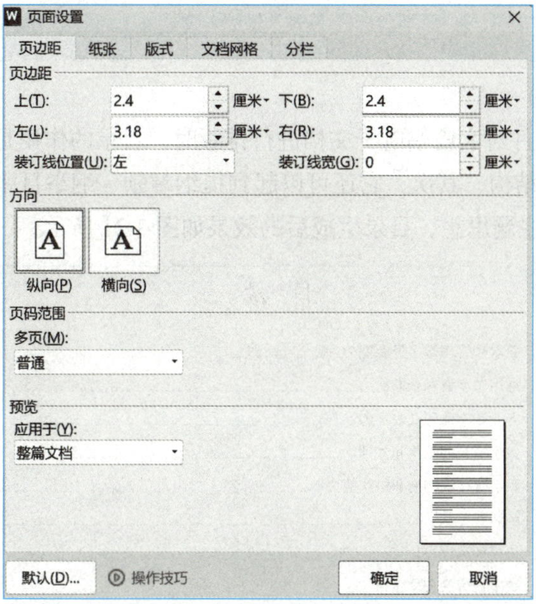

图 3-19　页面设置

学习笔记

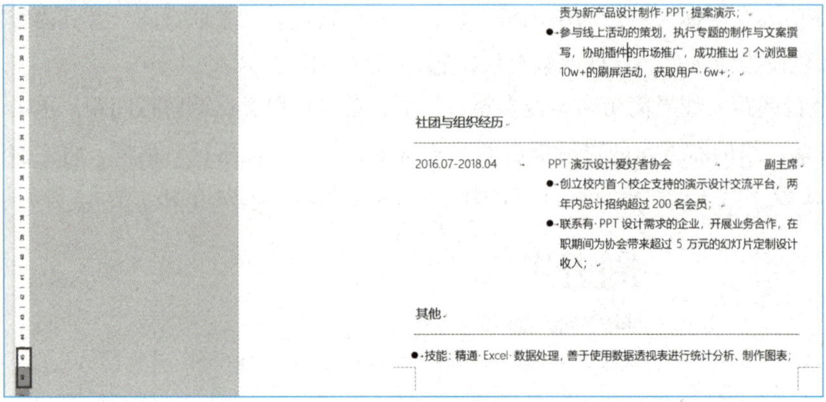

图 3-20　标尺调整页面高度

最后，在打印预览里检查，这样就非常高效地排版好一个文字的简历了。如果需要添加照片，就放在右上角的位置。现在即使不看具体内容，也可以看到简历条理非常清晰。

第七步，把排版好的简历另存为 PDF 格式。

①打开简历文件。确保简历已经在 WPS Office 中编辑并排版完成。

②单击“文件”或“特色功能”菜单。在 WPS 的左上角或顶部菜单中，找到并单击“文件”或“特色功能”菜单。

③选择“输出为 PDF”命令。在弹出的菜单或对话框中，选择“输出为 PDF”选项。

④选择保存位置和文件名。在弹出的对话框中，选择保存简历的位置，并输入文件名。

⑤单击“保存”或“确定”按钮。确认所有设置无误后，单击“保存”或“确定”按钮，即可将简历保存为 PDF 格式。

任务二　文字处理软件的目录制作功能实践

（1）任务描述

在使用文字处理软件对大篇幅电子文档进行排版时，目录的作用是非常大的。首先，它可以让阅读者了解文档的结构；其次，它还可以起到提纲挈领、纲举目张的作用；最后好的目录还会体现出框架结构及主题思想，目录生成后的效果如图 3-21 所示。

目　录

图 3-21　字处理目录效果

文字处理软件的自动生成目录功能，可以帮助用户快速生成文章或报告的目录，节省用户手动编写目录的时间和精力，并且，将光标移动到目录的位置，单击目录就可以快速到达目录在正文中的位置，本任务是在对标题进行统一的样式设置和格式规范化后，能够利用字处理软件的功能在指定位置生成目录。

（2）任务实践

第一步，设置标题样式。

选择标题文本：在文档中选中想要作为标题的文本，如各个章节标题。

应用标题样式：在“开始”选项卡的“样式”部分，选择合适的标题样式，“标题 1”一般用于主标题，“标题 2”用于小节标题，依此类推。应用后，标题文本格式会自动改变，如图 3-22 所示。

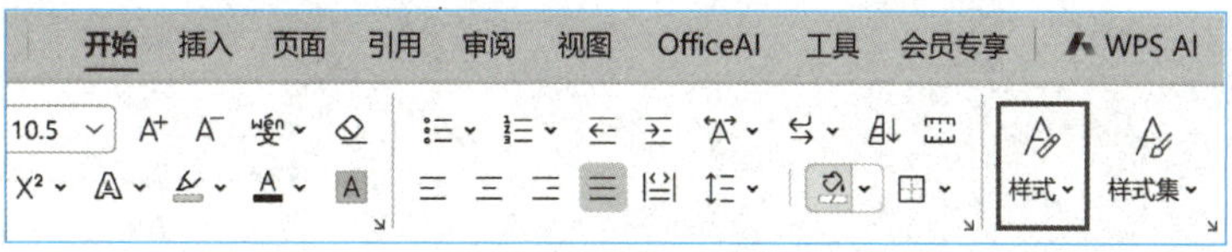

图 3-22

第二步，插入目录。

单击“引用”选项卡：在 WPS 文字的工具栏中找到并单击“引用”选项卡。

选择“目录”：在“引用”选项卡中单击“目录”按钮，展开一个目录样式选项框，可选择一个预设的目录样式，也可以选择“自定义目录”命令创建更符合需求的目录。

插入目录：选择好合适的目录样式后，单击该样式即可自动将目录插入到文档中。目录会根据文档中已应用的标题样式自动生成，无须手动输入每个章节标题和页码，如图 3-23 所示。

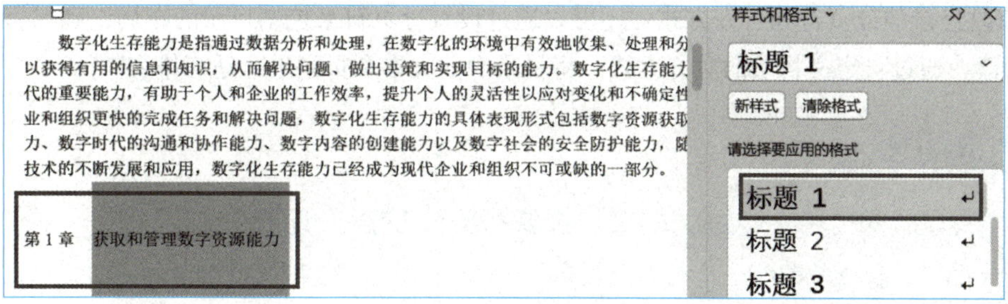

图 3-23　应用标题样式

第三步，更新目录。

右击目录：如果文档中的内容有所更改，例如增加或删除章节，可在目录区域右击，选择“更新域”命令。

选择更新方式：在弹出的“更新目录”对话框中选择“更新整个目录”单选按钮可更新所有标题和页码，或者选择“只更新页码”单选按钮仅更新页码。更新后，目录将根据最新的内

学习笔记

容自动调整，确保准确无误，如图 3-24 所示。

第四步，自定义目录。

修改目录样式：在“引用”选项卡中，单击“目录”按钮旁边的小箭头，选择“自定义目录”命令，如图 3-25 所示。在弹出的对话框中，可选择不同的目录样式，通过选择不同的格式，改变目录的字体、大小、行距、页码对齐方式等，修改完成后，单击“确定”按钮应用样式。

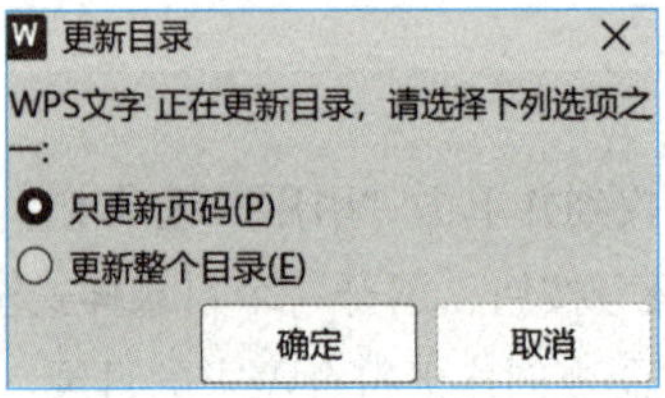

图 3-24 “更新目录”对话框

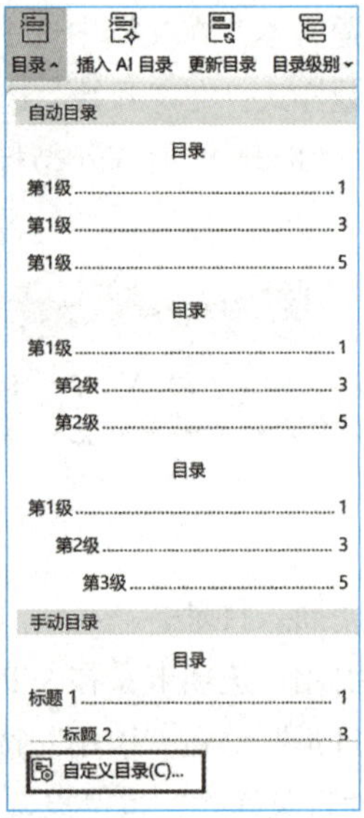

图 3-25 “自定义目录”命令

调整目录级别：在“自定义目录”对话框中，通过调整“显示级别”选项，决定目录中包含多少层级的标题，从而调整目录显示的级别，例如显示更多小节或减少显示的章节数。

修改目录的分页符和对齐方式：还可以通过设置分页符来控制目录的布局，确保目录内容清晰易读。通过自定义目录的对齐方式，将目录中的文本和页码进行适当排列。

拓展阅读

金山 WPS 和微软 Office 的历史变迁

金山 WPS 和微软 Office 是两大知名的办公软件品牌，它们的竞争历史可追溯至 20 世纪 90 年代。在文字编辑软件出现之前，计算机处理中文依赖汉卡的硬件设备，其价格高昂且使用不便，市场急需一款计算机文字编辑软件。1988 年，金山 WPS 的创始人求伯君，耗费一年多时间，开发出 WPS 1.0 版本，凭借简洁实用的功能，WPS 迅速成为计算机办公必备软件，填补了国内中文字处理软件的空白，开启了中文字处理的崭新时代。

微软 Office 的开发始于 1985 年，比 WPS 更早，但其早期版本仅能在苹果系统中运行，1989 年才正式开售。1994 年，在求伯君的带领下，WPS 发展得如日中天，而微软 Office 也于此时进入中国市场，凭借图形操作界面及微软操作系统 Windows 的推广优势，微软 Office 逐

学习笔记

步吸引了部分中国用户。

面对激烈的市场竞争，金山公司积极应对，不断推陈出新。1997年，金山推出第一版Windows图形操作系统的WPS办公软件，其界面和功能与当时的微软Office相似，价格却更为亲民，这使得WPS迅速赢得众多国内用户的青睐，成为中国最受欢迎的办公软件之一。随着互联网的蓬勃发展，WPS又敏锐地捕捉到时代趋势，逐渐向云端办公转型，推出WPS云办公套件，与微软的Office 365展开竞争。

如今，WPS办公软件已在国内市场取得显著成就，在中国个人计算机办公领域，其市场占有率稳定在六成以上，覆盖了从中小企业到个人用户的广泛群体；在国有机构办公场景中，凭借对政务需求的深度适配，占有率高达90%以上，成为政务信息化建设的重要支撑；而在移动办公市场，依托跨终端同步的便捷性，占有率同样突破90%以上，满足了用户随时随地办公的需求。

微软Office则凭借全球化布局，在全球桌面和笔记本办公软件市场保持着85%的占有率，与微软Office相比，WPS在办公产品生态上构建了文档、表格、演示等全场景协同体系；插件生态汇聚了海量行业定制工具，可快速适配不同领域需求；本地化服务更是针对中国用户习惯优化了操作逻辑，在字体渲染、格式兼容等细节上更贴合国内办公场景，形成了独特的竞争优势。

在我国科技发展进程中，WPS的成长历程是一段波澜壮阔的奋斗篇章，它不仅展现了中国科技企业在办公软件领域的创新与突破，也彰显了面对国际竞争时的坚韧与勇气，相信在未来，以WPS为代表的国产软件将继续砥砺前行，为我国科技事业的发展贡献更多力量，在全球软件市场中绽放更加耀眼的光芒。

3.2 电子表格处理能力

学习目标

◎熟悉电子表格的主要功能和相关软件的操作界面。

◎掌握电子表格文档的基础管理，包括创建、保存、读取和结束工作簿的操作流程。

◎掌握单元格、行与列的操作技巧，精准掌握数据有效性设置及单元格格式设置方法。

◎掌握数据录入技巧，如快速输入特殊字符与数据，并熟练运用格式刷、边框设置、对齐方式等常用格式调整工具。

◎理解单元格绝对、相对地址的概念和区别，掌握相对、绝对引用及表外单元格的引用方法。

◎熟悉公式与函数的构建与应用，特别是平均值、最大/最小值计算、求和、计数等常见且实用的函数运用。

学习笔记

◎了解常见的图表类型及软件提供的图表类型，掌握利用表格数据制作常用图表的方法。

◎具备熟练的电子表格编辑与排版能力，以适应复杂多变的工作需求。

相关知识

1. 常见电子表格软件

电子表格是一种数字化的工作表程序，旨在模拟传统纸张上的财务和会计计算。它通过一个由行与列交织形成的网格系统来组织信息，每个交叉点形成一个单元格，可以存储数字、公式、文本等多种类型的数据。电子表格的强大之处在于其能够执行复杂的数学运算、数据处理以及统计分析，并将结果以清晰直观的表格形式展现出来。此外，它还提供了丰富的可视化工具，可将枯燥的数据转换成色彩斑斓的图表，使得数据分析更加生动有趣且易于理解，从而极大地提升了数据的表达力和吸引力。

Microsoft Office Excel 软件是微软 Office 软件中的一个重要组件，被广泛应用于办公自动化领域。作为一款领先的电子表格软件，Excel 不仅支持高效的数据管理和图形分析，还以其卓越的数据处理能力著称，包括自动化的计算流程和复杂的数据分析功能。凭借其用户友好的界面设计、强大的计算引擎以及多样化的图表制作工具，Excel 已经成为全球范围内企业和个人进行数据分析、报表生成不可或缺的利器。无论是在日常办公还是专业数据分析中，Excel 都展示了其不可替代的价值，使其成为市场上最受欢迎的电子表格解决方案之一。

金山软件集团研发的 WPS Office 软件中，包含了一款功能强大的电子表格软件——WPS 表格，它是一款卓越的电子表格处理工具。WPS 表格实现了如数据录入、公式计算、图表制作、数据筛选与排序、条件格式设置等核心功能，还针对用户日常办公需求进行了深度优化与扩展。在数据处理方面，WPS 表格支持大规模数据的快速导入与导出，无论是 CSV、TXT 等简单文本格式，还是复杂的 Excel 文件格式，都能轻松应对。其强大的公式与函数库，涵盖了从基础数学运算到高级统计分析的各类函数，能够满足用户在数据处理与分析方面的多样化需求。此外，WPS 表格还提供了丰富的数据筛选与排序功能，帮助用户快速定位并处理所需数据。条件格式设置则能根据预设的规则自动为单元格应用不同的颜色或样式，从而实现对数据的可视化管理。

2. 认识 WPS 表格

WPS 软件深度服务于财务核算、数据统计分析、商业决策支持及个人事务管理等多元化场景。WPS 表格凸显三大核心优势：采用符合中文用户习惯的树形目录管理体系，显著提升文档组织效率；集成超百种本土化财务函数与统计模型，大幅降低专业计算门槛；创新性推出皮肤中心与功能区自由定制，打造个性化办公界面。

双击桌面上的 WPS 表格图标，或打开 WPS Office 主程序，单击左上角“新建”→“表格”→“新建空白表格”命令可启动 WPS 表格，启动后窗口如图 3-26 所示，其主要内容如下：

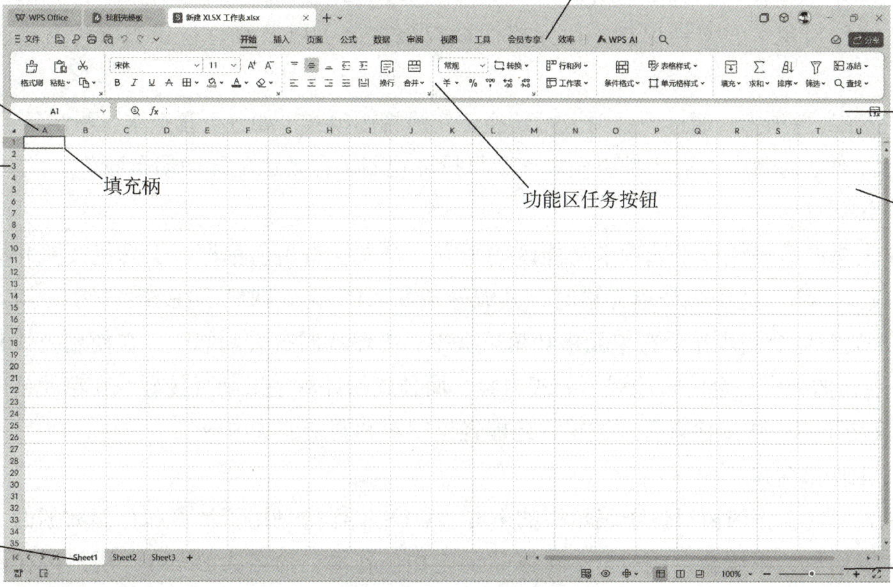

图 3-26　WPS 表格窗口

（1）功能区和选项卡

WPS 表格采用与主流办公软件相似的功能区交互逻辑，但深度融合中文用户习惯与本土化需求。其核心选项卡包含“开始”“插入”“页面”“公式”“数据”“审阅”“视图”等选项卡。

①“开始”选项卡：此选项卡中包括了许多高频使用的命令，如“复制”“格式刷”“智能填充”等。在该选项卡中可进行单元格字体设置（兼容中文字库）、对齐方式调整、数字格式定义（如人民币符号自动识别）、样式应用（内置财务报表模板）及单元格合并与内容保留等操作。

②“插入”选项卡：通过该选项卡可以在 WPS 表格中插入数据透视表、智能图表（含动态趋势图）、本地化图形（如中文职级组织结构图）、超链接、各类文本（页眉页脚、艺术字）、符号，以及 PDF 书签、思维导图等跨格式对象。

③“页面”选项卡：在该选项卡中可以设置工作表的打印与展示参数，包括主题样式、页边距、纸张方向（支持发票专用模板）、纸张大小、打印区域定义、背景添加（含防泄密水印）以及网格线显示控制。

④“公式”选项卡：该选项卡可使用 WPS 表格的丰富函数库，包括通用数学函数、本土化财税专用函数（如增值税计算），并提供公式审核工具（依赖关系可视化追踪）和中文语义单位转换功能。

⑤“数据”选项卡：通过该选项卡可对工作表中的数据进行高效管理，支持中文智能排序（按姓名笔顺或行政区划）、多层级筛选、分类汇总，并支持从金蝶 / 用友等本土财务系统直接导入数据。

⑥“审阅”选项卡：通过该选项卡可进行拼写检查（支持中文语法校对）、批注添加（支持 @ 协作对象）、文档保护（单元格区域权限控制）以及修订记录查看（含地理位置标记）。

⑦“视图”选项卡：通过该选项卡可切换工作簿视图模式（如分页预览）、调整显示比例、隐藏 / 显示工作表标签，并启用护眼模式或手机投屏视图（自动适配移动端布局）。

（2）编辑栏

WPS 表格的编辑栏位于选项卡功能区的下方，自左至右由名称框、工具栏按钮和编辑框三部分组成。当用户选中某个单元格时，其编号（如 A1）会立即显示在名称框中。用户在单元格中输入的数据会同步显示在单元格和编辑框中，方便实时查看和修改。在使用公式和函数时，WPS 表格的编辑栏会清晰地展示公式内容，而公式的计算结果则直接显示在单元格中。这种设计不仅便于用户快速检查公式逻辑，还能轻松编辑和调整公式内容。

（3）工作簿窗口

WPS 表格的工作簿窗口位于编辑栏的下方。WPS 工作簿是用于计算和存储数据的文件，启动 WPS 表格后，系统会自动打开一个默认的空白工作簿，命名为 Book1，用户可在保存时重新命名。默认状态下，工作簿中包含 1 个工作表 Sheet1，用户可以根据需要增加或删除工作表。WPS 表格的工作簿窗口主要由以下几部分组成：

①工作簿标题栏：

位置与功能：位于工作簿窗口顶部，用于显示当前工作簿的名称。

控制菜单：标题栏左端为工作簿控制菜单图标，提供窗口操作选项（如最小化、最大化、关闭）。

窗口管理：单击标题栏右方的“最大化”按钮可使工作簿窗口最大化。此时，工作簿标题栏将自动并入 WPS 表格主窗口的标题栏中，不再单独显示。

②工作表工作区：

工作表功能：工作表是工作簿的核心组成部分，所有数据的组织与操作均通过工作表完成。工作表的名称显示在底部的工作表标签上，用户可双击标签重命名工作表。

工作区范围：工作表工作区位于工作簿标题栏和工作表标签之间，是用户进行表格编辑的主要区域。

表格结构：一张工作表由 1 048 576 行 ×16 384 列组成，形成一个二维表格。

列标：由字母（或字母组合）标识，顺序为 A、B、C、…、Z、AA、AB、…、BA、BB、…、XFD。

行号：由数字 1、2、3、…、1 048 576 标识。

单元格地址：工作表中的每个单元格由其列标和行号唯一确定。例如，C4 表示位于第 3 列（C 列）第 4 行的单元格。

（4）标签

Sheet1 标签是 WPS 表格工作簿中默认的第一个工作表标签，位于工作簿窗口的底部。它是用户创建新工作簿时自动生成的初始工作表，用户可以根据需要对其进行重命名、复制、移

学习笔记

动或删除等操作。Sheet1 标签的设计与功能充分体现了 WPS 表格的高效性与灵活性。

（5）状态栏

WPS 表格的状态栏位于工作簿窗口的底部，是用户查看工作表状态、快速执行操作的重要工具。状态栏不仅提供了实时信息反馈，还集成了多种实用功能，帮助用户更高效地完成数据处理与分析任务。通过集成视图切换、缩放控制、统计计算和快捷操作等功能，状态栏为用户提供了全方位的支持，显著提升了数据处理与分析的效率。无论是日常办公还是专业数据分析，WPS 表格的状态栏都能满足用户的需求，尤其适合中文用户的使用习惯。

操作与实践

任务一　才艺比赛管理表制作

（1）任务描述

视　频

才艺比赛管理表制作

本任务中，某校的艺术节计划举办一场寻找顶尖主持人的才艺大赛，并在比赛结束后立即颁发奖项。为了高效地完成评分和统计工作，组织者决定采用 WPS 表格软件来处理评委的评分数据，以迅速确定最终获奖名单。通过本任务的学习，参与者将掌握跨多个工作表的数据引用、公式与函数的应用、合并计算、选择性粘贴技巧及超链接等高级功能的综合运用能力。设计这样一个才艺比赛管理系统时，首先需要考虑以下几个关键点：创建一个主菜单用于快速访问其他表格；根据赛事规则制定相应的数据结构和内容；建立详细的竞赛流程表、参赛者信息表以及针对“舞台表现”“声乐”“乐器演奏”“即兴主持”四个方面的评分表。在评委打分后，系统会自动移除最高分和最低分，然后计算平均值。此外，还需创建一个总得分表来记录每位选手各项目的加权成绩之和，并据此进行排名，识别出前十佳选手。最后，对评委的评分情况进行深入分析。根据上述分析我们可以确定九张数据表及其内容：

①主菜单工作表：起到快速调用其他工作表的作用。

②比赛规则工作表：将比赛规则放在一张表中，在比赛过程中便于查看。

③选手资料表：存放选手的参赛号、参赛部门、姓名和性别等信息。

④舞美得分表：存放所有评委给所有选手的评分及每位选手该项目的得分。

⑤声乐得分表：存放所有评委给所有选手的评分及每位选手该项目的得分。

⑥器乐得分表：存放所有评委给所有选手的评分及每位选手该项目的得分。

⑦即兴主持得分表：存放所有评委给所有选手的评分及每位选手该项目的得分。

⑧总分表：存放各位选手的总得分及是否为“十佳”选手。

⑨评委分表：求出各位评委所有给出分数的平均值，以此可以判断评委打分是否合理。

为了准确把握比赛规则和流程，需向赛事组委会咨询并收集相关信息，包括但不限于比赛规则、流程安排、参赛人员名单、评委数量及具体操作要求。才艺比赛管理表制作完成后的主菜单界面如图 3-27 所示。

学习笔记

图 3-27　主菜单电子表格

（2）表格制作步骤

第一步，通过插入的方式添加所需的工作表。

①新建 WPS 表格后，在窗口下方 Sheet1 工作表处右击，选择“插入工作表”命令，插入一张工作表，用同样方式再插入八张工作表，共九张。

②右击最左边的表名（此处为“Sheet1”），系统弹出工作表操作选择快捷菜单，单击“重命名”命令，把 Sheet1 的标签改为“主菜单”。同理，从左数第二张表的标签开始，分别将表标签重命名为“比赛规则”“选手资料”“舞美”“声乐”“器乐”“即兴主持”“总分”“评委分”，如图 3-28 所示。

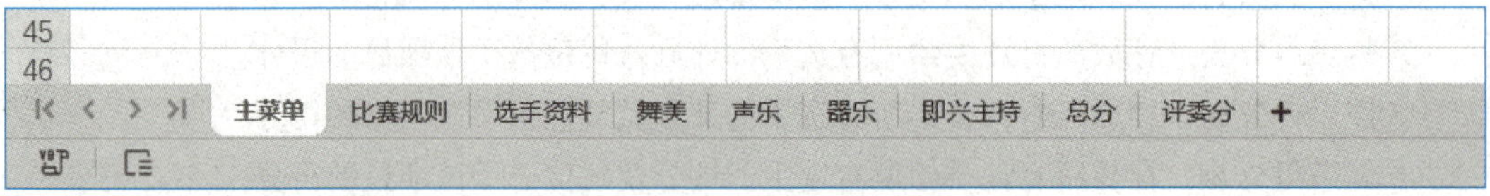

图 3-28　重命名后的表标签

第二步，通过绘图、艺术字等功能建立主菜单界面。

①在“主菜单”工作表中，先合并 A1:I20 区域，再单击“插入”→“艺术字”菜单，选择好艺术字“式样”，输入“主菜单”三个字，单击“确定”按钮，并将“主菜单”这三个字拖放到合适的位置，效果如图 3-29 所示。

②单击菜单“插入”→“形状”命令，在“基本形状”中选择“椭圆”选项，单击后，拖放至合适位置和大小，右击，弹出快捷菜单，选择“添加文字”命令，在椭圆框内输入“比赛规则”，

单击“居中”按钮，进一步调整椭圆的大小到最合适的状态，单击“复制”按钮，再单击“粘贴”七次，用拖放的形式将八个椭圆调整到合适的位置，并修改其他七个椭圆中的文字。最后效果如图 3-30 所示。

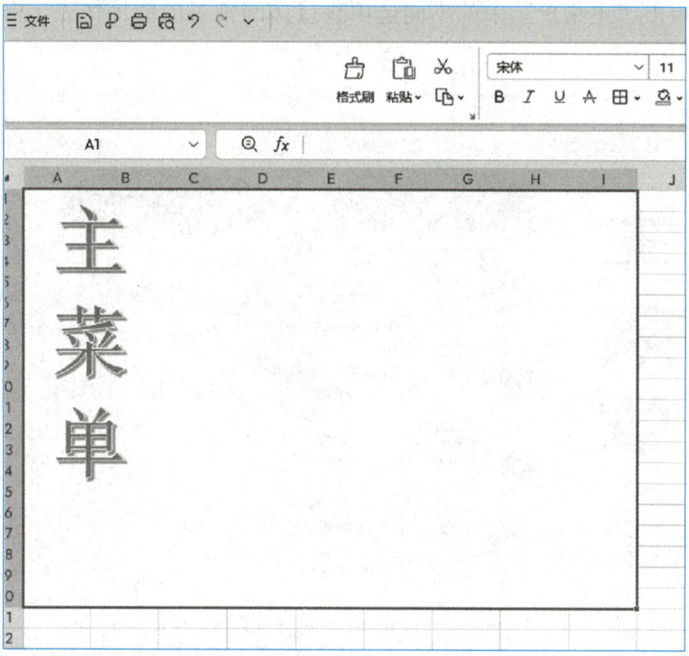

图 3-29　设置主菜单的艺术字

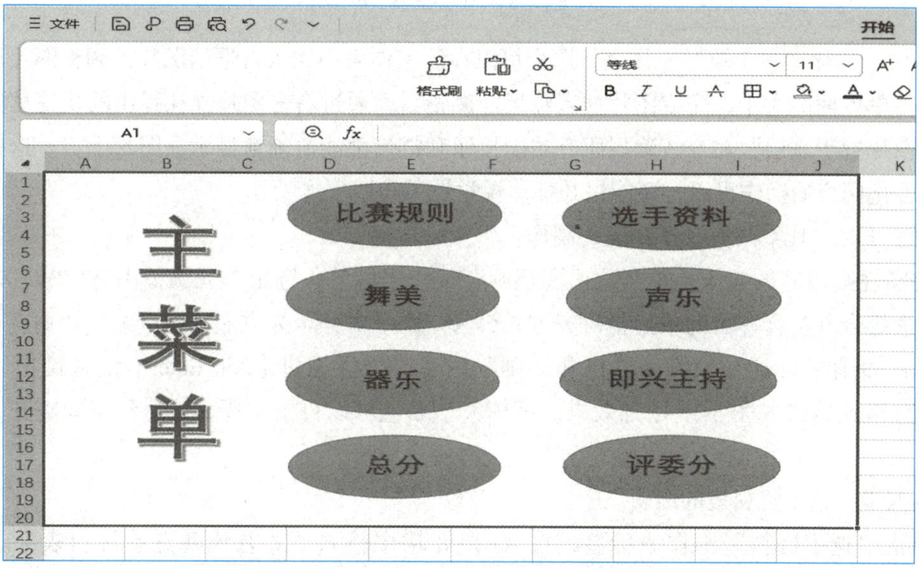

图 3-30　设置主菜单的选项按钮

③通过设置超链接来实现主菜单与相应工作表之间的快捷导航。在“主菜单”工作表内，当用户单击名为“比赛规则”的图标时，可以通过快捷菜单选择“超链接”命令，随后会弹出

学习笔记

如图 3-31 所示的“编辑超链接”对话框。在此窗口中，选择“本文档中的位置”选项，并选中“比赛规则”选项，再单击“确定”按钮，即可完成指向“比赛规则”的超链接设置，最后再次单击“确定”按钮以保存更改。依照同样的步骤，可以为其余七个表格建立相应的超链接。这样，用户就能够通过单击“主菜单”中的不同选项直接访问到对应的工作表，极大地提升了操作效率。

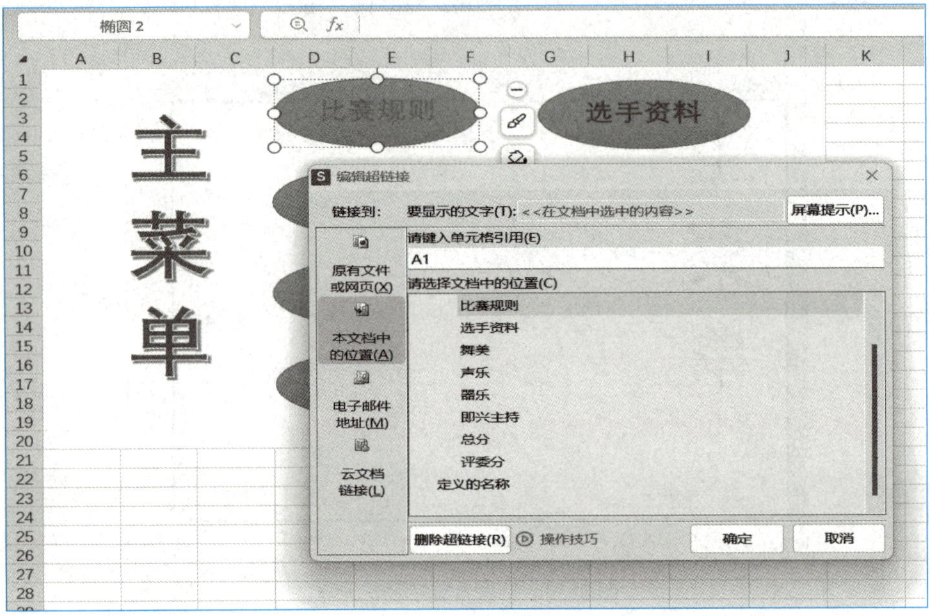

图 3-31　设置超链接

④为了美化“主菜单”工作表，用户可以在该工作表中插入自选的图片，调整图片尺寸以匹配主菜单界面的大小。完成图片插入和尺寸调整后，通过右击图片并在弹出的快捷菜单中选择“将图片置于底层”命令，确保所有功能按钮和链接都能清晰地显示在图片上方。这样不仅能够个性化用户的操作界面，还能提升整体视觉效果和用户体验。

第三步，“比赛规则”工作表的制作。

比赛规则内容的输入。单击“比赛规则”工作表标签，选定单元格范围 A1:I20，并对其单元格进行合并。合并后的单元格对齐方式设为“水平对齐”为靠左（缩进），“垂直对齐”为靠上，如图 3-32 所示。输入“比赛规则”内容，之后通过【Alt+Enter】组合键换行并把比赛规程格式编辑成图 3-33 中的效果。字体大小颜色可以自由发挥，以达到布局整齐、美观的目的。

第四步，选手资料表的编辑。

单击“选手资料”工作表标签，在 A1 单元格中输入“才艺比赛选手资料表”。选择 A1:D1 范围，单击工具栏中的“合并及居中”按钮，根据实际情况设置字体、字号的格式。在单元格 A2:D2 中对应输入“参赛号”“参赛部门”“姓名”“性别”，在单元格 A3:D20 中输入 18 位参加决赛的选手资料，结果如图 3-34 所示。

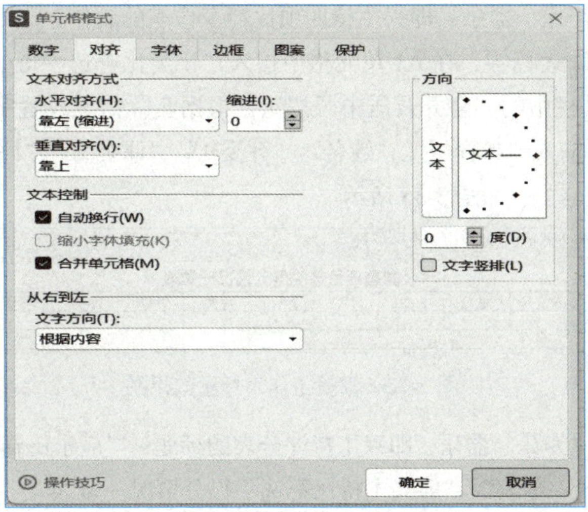

图 3-32　设置单元格格式

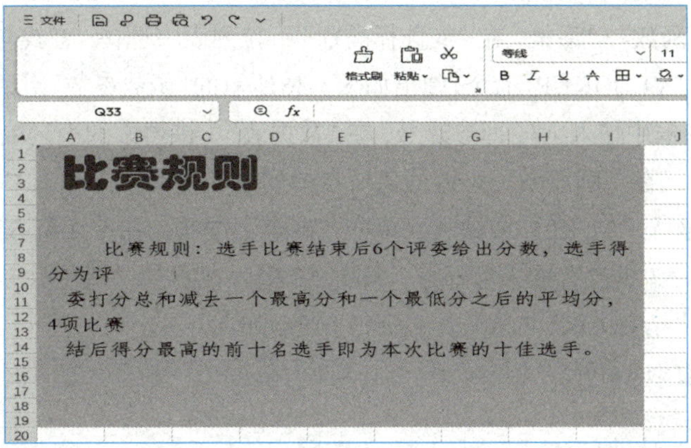

图 3-33　设置比赛规则

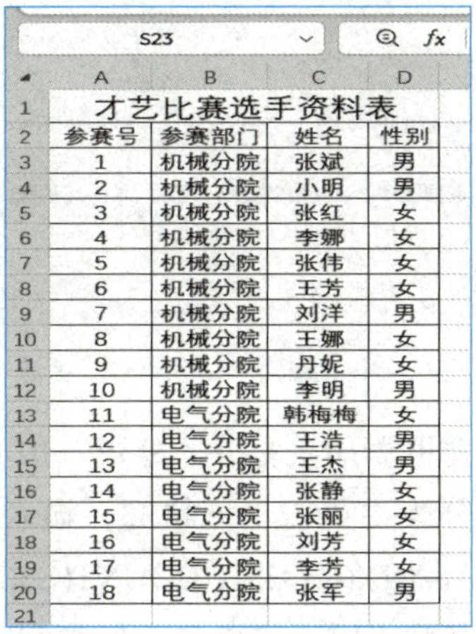

才艺比赛选手资料表			
参赛号	参赛部门	姓名	性别
1	机械分院	张斌	男
2	机械分院	小明	男
3	机械分院	张红	女
4	机械分院	李娜	女
5	机械分院	张伟	女
6	机械分院	王芳	女
7	机械分院	刘洋	男
8	机械分院	王娜	女
9	机械分院	丹妮	女
10	机械分院	李明	男
11	电气分院	韩梅梅	女
12	电气分院	王浩	男
13	电气分院	王杰	男
14	电气分院	张静	女
15	电气分院	张丽	女
16	电气分院	刘芳	女
17	电气分院	李芳	女
18	电气分院	张军	男

图 3-34　编辑选手资料表

学习笔记

第五步，舞美、声乐、器乐、即兴主持四项比赛工作表的制作。

单击“舞美”工作表标签，在 A1 单元格中输入“舞美比赛选手得分情况一览表”。选择 A1:I1 范围，单击工具栏中的“合并及居中”按钮，根据实际情况设置字体、字号的格式。在单元格 A2:I2”中对应输入“参赛号”“姓名”“评委 1”“评委 2”“评委 3”“评委 4”“评委 5”“评委 6”“得分”，如图 3-35 所示。

	A	B	C	D	E	F	G	H	I
1	舞美项目选手得分情况一览表								
2	参赛号	姓名	评委1	评委2	评委3	评委4	评委5	评委6	得分
3									
4									

图 3-35　舞美工作表标题效果图

通过同样方法建立声乐、器乐、即兴主持评分表的标题：“声乐比赛选手得分情况一览表”器乐比赛选手得分情况一览表”“即兴主持比赛选手得分情况一览表”。

比赛正式开始后，选手按抽签顺序出场，参赛选手的姓名可以通过搜索函数 VLOOKUP 查找。在舞美评分表中选取单元格“B3”，单击菜单“公式”→“查找与引用”→“VLOOKUP”命令，在系统弹出“函数”对话框。在“或选择类别”下拉列表中选择“查找与引用”命令，在“选择函数”列表中选择“VLOOKUP”命令，弹出如图 3-36 所示的“函数参数”对话框。在“查找值”（被搜索的表区域）输入框中输入 A3，即参赛号，在“数据表”（被搜索的表区域）输入框中输入“选手资料！A3:D20”，在“列序数”（返回值所在的列号）输入框中输入“3”，即姓名列，在匹配条件输入框中输入“TURE”或缺省，单击“确定”按钮，在单元格 B3 可能会出现错误信息 #N/A，这是因为 A3 里没有输入参赛号，只要 A3 输入参赛号，则显示与参赛号对应的姓名。此时的编辑栏显示“=VLOOKUP (A3, 选手资料 !A3:D20,3)”。

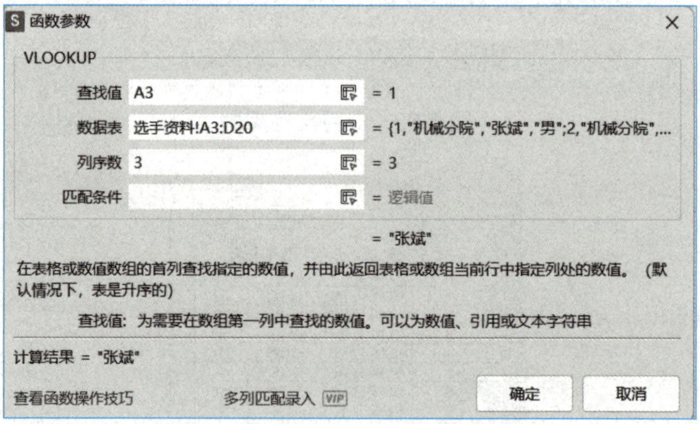

图 3-36　编辑 VLOOKUP 函数

选手表演结束后，六个评委根据印象打分（分数一般介于 5~10 之间），用 IF 函数计算每位选手的得分。在舞美评分表中单击单元格 I3，输入计算公式：“=IF(SUM(C3:H3)=0, “”,(SUM(C3:H3)–MAX(C3:H3)–MIN(C3:H3))/(COUNT(C3:H3)–2))”，按回车键。该公式的含义是：当评委的打分没有输入时，“得分”列为空，即 SUM(C3:H3)=0 时，则 I3 单元格值为空；否则，通过 (SUM(C3:H3)–MAX(C3:H3)–MIN(C3:H3))/(COUNT(C3:H3)–2)

学习笔记

计算出得分。即评委分总和 (SUM(C3:H3))，减去一个最高分 (MAX(C3:H3))，再减去一个最低分 (MIN(C3:H3))，最后除以评委人数 (COUNT(C3:H3)–2) 就可得出该选手的最终平均得分，用填充柄“+”下拉至单元格 I20。舞美评分表制作完成后如图 3-37 所示。

	A	B	C	D	E	F	G	H	I
1	舞美项目选手得分情况一览表								
2	参赛号	姓名	评委1	评委2	评委3	评委4	评委5	评委6	得分
3	1	张斌	5	7	7	7	5	6	6.25
4	2	小明	5	7	7	7	5	6	6.25
5	3	张红	5	7	7	7	5	6	6.25
6	4	李娜	5	5	7	7	5	6	5.75
7	5	张伟	5	5	7	7	5	6	5.75
8	6	王芳	5	6	5	7	5	6	5.5
9	7	刘洋	7	6	5	7	5	6	6
10	8	王娜	6	6	5	7	5	6	5.75
11	9	丹妮	6	7	5	6	6	6	6
12	11	韩梅梅	6	7	5	6	6	6	6
13	10	李明	6	6	5	6	6	5	5.75
14	12	王浩	6	5	6	6	6	5	5.75
15	13	王杰	6	5	6	6	7	5	5.75
16	14	张静	6	5	6	6	7	5	5.75
17	15	张丽	6	5	6	6	7	5	5.75
18	16	刘芳	6	5	6	6	7	5	5.75
19	17	李芳	6	5	6	6	7	5	5.75
20	18	张军	6	7	6	6	7	5	6.25

图 3-37　编辑舞美项目得分

第六步，总分表的制作。

将总分表 A1:J1 区域合并后输入标题“才艺比赛选手总分一览表”，在单元格“A2:J2”中对应输入“参赛号”“参赛部门”“姓名”“性别”“舞美”“声乐”“器乐”“即兴主持”“总分”“十佳否”，在 A3:A20 区域中升序输入参赛号。

选择 B3 单元格，插入 VLOOKUP 函数，在“查找值”输入框中输入“$A3”，在“数据表”输入框中输入“选手资料 !$A$3:$D$20”，在“列序数”输入框中输入“COLUMN(B3)，即参赛部门序列，在匹配条件输入框中输入“TURE”或缺省，如图 3-38 所示，单击“确定”按钮，显示参赛部门。用填充柄“+”右拉至单元格 D3，显示出姓名、性别；用填充柄“+”继续下拉至单元格 D20，显示所有参赛部门、姓名和性别。

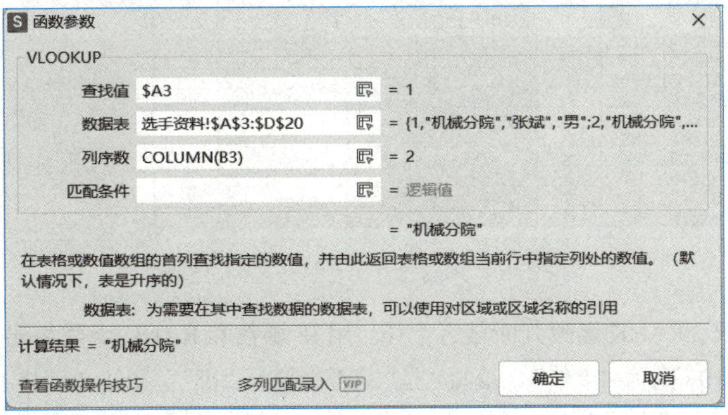

图 3-38　编辑 B3 单元格的 VLOOKUP 函数

学习笔记

总分表中的选手各项得分可以利用 VLOOKUP 函数从“舞美”“声乐”“器乐”“即兴主持”表中精确获得。选择 E3 单元格，插入 VLOOKUP 函数，如图 3-39 所示。单击“确定”按钮，显示得分，此时编辑栏中显示“=VLOOKUP(A3, 舞美 !$A$2:$I$20,9,FALSE)”，用填充柄“+”下拉至单元格 E20，则显示所有舞美得分。

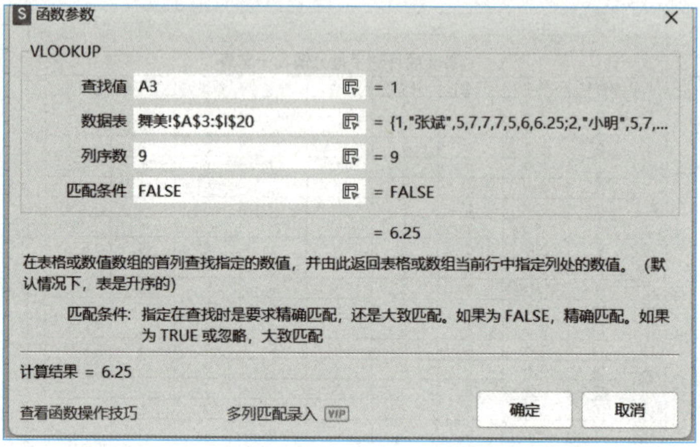

图 3-39　编辑 E3 单元格的 VLOOKUP 函数

在总分表中利用数组公式计算 I3:I20 区域的总分。选中 I3:I20 区域，然后输入“=”编辑加法公式计算总分，鼠标选择 E3:E20 区域，输入“*0.25”，按下“+”号，再用鼠标选择 F3:F20 区域，输入“* 0.25”，按下“+”号，再用鼠标选择 G3:G20 区域，输入“*0.25”按下“+”号，再用鼠标选择 H3:H20 区域，输入“* 0.25”，如图 3-40 所示。最后按【Enter】键完成数组公式便可计算出全部总分。

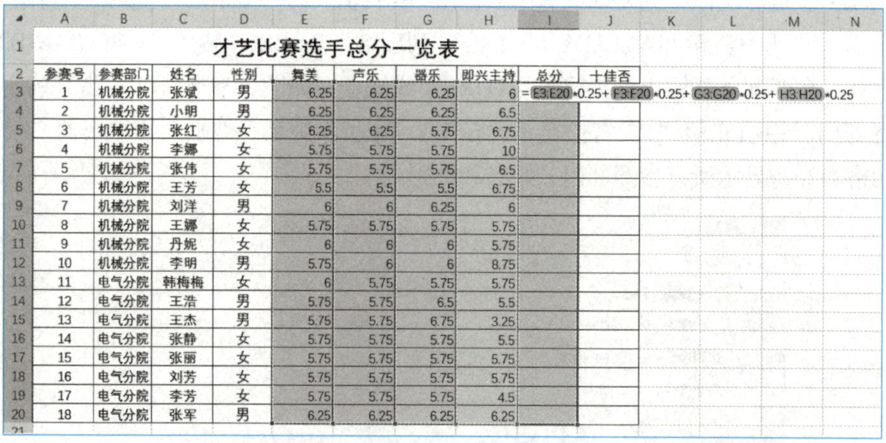

才艺比赛选手总分一览表

参赛号	参赛部门	姓名	性别	舞美	声乐	器乐	即兴主持	总分	十佳否
1	机械分院	张斌	男	6.25	6.25	6.25	6	=E3:E20*0.25+F3:F20*0.25+G3:G20*0.25+H3:H20*0.25	
2	机械分院	小明	男	6.25	6.25	6.25	6.5		
3	机械分院	张红	女	6.25	6.25	5.75	6.75		
4	机械分院	李娜	女	5.75	5.75	5.75	10		
5	机械分院	张伟	女	5.75	5.75	5.75	6.5		
6	机械分院	王芳	女	5.5	5.5	5.5	6.75		
7	机械分院	刘洋	男	6	6	6.25	6		
8	机械分院	王娜	女	5.75	5.75	5.75	5.75		
9	机械分院	丹妮	女	6	6	6	5.75		
10	机械分院	李明	男	5.75	6	6	8.75		
11	电气分院	韩梅梅	女	6	5.75	5.75	5.75		
12	电气分院	王浩	男	5.75	5.75	6.5	5.5		
13	电气分院	王杰	男	5.75	5.75	6.75	3.25		
14	电气分院	张静	女	5.75	5.75	5.75	5.5		
15	电气分院	张丽	女	5.75	5.75	5.75	5.75		
16	电气分院	刘芳	女	5.75	5.75	5.75	5.75		
17	电气分院	李芳	女	5.75	5.75	5.75	4.5		
18	电气分院	张军	男	6.25	6.25	6.25	6.25		

图 3-40　编辑才艺比赛总分表的总分数

利用 IF 函数、RANK 函数判断是否十佳。用 IF 函数和 RANK 函数相配合，若 RANK 函数的值小于等于 10，则为“十佳”，填写“是”；否则填写“否”。单击单元格 J3，插入 IF 函数，在“测试条件”输入框中输入“RANK(3,$I$3:$I$20)<=10”，在“真值”输入框中输入“十佳”，在“假值”输入框中输入“不是”（也可在编辑栏中输入“=IF(RANK(I3,$I$3:$I$20)<=10,“十

佳”,“否”）”方法产生，如图 3-41 所示。单击“确定”按钮后，用填充柄“+”下拉至单元格 J20。其中函数 RANK(I3,$I$3:$I$20) 包括 3 个参数，I3 即为 Number 参数，表示计算 I3 单元格中的数字在指定范围内排名；$I$3:$I$20 即为 Ref 函数，表示比较的区域，合并起来的意思就是计算 I3 单元格在 I3:I20 区域中的大小排名，实现效果如图 3-42 所示。

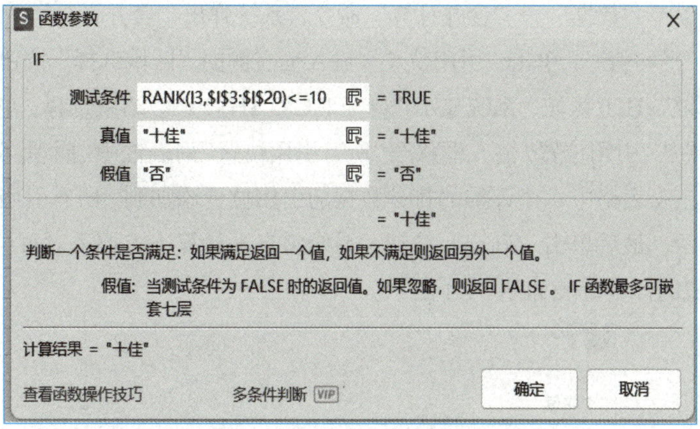

图 3-41　编辑 RANK 函数

	A	B	C	D	E	F	G	H	I	J
1	才艺比赛选手总分一览表									
2	参赛号	参赛部门	姓名	性别	舞美	声乐	器乐	即兴主持	总分	十佳否
3	1	机械分院	张斌	男	6.25	6.25	6.25	6	6.19	十佳
4	2	机械分院	小明	男	6.25	6.25	6.25	6.5	6.31	十佳
5	3	机械分院	张红	女	6.25	6.25	5.75	6.75	6.25	十佳
6	4	机械分院	李娜	女	5.75	5.75	5.75	10	6.81	十佳
7	5	机械分院	张伟	女	5.75	5.75	5.75	6.5	5.94	十佳
8	6	机械分院	王芳	女	5.5	5.5	5.5	6.75	5.81	否
9	7	机械分院	刘洋	男	6	6	6.25	6	6.06	十佳
10	8	机械分院	王娜	女	5.75	5.75	5.75	5.75	5.75	否
11	9	机械分院	丹妮	女	6	6	6	5.75	5.94	十佳
12	10	机械分院	李明	男	5.75	6	6	8.75	6.63	十佳
13	11	电气分院	韩梅梅	女	6	5.75	5.75	5.75	5.81	否
14	12	电气分院	王浩	男	5.75	5.75	6.5	5.5	5.88	十佳
15	13	电气分院	王杰	男	5.75	5.75	6.75	3.25	5.38	否
16	14	电气分院	张静	女	5.75	5.75	5.75	5.5	5.69	否
17	15	电气分院	张丽	女	5.75	5.75	5.75	5.75	5.75	否
18	16	电气分院	刘芳	女	5.75	5.75	5.75	5.75	5.75	否
19	17	电气分院	李芳	女	5.75	5.75	5.75	4.5	5.44	否
20	18	电气分院	张军	男	6.25	6.25	6.25	6.25	6.25	十佳

图 3-42　总分表完成效果图

第七步，评委分表的制作。

单击“评委分”工作表标签，在 A1 单元格中输入评委分析表标题“评委对每位选手 4 次打分平均值一览表”，合并 A1:H1 单元格。在 A2:H2 中分别输入“参赛号”“姓名”“评委 1”“评

学习笔记

委 2”“评委 3”“评委 4”“评委 5”“评委 6”。

在“评委分”表中，A3:A20 升序输入“1”到“18”参赛号，B3:B20 中用 LOOKUP 函数对应搜索选手姓名。具体操作：在 B3 单元格中输入公式“=LOOKUP(A3, 选手资料 !$A$3:$D$20, 选手资料 !$C$3:$C$20)”，用填充柄“+”下拉至单元格 B20，即可获取所有选手姓名。选中单元格 C3，单击菜单“数据”→“合并计算”命令，系统弹出“合并计算”对话框。在“函数”下拉列表中选择“平均值”，单击“引用位置”输入框右侧的“区域选择”按钮，再单击“舞美”工作表标签，选择 C3:H20 区域，系统显示“舞美 !$C$3:$H$20”，结束选择，单击“添加”按钮，系统将该选择结果从“引用位置”输入框移至“所有引用位置”列表框中。同理，分别将“声乐”“器乐”“即兴主持”三张表格中六个评委的打分数据的引用位置添加到“所有引用位置”列表框中。效果如图 3-43 所示，最后单击“确定”按钮，系统将自动计算出各评委对每位选手的四次打分平均值。制作完成的评委分表如图 3-44 所示。

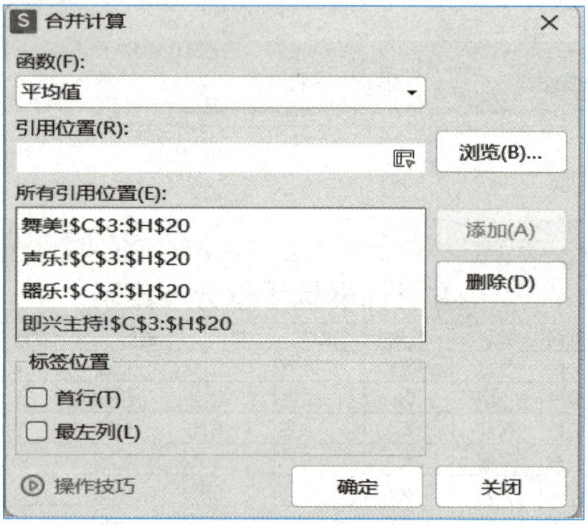

图 3-43　执行合并计算

	A	B	C	D	E	F	G	H
1	评委对每位选手4次打分平均值一览表							
2	参赛号	姓名	评委1	评委2	评委3	评委4	评委5	评委6
3	1	张斌	5	7	7	7	5	5.25
4	2	小明	5	7	7	7	5	6.75
5	3	张红	5	7	7	6.5	6.25	6
6	4	李娜	5	6.25	7.75	7.75	6.5	6.25
7	5	张伟	5	5	7	7.5	5	7
8	6	王芳	5	6	6.25	8.5	5	6
9	7	刘洋	7	6	5.25	7	5	6
10	8	王娜	6	6	5	7	5	6
11	9	丹妮	6	7	5	4.75	6	6.5
12	11	韩梅梅	6	7	6	7	6.75	7
13	10	李明	6	6	5	6	6	5
14	12	王浩	6	5	6	6.25	6.75	5
15	13	王杰	6	5	4.75	5.5	5.75	5.75
16	14	张静	6	5	6	6	6.5	5
17	15	张丽	6	5	6	6	7.75	5
18	16	刘芳	6	5	6	6	7	5
19	17	李芳	6	5	6	4.75	7	4
20	18	张军	6	7	6	6	7	5

图 3-44　评委分表完成图

任务二　学生综合测评表制作

学习笔记

（1）任务描述

学生综合测评表是一种用于全面评估学生在校期间学业成绩、行为表现和个人发展等方面的工具。它通过系统化的方式记录和分析学生的各方面表现，旨在提供一个客观、全面的评价体系来反映学生的学习成果和综合素质。本任务制作一个学生测评表，其中包含德育分、智育分和体育分，并计算学生的总名次和奖学金的获得情况。

（2）表格制作步骤

第一步，新建工作表。

①新建 WPS 表格后，选择 A1:S1 范围，单击工具栏中的“合并及居中”按钮，根据实际情况设置字体、字号的格式，输入“2020/2021 学年第二学期学生综合评测表”。

②选择 A2:J2 范围进行合并，输入“班级：城电 2311”，选择 K2:S2 范围进行合并，输入“人数：20”，合并 A3:A4 范围输入“学号（长号）”，合并 B3:B4 范围输入“姓名”，此后依次输入“校园表现分”“公寓表现分”“附加分”“总分”“小计”等，表头如图 3-45 所示。

	A	B	C	D	E	F	G	H	I	J	K	L	M	N	O	P	Q	R
1	2020/2021学年第二学期学生综合评测表																	
2	班级:城电2311										人数:20							
3	学号（长号）	姓名	德育30%					智育60%				体育10%				总分	总名次	奖学金情况
4			校园表现分	公寓表现分	附加分	总分	小计	智育成绩	附加分	总分	小计	体育成绩	附加分	总分	小计			
5																		
6																		
7																		
8																		
9																		
10																		
11																		
12																		
13																		
14																		
15																		
16																		
17																		
18																		
19																		
20																		
21																		
22																		
23																		
24																		

图 3-45　综合测评表表头

第二步，综合测评表的制作。

①综合测评表中的德育分由校园表现分、公寓表现分和附加分三部分组成。计算总分可以使用 SUM 函数。在 F5 单元格插入 SUM 函数，计算好后向下填充。德育部分“小计”分数的计算规则为 0.3* 德育总分。此后依次计算智育部分和体育部分的分数，如图 3-46 所示。

②综合测评表中的总分由德育、智育、体育三部分的“小计”分数相加即单元格 G5、L5、P5 相加。在计算“总名次”时可以使用 RANK 函数。在单元格 R5 中插入函数 RANK，如图 3-47 所示。在“数值”输入框中输入 Q5，在“引用”输入框中输入 Q$5:Q$24，在“排位方式”输入框中输入 0，代表降序排列。单元格 R5 计算完成之后，向下填充。根据总分得出的

学习笔记

名次情况如图 3-48 所示。

2020/2021学年第二学期学生综合评测表

班级:城电2311											人数:20						
学号（长号）	姓名	德育30%					智育60%				体育10%				总分	总名次	奖学金情况
		校园表现分	公寓表现分	附加分	总分	小计	智育成绩	附加分	总分	小计	体育成绩	附加分	总分	小计			
2001	张斌	40	20	20	80	24	50	10	60	36	60	0	60	6			
2002	小明	41	21	0	62	18.6	45	0	45	27	61	0	61	6.1			
2003	张红	42	22	0	64	19.2	50	10	60	36	62	0	62	6.2			
2004	李娜	43	23	5	71	21.3	20	0	20	12	63	10	73	7.3			
2005	张伟	44	24	0	68	20.4	50	10	60	36	64	0	64	6.4			
2006	王芳	45	25	0	70	21	50	10	60	36	65	20	85	8.5			
2007	刘洋	46	26	0	72	21.6	50	0	50	30	66	0	66	6.6			
2008	王娜	47	27	5	79	23.7	60	10	70	42	67	10	77	7.7			
2009	丹妮	48	28	0	76	22.8	50	0	50	30	68	0	68	6.8			
2010	韩梅梅	49	29	0	78	23.4	50	10	60	36	69	0	69	6.9			
2011	李明	50	30	0	80	24	50	0	50	30	70	5	75	7.5			
2012	王浩	51	31	0	82	24.6	80	10	90	54	71	0	71	7.1			
2013	王杰	52	32	0	84	25.2	50	10	60	36	72	5	77	7.7			
2014	张静	53	33	10	96	28.8	90	10	100	60	73	0	73	7.3			
2015	张丽	54	34	0	88	26.4	50	0	50	30	74	0	74	7.4			
2016	刘芳	55	35	0	90	27	60	10	70	42	75	5	80	8			
2017	李芳	56	36	0	92	27.6	80	10	90	54	76	0	76	7.6			
2018	张军	57	37	0	94	28.2	50	10	60	36	77	0	77	7.7			
2019	小梅	58	38	0	96	28.8	70	0	70	42	78	5	83	8.3			
2020	小涂	59	39	0	98	29.4	50	10	60	36	79	0	79	7.9			

图 3-46　计算综合测评表各项小计

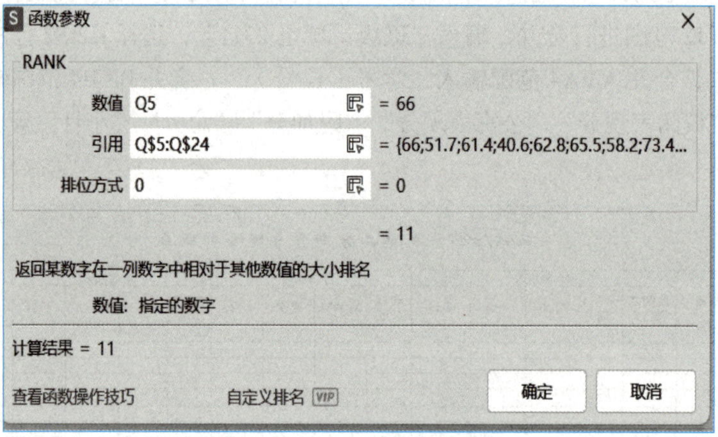

图 3-47　根据总分计算学生名次

2020/2021学年第二学期学生综合评测表

班级:城电2311												人数:						
学号（长号）	姓名	德育30%					智育60%					体育10%				总分	总名次	奖学金情况
		校园表现分	公寓表现分	附加费	总分	小计	平均成绩	名次	附加分	总分	小计	体育成绩	附加分	总分	小计			
2001	张斌	40	20	20	80	24	50	7	10	60	36	60	0	60	6	66	11	
2002	小明	41	21	0	62	18.6	45	19	0	45	27	61	0	61	6.1	51.7	19	
2003	张红	42	22	0	64	19.2	50	7	10	60	36	62	0	62	6.2	61.4	16	
2004	李娜	43	23	5	71	21.3	20	20	0	20	12	63	10	73	7.3	40.6	20	
2005	张伟	44	24	0	68	20.4	50	7	10	60	36	64	0	64	6.4	62.8	14	
2006	王芳	45	25	0	70	21	50	7	10	60	36	65	20	85	8.5	65.5	12	
2007	刘洋	46	26	0	72	21.6	50	15	0	50	30	66	0	66	6.6	58.2	18	
2008	王娜	47	27	5	79	23.7	60	4	10	70	42	67	10	77	7.7	73.4	6	
2009	丹妮	48	28	0	76	22.8	50	15	0	50	30	68	0	68	6.8	59.6	17	
2010	韩梅梅	49	29	0	78	23.4	50	7	10	60	36	69	0	69	6.9	66.3	10	
2011	李明	50	30	0	80	24	50	15	0	50	30	70	5	75	7.5	61.5	15	
2012	王浩	51	31	0	82	24.6	80	2	10	90	54	71	0	71	7.1	85.7	3	
2013	王杰	52	32	0	84	25.2	50	7	10	60	36	72	5	77	7.7	68.9	9	
2014	张静	53	33	10	96	28.8	90	1	10	100	60	73	0	73	7.3	96.1	1	
2015	张丽	54	34	0	88	26.4	50	15	0	50	30	74	0	74	7.4	63.8	13	
2016	刘芳	55	35	0	90	27	60	4	10	70	42	75	5	80	8	77	5	
2017	李芳	56	36	0	92	27.6	80	2	10	90	54	76	0	76	7.6	89.2	2	
2018	张军	57	37	0	94	28.2	50	7	10	60	36	77	0	77	7.7	71.9	8	
2019	小梅	58	38	0	96	28.8	70	4	0	70	42	78	5	83	8.3	79.1	4	
2020	小涂	59	39	0	98	29.4	50	7	10	60	36	79	0	79	7.9	73.3	7	

图 3-48　名次图

③奖学金情况由学生名次决定，前 2 名设置为一等奖、3~6 名设置为二等奖、7~9 名设置为三等奖、10~12 名设置为单项奖，其余名次无奖。在 S5 单元格中写入具体的函数为：=IF(R5<3,“一等奖”,IF(R5<7,“二等奖”,IF(R5<10,“三等奖”,IF(R5<13,“单项奖”,“无奖”))))。S5 单元格计算完成后，向下填充，如图 3-49 所示。

2020/2021学年第二学期学生综合评测表

人数:

德育30%					智育60%					体育10%				总分	总名次	奖学金情况
校园表现分	公寓表现分	附加费	总分	小计	平均成绩	名次	附加分	总分	小计	体育成绩	附加分	总分	小计			
40	20	20	80	24	50	7	10	60	36	60	0	60	6	66	11	单项奖
41	21	0	62	18.6	45	19	0	45	27	61	0	61	6.1	51.7	19	无奖
42	22	0	64	19.2	50	7	10	60	36	62	0	62	6.2	61.4	16	无奖
43	23	5	71	21.3	20	20	0	20	12	63	10	73	7.3	40.6	20	无奖
44	24	0	68	20.4	50	7	10	60	36	64	0	64	6.4	62.8	14	无奖
45	25	0	70	21	50	7	10	60	36	65	20	85	8.5	65.5	12	单项奖
46	26	0	72	21.6	50	15	0	50	30	66	0	66	6.6	58.2	18	无奖
47	27	5	79	23.7	60	4	10	70	42	67	10	77	7.7	73.4	6	二等奖
48	28	0	76	22.8	50	15	0	50	30	68	0	68	6.8	59.6	17	无奖
49	29	0	78	23.4	50	7	10	60	36	69	0	69	6.9	66.3	10	单项奖
50	30	0	80	24	50	15	0	50	30	70	5	75	7.5	61.5	15	无奖
51	31	0	82	24.6	80	2	10	90	54	71	0	71	7.1	85.7	3	二等奖
52	32	0	84	25.2	50	7	10	60	36	72	5	77	7.7	68.9	9	三等奖
53	33	10	96	28.8	90	1	10	100	60	73	0	73	7.3	96.1	1	一等奖
54	34	0	88	26.4	50	15	0	50	30	74	0	74	7.4	63.8	13	无奖
55	35	0	90	27	60	4	10	70	42	75	5	80	8	77	5	二等奖
56	36	0	92	27.6	80	2	10	90	54	76	0	76	7.6	89.2	2	一等奖
57	37	0	94	28.2	50	7	10	60	36	77	0	77	7.7	71.9	8	三等奖
58	38	0	96	28.8	70	4	0	70	42	78	5	83	8.3	79.1	4	二等奖
59	39	0	98	29.4	50	7	10	60	36	79	0	79	7.9	73.3	7	三等奖

图 3-49　奖学金获得情况

④在 U4:Y6 区域统计各项奖学金的获得人数，表头如图 3-50 所示。统计奖学金人数可以使用 COUNTIF 函数，在单元格 U4 区域插入函数 COUNTIF。如图 3-51 所示，在“区域”输入框中输入 S5:S24，在区域“条件”输入框中输入“一等奖”，依次统计二等奖、三等奖、单项奖、无奖人数。

U	V	W	X	Y
奖学金人数统计				
一等奖人数	二等奖人数	三等奖人数	单项奖人数	无奖人数

图 3-50　奖学金人数统计表头

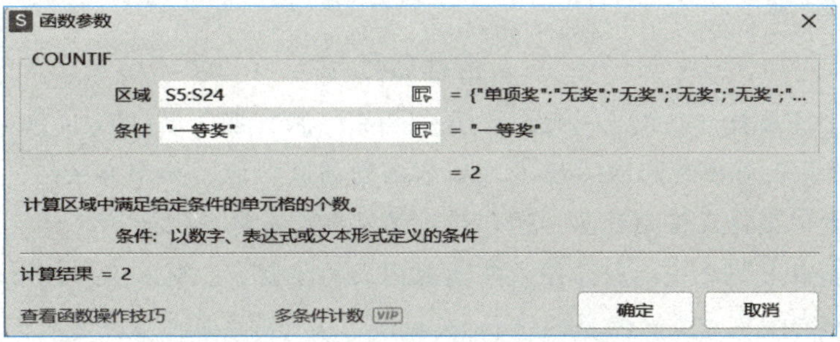

图 3-51　COUNTIF 函数计算奖学金人数

学习笔记

⑤在 U9:X12 区域统计体育成绩小于 80 分的人数、60<= 德育成绩 <=70、体育成绩大于等于 80 分的人的总分和。在 X10 区域输入函数 "=COUNTIF(O5:O24, "<80")" 来计算体育成绩小于 80 分的人数。在 X11 区域输入函数 "=COUNTIFS(F5:F24, ">=60" ,F5:F24, "<=70")" 来计算德育成绩在 60 分和 70 分之间的人数。在 X12 区域输入函数 "=SUMIF(O5:O24, ">=80" ,Q5:Q24)" 来计算特定条件 "体育成绩大于等于 80 分的人" 的总分和，最后计算结果如图 3-52 所示。

统计数据	
体育成绩小于80分的人数	17
60<=德育成绩<70	4
体育成绩大于等于80的人的总分和	221.6

图 3-52　统计各项数据

⑥利用簇状统计图来直观地统计奖学金的得奖人数。选中 U4:Y6 区域，单击选项卡中的 "插入" 命令，选择对应的统计图。生成统计图后，修改统计图的标题和所统计数据的名称，如图 3-53 所示。

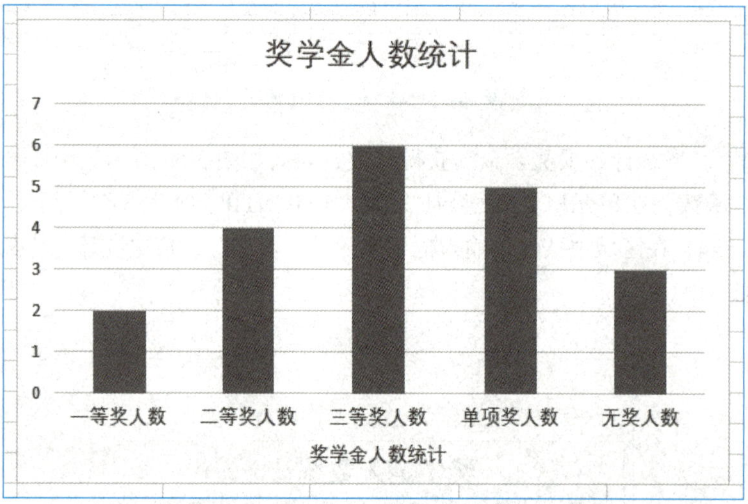

图 3-53　奖学金人数统计柱状图

拓展阅读

推荐书目

（1）《Excel 函数与公式应用大全（Excel 365 & 2021 版）》：Excel Home 团队编写，全面覆盖 Excel 函数与公式的核心技术，从基础到高级功能（如动态数组、多维引用）均有详解，配套案例文件及视频资源，适合系统学习函数与自动化计算。

（2）《Excel 数据之美：科学图表与商业图表的绘制》：引入 R、Python、Tableau 等软件的图表风格与配色方案，配套插件 EasyCharts，可一键生成《经济学人》《华尔街日报》级别的专业图表，弥补 Excel 在科学可视化领域的不足。

学习笔记

（3）《Excel VBA 编程教程》：经典 VBA 入门书籍，通过实例讲解宏编写、用户界面设计及复杂数据处理，适合需自动化报表和定制化工具的进阶用户。

（4）《Excel疑难千寻千解丛书》：以实战问题为导向，覆盖Excel操作技巧、VBA编程、数据透视表等专题，兼容多版本Excel，适合快速解决实际工作中的疑难杂症。

（5）《Excel财务建模与应用》：本书主要面向财务分析师、会计师等需要进行财务预测和模型构建的人群，提供实用的Excel财务建模技巧和案例分析。

（6）《深入浅出统计学》：以轻松易懂的方式介绍统计学的基本概念及其在现实生活中的应用，对于需要进行数据分析的人来说是一本不可多得的好书。

（7）《Excel之光》：一本以职场实战经验为基础，从零到一全面解析Excel技能、分享Excel使用技巧、展现Excel魅力的书籍。

（8）《秒懂WPS表格应用》：从零基础开始，全面讲解WPS表格的各项功能与实用技巧，以实例贯穿全文。

（9）《WPS表格应用实战》：以WPS表格为基础，结合实际应用，介绍从入门到精通的全方位技能。

（10）《WPS Office办公高手从入门到精通》：这本书详细讲解了WPS办公软件在各种办公场景中的使用技巧和方法，适合希望快速提升WPS操作技能的用户。

（11）《WPS Office高效办公：办公实战与技巧大全》：此书提供了丰富的办公实战案例与技巧，覆盖了WPS文字、表格、演示等多个组件，适合想要全面提升WPS办公技能的用户。

3.3 演示文稿处理能力

学习目标

◎了解演示文稿的应用场景，熟悉相关工具的功能、操作界面和制作流程。

◎掌握演示文稿的创建、打开、保存、退出等基本操作。

◎熟悉演示文稿不同视图方式的应用。

◎掌握幻灯片的创建、复制、删除、移动等基本操作。

◎理解幻灯片的设计及布局原则。

◎掌握在幻灯片中插入各类对象的方法，如文本框、图形、图片、表格、音频、视频等对象。

◎理解幻灯片母版的概念，掌握幻灯片母版、备注母版的编辑及应用方法。

◎掌握幻灯片切换动画、对象动画的设置方法及超链接、动作按钮的应用方法。

◎了解幻灯片的放映类型，会使用排练计时进行放映。

学习笔记

◎能够根据演讲的要求和场合，制作符合演讲主题和风格的演示文稿，与观众进行沟通和交流。

相关知识

演示文稿是一种将静态信息转化为动态展示的工具，能够直观、生动地表达复杂内容，帮助观众更轻松地理解信息并留下深刻印象。一套完整的演示文稿通常包括片头动画、封面、目录、内容页、过渡页及片尾动画等部分。

作为常用的演示文稿软件之一，WPS 演示文稿由金山软件公司开发，功能强大且兼容 MS PowerPoint 的 PPT 格式，同时支持独有的 DPT 和 DPS 格式。它提供丰富的模板、多媒体支持和设计工具，适用于商务汇报、教学培训、产品展示等场景。此外，其他主流工具如 Microsoft PowerPoint 和 Apple 的 Keynote 也在全球范围内广泛使用，各自具备独特的功能特点。

在中国，演示文稿制作已成为职场中的通用技能，无论是工作汇报、企业宣传，还是商业路演，都离不开高质量的演示文稿。它不仅是一种表达工具，更是信息整理、逻辑思维和设计能力的体现。正如职场中常说的："字不如表，表不如图。"通过演示文稿，我们能够高效传递信息，提升沟通效果，使工作更具表现力与说服力。

1. 演示文稿的创建与保存

（1）支持多种方式创建新的演示文稿文件

①从空白文件创建：打开 WPS 演示文稿后，选择"新建"→"空白演示文稿"命令即可开启一个新的演示文稿页面，如图 3-54 所示。适合有明确设计思路或特殊自定义要求的用户。

②从模板创建：选择适合场景的模板（如教育、商业、简约风格等），可以大幅提升设计效率。模板中提供了丰富的预设排版和样式，用户仅需调整内容即可，如图 3-55 所示。通过关键字（根据演示场景、设计风格、主题颜色等）在线搜索更多模板资源，例如，商务汇报选择简洁大气的模板，教学演示选择色彩活泼的模板。确保字体和配色的清晰度，以保障观众的阅读体验。避免过度使用复杂图案或动画，以免影响演示效果。

③AI生成PPT：图3-54中还包括了通过AI生成PPT的方式，我们将在操作实践中进行学习，此处暂不讨论。

图 3-54　创建空白演示文稿

学习笔记

图 3-55　从模板创建演示文稿

（2）文件保存

WPS 演示文稿提供多种保存方式，方便根据使用场景选择合适的文件格式和保存方式：

①常规保存。

快捷操作：直接单击顶部工具栏中的“保存”按钮（见图 3-56），或使用快捷键【Ctrl+S】。

初次保存：系统会弹出“保存”对话框，选择文件名、保存位置和格式后保存。

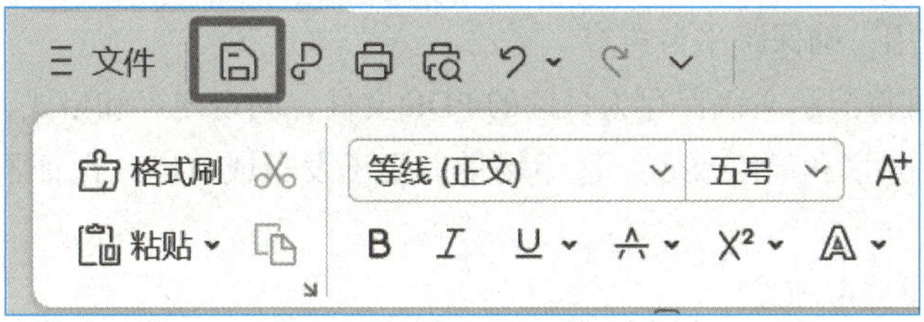

图 3-56　“保存”按钮

②另存为。

在“文件”菜单中选择“另存为”命令，可以将演示文稿保存为不同的文件格式或位置，确保兼容性或满足特定需求，如图 3-57 所示。适用于需要生成备份版本、跨平台共享或转换为非编辑格式的场景。

③文件保存格式解析。

- dps 格式，WPS 演示文稿的默认保存格式，专为 WPS 软件环境设计，能够完全保留文

学习笔记

件中的动画、样式、布局以及多媒体内容。适用场景：本地编辑与保存演示文稿时建议使用，以便后续无缝编辑。

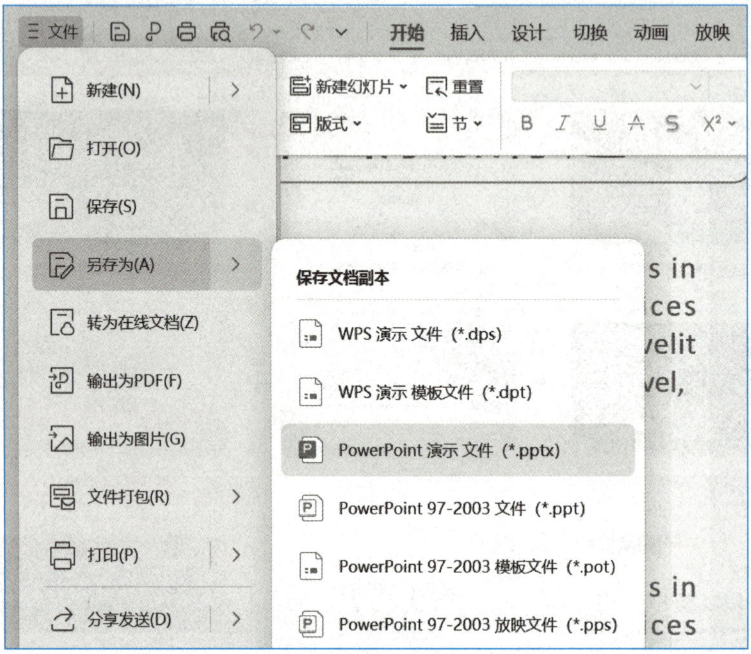

图 3-57　另存为方式保存

- dpt 格式，演示文稿模板格式，用于保存设计样式（包括背景、字体、布局等），但不保存具体内容。新建文稿时可直接套用模板，提升工作效率。适用场景：用于构建统一风格文档模板，适合重复制作相似类型的演示文稿。
- pptx 和 .ppt 格式，Microsoft PowerPoint 的通用格式，.pptx 为新版文件格式，.ppt 用于兼容旧版 Microsoft Office 97-2003。适用场景：文件需与使用 Microsoft PowerPoint 的用户共享使用，确保跨平台兼容。
- pdf 格式，可将演示文稿保存为只读的 PDF 文件，固定内容和格式，无法进一步编辑，适合跨设备分享和最终展示。适用场景：用于发布或打印，保证不因平台或设备不同而显示错乱。

④文件保存时注意事项。

及时保存，在制作中经常单击“保存”或使用快捷键【Ctrl+S】，可避免因意外断电或软件崩溃而丢失内容。开启“自动备份”功能，单击菜单栏“文件”选项卡，在下拉选项中依次选择“备份与恢复”→“备份中心”。在弹窗中可进行本地备份设置，WPS 分别提供智能、定时和增量三种自动备份方式，可根据需要进行选择，如图 3-58 所示。使用云端存储功能，将文件保存到 WPS 云，如图 3-59 所示，实现随时随地访问。通过生成链接共享文件，便于团队协作；自动按照时间轴进行历史备份，方便预览和恢复。

学习笔记

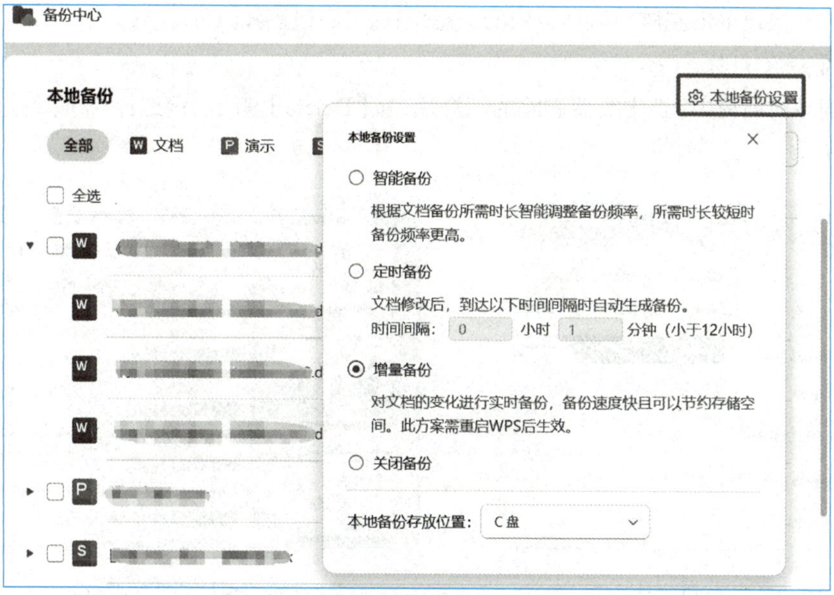

图 3-58 本地备份设置

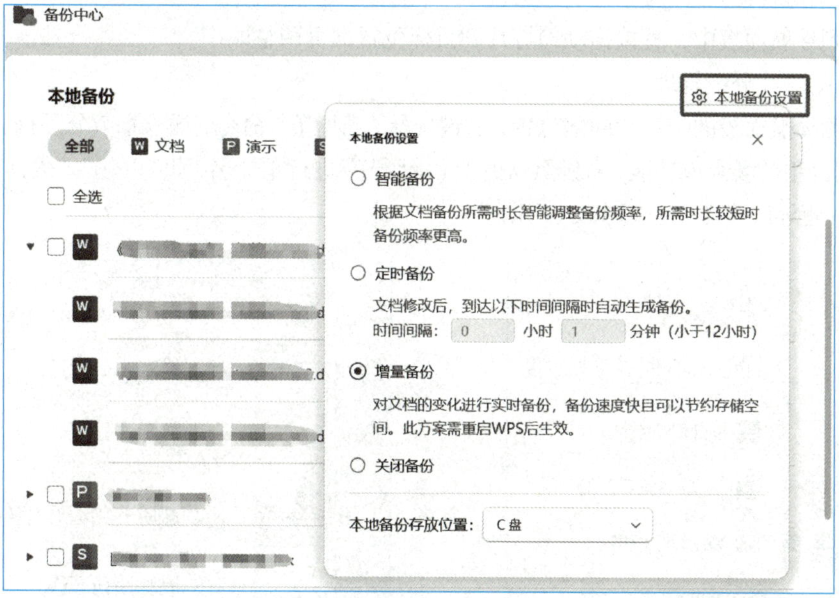

图 3-59 云盘备份

2. 幻灯片基础概念与操作

幻灯片是演示文稿的核心组成部分，每一张幻灯片展示一个画面，用于呈现特定信息，包括文本、图片、表格、图表、视频等内容。演示文稿通常由多张幻灯片组合成内容线性排列的叙述脉络。

（1）新建幻灯片

方法一：单击“插入”→“新建幻灯片”命令，如图 3-60 所示。

学习笔记

方法二：快速单击左侧导航面板内的任意位置，按快捷键【Ctrl + M】。

（2）删除幻灯片

在左侧导航面板中，选中需要删除的幻灯片，按【Delete】键或右键选择“删除幻灯片”命令，如图 3-61 所示。

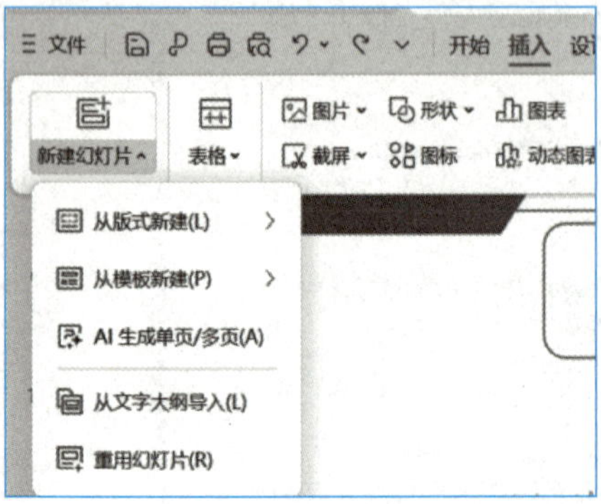

图 3-60　新建幻灯片

图 3-61　删除幻灯片

（3）幻灯片排列

在左侧导航面板中，直接拖动幻灯片到目标位置即可调整顺序。

（4）幻灯片分组管理

在左侧导航面板的幻灯片间隔位置，右键选择“新增节”命令，插入章节分隔符，如图 3-62 所示。根据分组的场景或功能，右键默认的“无标题节”进行重命名，如“开场”“数据展示”“总结”等，方便导航管理，如图 3-63 所示。

图 3-62　新增节

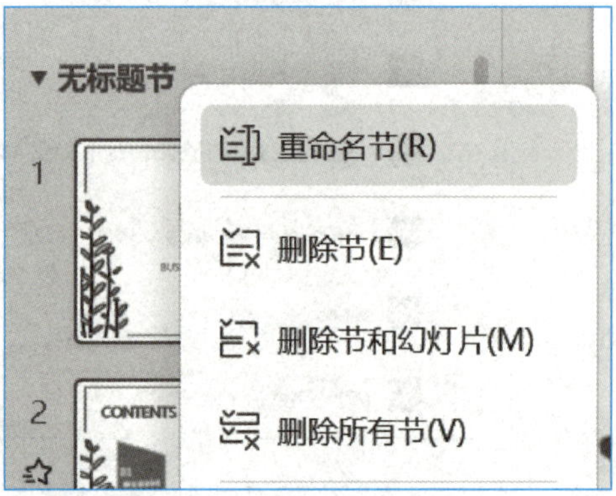

图 3-63　重命名节

（5）幻灯片版式设置

选中目标幻灯片，右键选择“版式”命令，从默认或母版定义的版式中选择合适的布局（如“仅标题”“标题和内容”“两栏内容”等），如图 3-64 所示。

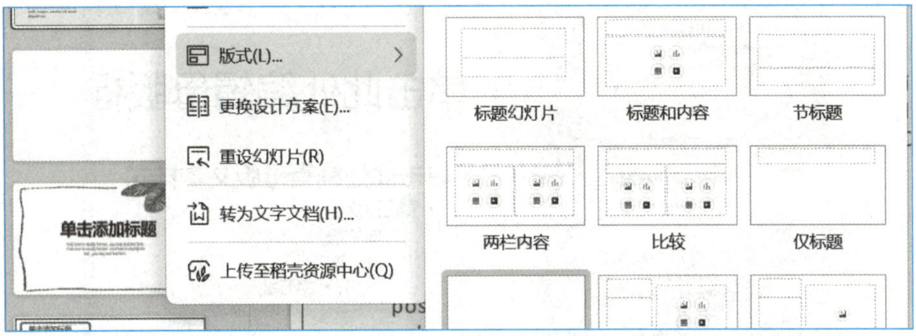

图 3-64　设置版式

3. 母版应用

演示文稿母版是影响整个幻灯片样式和设计的基础模板，定义了字体、颜色、背景和占位符等全局设计。通过母版进行统一化设计可以提高工作效率，确保演示风格一致性。在 WPS 演示文稿中，母版的应用分为创建、编辑和具体使用三部分。

演示文稿母版是全局性设计模板，掌管幻灯片的样式基调、背景设计、默认字体、配色方案和占位符位置等元素。母版设计影响当前文稿中所有幻灯片的外观布局，修改母版会自动同步更改到所有相关联的普通幻灯片。

母版的作用包括：

①统一设计风格：通过母版设置全局字体、色彩和布局，快速创建一致的风格；

②提高效率：减少重复调整样式和排版的工作量；

③灵活自定义：支持为不同章节创建多种幻灯片母版，实现风格多样化。

（1）进入母版视图

在顶部菜单栏单击“视图”选项卡，选择“幻灯片母版”命令，如图 3-65 所示。系统进入母版编辑模式，此时左侧会显示层级结构：母版和对应的版式列表，如图 3-66 所示。

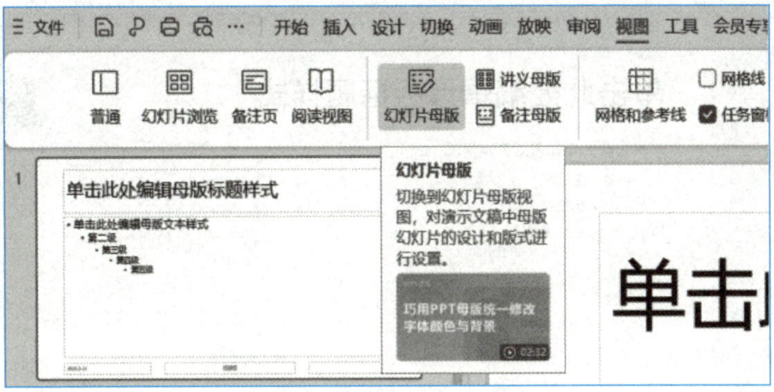

图 3-65　打开母版视图

（2）编辑母版

打开母版视图后，顶部菜单栏自动切换为编辑模式，可进行母版和版式的增删改。编辑完成后，通过菜单栏最右侧的“关闭”按钮退出母版视图，如图 3-67 所示。

学习笔记

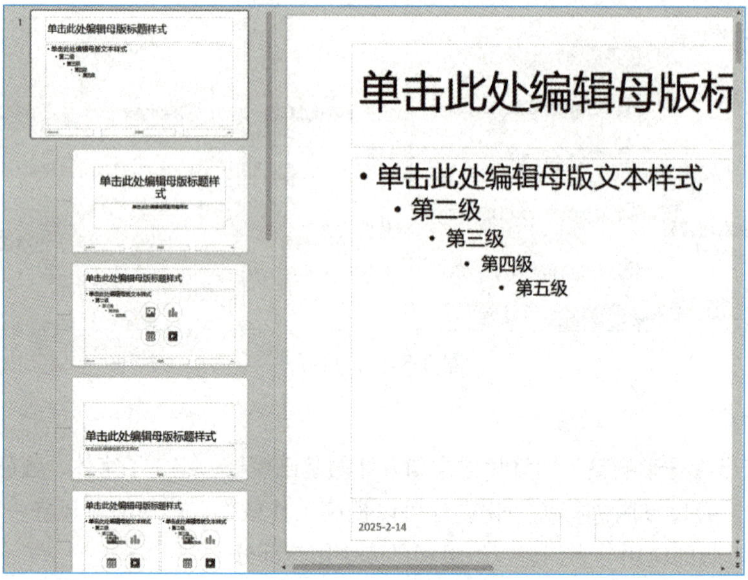

图 3-66　母版列表

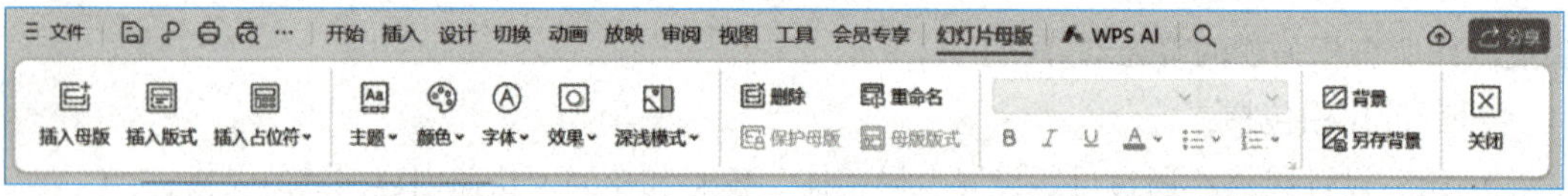

图 3-67　母版编辑菜单

编辑母版样式，设置全局默认字体和大小，适用于所有幻灯片；自定义母版配色，包含标题颜色、正文颜色和背景颜色；将 Logo 或主题图片添加到母版中，可应用于所有幻灯片页面。非常适用于需要统一水印的场景，避免了为每一张幻灯片单独进行设置。如图 3-68 所示，通过在母版中插入的图片，将其同步应用于所有版式以及幻灯片。

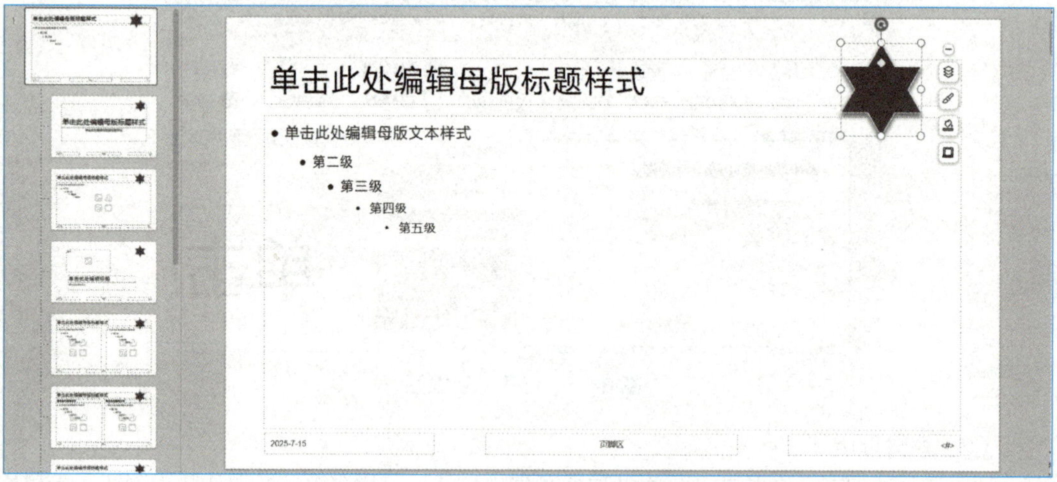

图 3-68　母版中添加主题图片

学习笔记

插入占位符，选择占位符类型，如图 3-69 所示。然后在版式中选择预定义文字、图片、图表或表格的占位符位置，如图 3-70 所示。

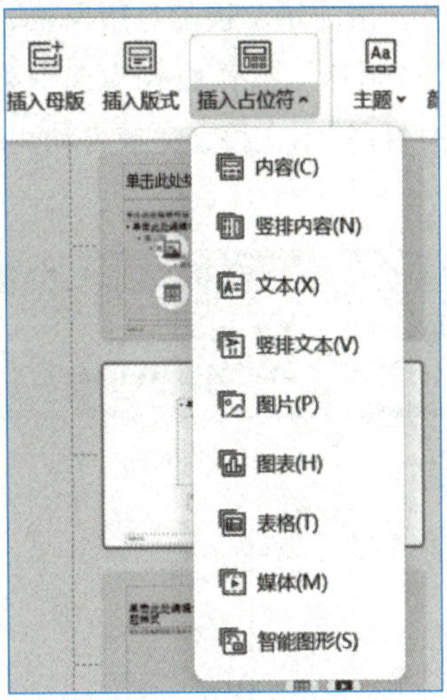

图 3-69 选择占位符类型

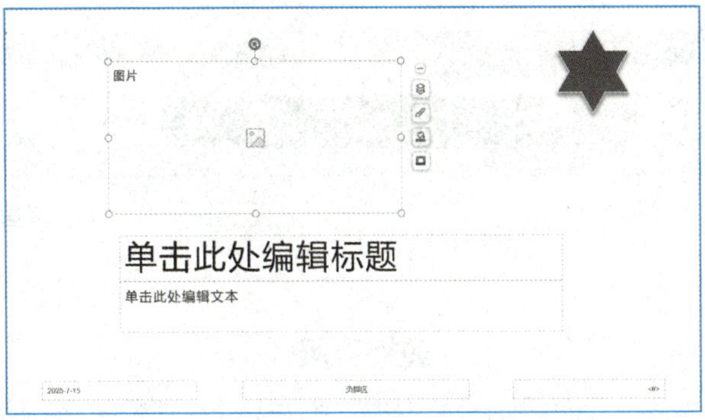

图 3-70 绘制占位符区域

隐藏或更改背景元素：为特定版式修改母版背景，单独设计特定风格。右击要单独修改的版式幻灯片，选择“删除背景图片”或“更改背景图片”命令，如图 3-71 所示。

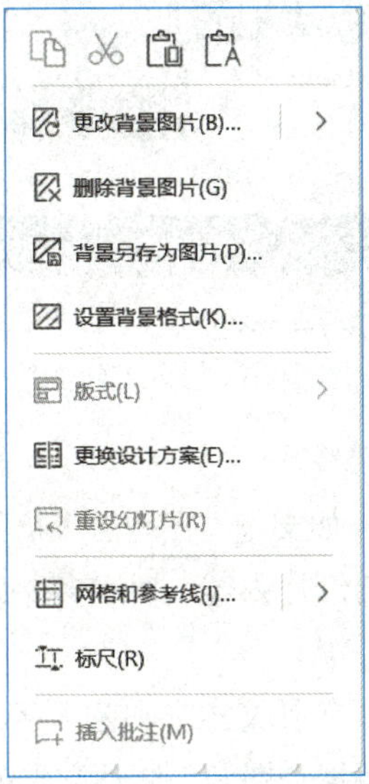

图 3-71 删除或更改背景图片

（3）使用母版

①应用母版到当前文稿：退出母版视图后，所有修改立即生效，具体幻灯片会自动继承母版设计样式。

②针对特定幻灯片应用不同的版式：选中具体幻灯片，右击选择“版式”命令，在弹出的版式选择菜单中挑选合适的版式布局。

学习笔记

③套用外部母版。

方法一：依次单击菜单栏“文件”→“打开”命令，导入外部母版文件（通常为 .dpt 格式）。

方法二：风格克隆。如果没有现成的母版文件，但想套用另一份演示文稿的母版风格，可以使用 WPS 的风格克隆功能实现接近的效果，并自动生成对应的母版。操作路径为选中菜单栏的“设计”→“风格克隆”命令，如图 3-72 所示。导入本地的目标演示文稿，完成自动克隆，如图 3-73 所示。

图 3-72　风格克隆

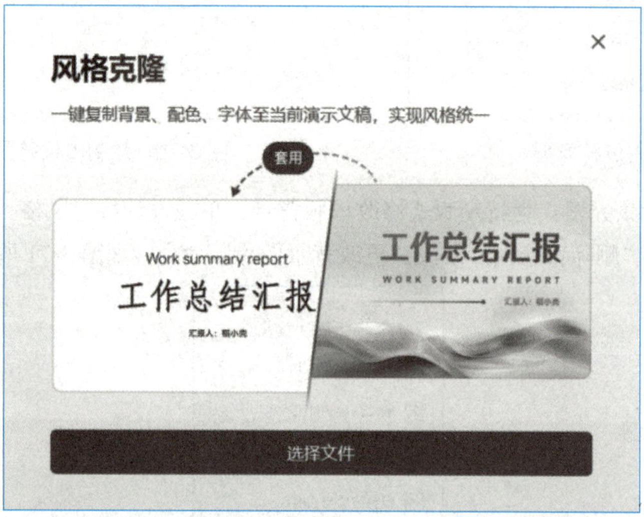

图 3-73　导入克隆文件

4. 元素插入

在演示文稿设计中，插入元素（如文本、图片、表格等）和布局设计是提升幻灯片表现力的重要步骤。通过插入元素，丰富幻灯片内容，实现多样化的信息表达；增强视觉冲击力，通过图文结合强化主题呈现。

常见的插入元素类型有：文本，包括文本框和艺术字；图片，支持本地图片、在线图片及截图插入；表格，用于展示结构化数据；图表，表达数据的趋势、对比或关系信息；形状和图标，用于增强视觉效果，提供标记或装饰；多媒体，插入音频和视频以增加动态内容；超链接，添加内部链接、外部链接或动作按钮。

（1）文本插入

单击“插入”选项卡，选择文本框，在幻灯片任意位置拖动以创建文本框，或者在幻灯片任意位置双击创建默认大小的文本框，如图 3-74 所示。

学习笔记

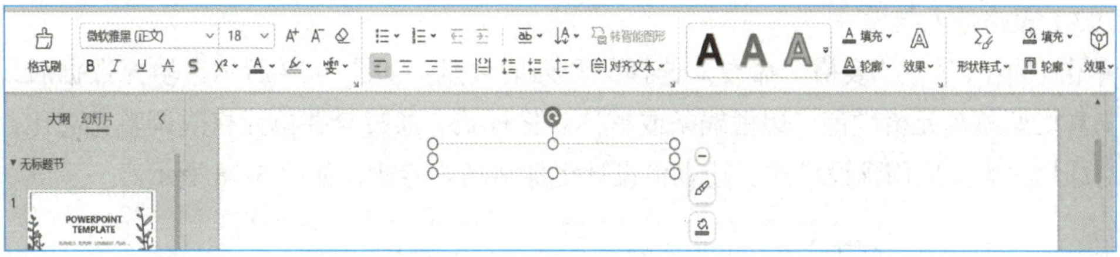

图 3-74　文本插入

输入内容后，进行字体、大小、颜色等常用样式的调整。使用预设的文本样式（如标题加粗、段落对齐等）提升设计速度。

（2）图片插入与调整

单击“插入”→“图片”命令，选择本地图片或通过“在线图片”搜索合适资源。选中图片后，使用工具栏中的“裁剪”功能调整图片显示范围，如图 3-75 所示。添加样式：通过“图片样式”应用边框、倒影或形状遮罩效果。借助参考线，将图片与其他参照元素对齐，使得幻灯片布局更整齐，如图 3-76 所示。

图 3-75　裁剪图片

图 3-76　参考线对齐

学习笔记

（3）表格插入与设计

单击“插入”→“表格”命令，选择行和列的数量，如图 3-77 所示。填充数据后，可以通过工具栏调整单元格颜色、边框线条或整体表格样式。通过合并单元格或调整宽高比，可以适配幻灯片内容。应用预设样式，让表格设计更加清晰、专业，如图 3-78 所示。

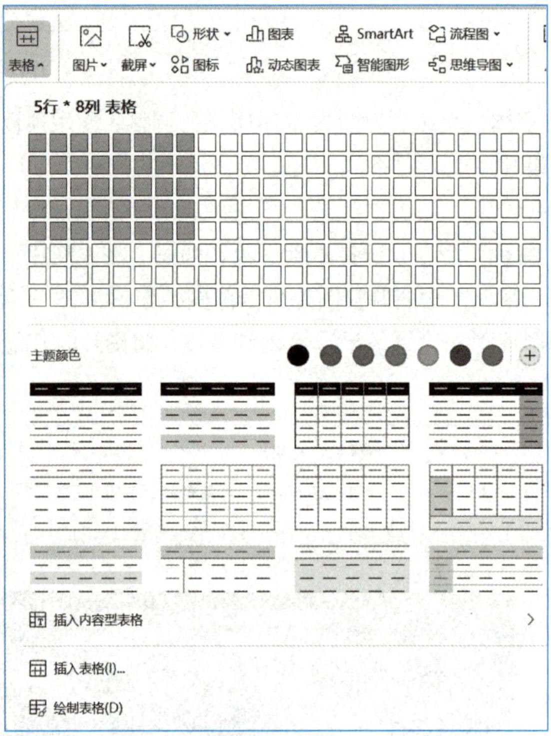

图 3-77　创建表格

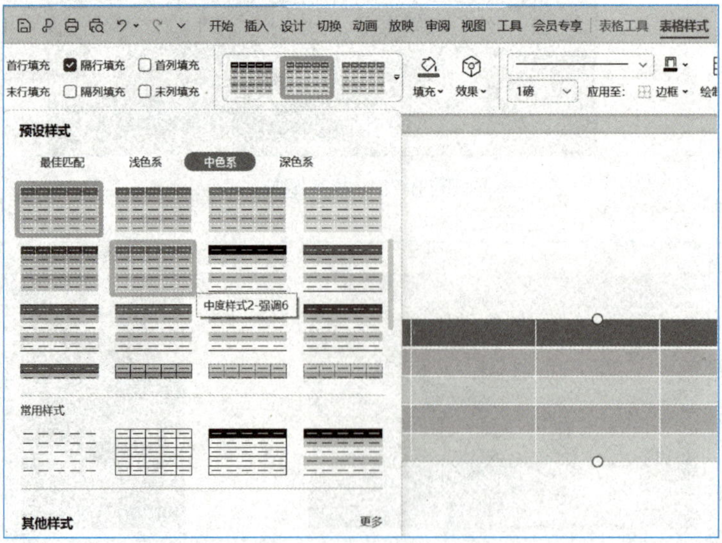

图 3-78　应用预设样式

学习笔记

（4）图表插入与美化

单击“插入”→“图表”命令，选择柱状图、折线图、饼图等常见样式，如图 3-79 所示。通过更改配色方案或添加数据标签，加强数据可读性；通过在动画中为图表设置分步展示效果，强调数据关键点。

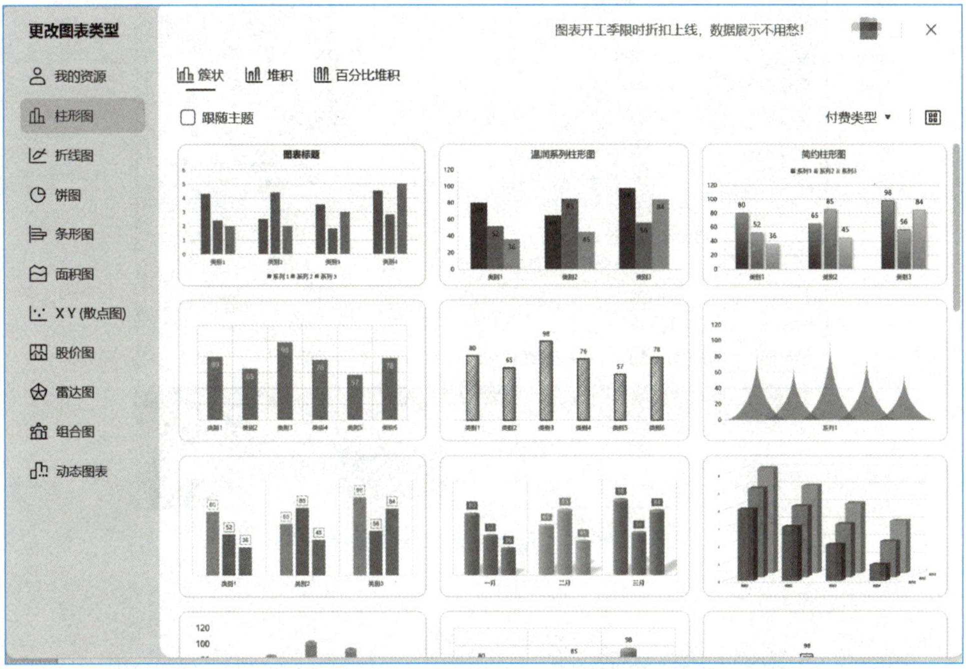

图 3-79　创建不同类型的图表

（5）多媒体（视频和音频）插入

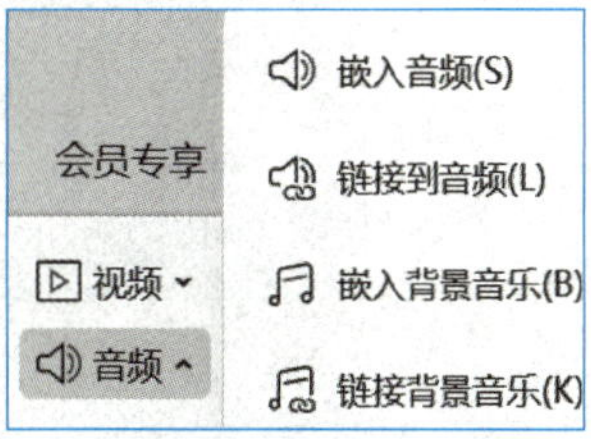

图 3-80　插入多媒体文件

单击“插入”→“视频”/“音频”命令，选择文件来源（本地、在线），通过裁剪视频长度或调整播放选项（如自动播放）优化多媒体使用体验。WPS 支持以嵌入和链接两种方式来插入音视频（见图 3-80），使用嵌入时由于多媒体文件在本地，播放更稳定，但会使文档占用磁盘空间变大；如果需要跨设备播放，建议使用链接插入云端多媒体文件。

（6）超链接与动作按钮

选中目标对象（文字、图片等），单击“插入”→“链接”命令，选择链接类型（外部网址或幻灯片位置）。结合动作按钮创建交互式演示（如返回目录、跳转到特定页），如图 3-81 所示。

5. 布局设计

（1）网格与对齐

使用网格线和参考线，打开“视图”选项卡，启用“网格线”或“参考线”，以确保元素整齐对齐，如图 3-82 所示。

学习笔记

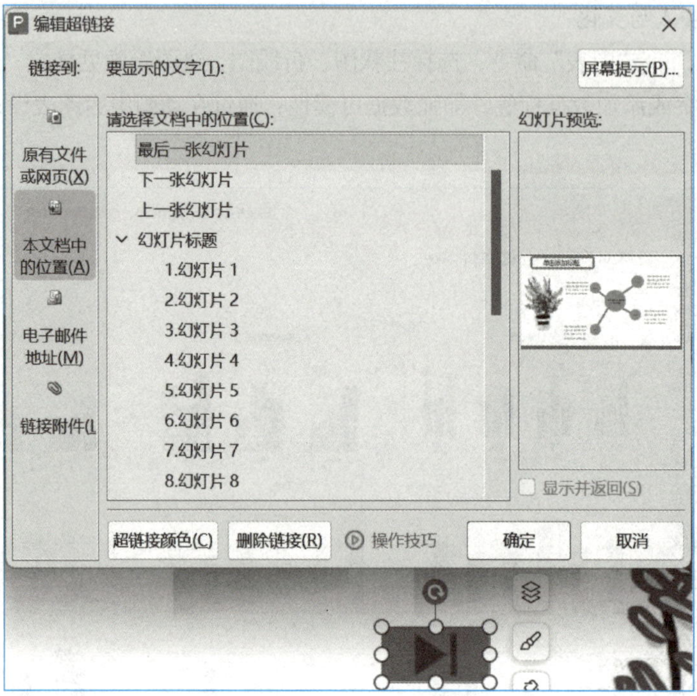

图 3-81　动作按钮结合超链接

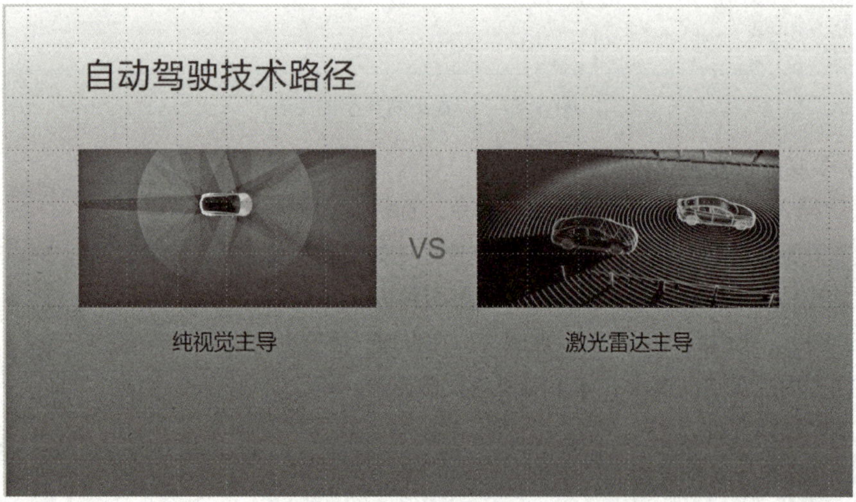

图 3-82　网格线视图

（2）对齐工具

选中多个对象，使用工具栏中的对齐选项（如顶部对齐、水平居中）进行设置，如图 3-83 所示。

（3）分组与层次

选中多个元素，右击选择“组合”命令，使它们成为一个整体，如图 3-84 所示。如此一来，后续对同一个分组中多个对象的操作（如平移和缩放等）会更加快捷和统一。

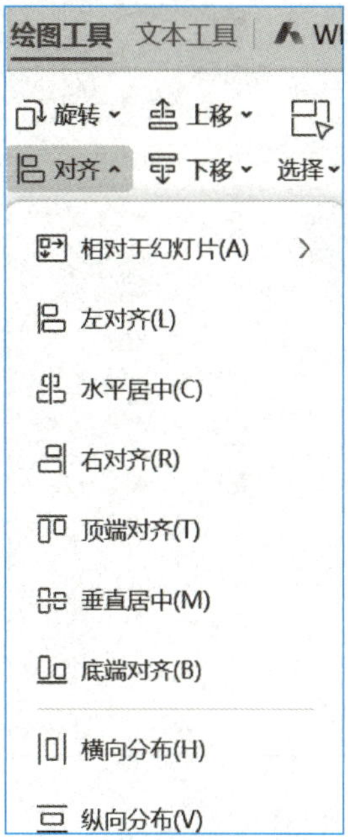

图 3-83　对齐工具

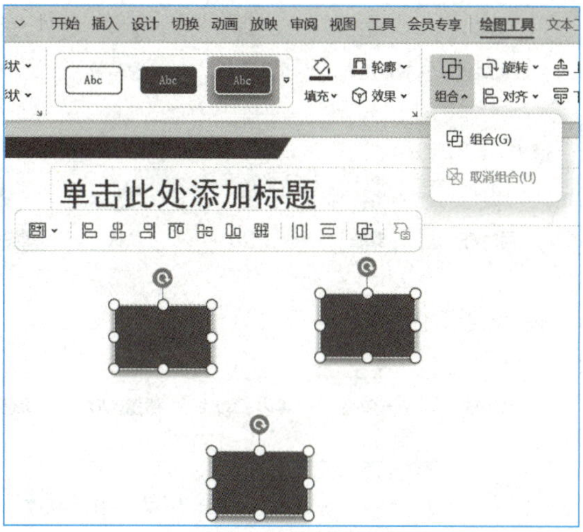

图 3-84　组合工具

使用“置于顶（底）层”“上（下）移一层”等选项，来调整对象所处的图层，通过遮挡与被遮挡关系的改变来实现视觉层次，如图 3-85 所示。

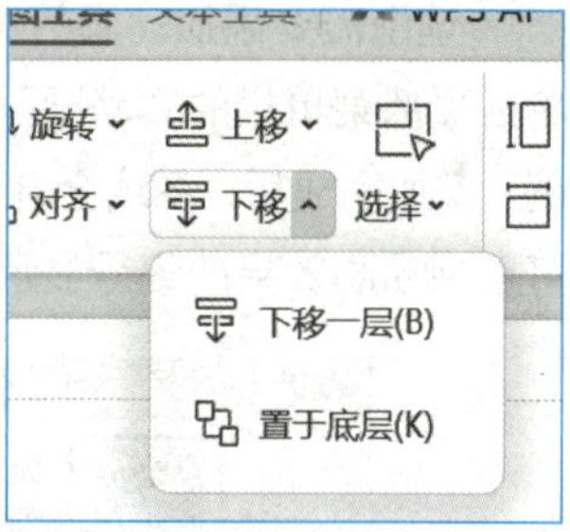

图 3-85　上移或下移

（4）其他排版建议

①层次分明。标题突出：使用较大的字体和对比色，突出幻灯片核心内容；留白设计：避免内容填满整个幻灯片，适度空间提升读者体验；视觉焦点：通过颜色、大小或动画效果吸引观众注意核心信息。

②结构优化。Z 字形布局：推荐从左上至右下的排版路径，符合观众阅读习惯；三等分布局：内容按三等份划分，提升内容清晰度和视觉平衡性。

6. 动画效果

动画效果是为幻灯片中的各类元素（文本、图片、图表、形状等）赋予的动态表现形式，通常用于引导目光、突出重点或美化演示。根据动画作用于元素的时机和动效，整体可分为如下四种类型：

①进入：元素从无到有的动效（如飞入、淡入）。

②强调：用于突出已经存在的元素（如颜色闪烁、放大缩小）。

③退出：元素从幻灯片上消失的动效（如收缩、淡出）。

④动作路径：沿特定轨迹移动元素（如直线、曲线、自由绘制路径），如图 3-86 所示。

学习笔记

图 3-86　不同类型的动画

（1）添加动画

选中需要添加动画的对象（文本、图片、形状等），这里以多级列表中的文本“项目一”为例。单击顶部菜单栏的“动画”选项卡，选择需要的动画效果，如图 3-87 所示，以“飞入”效果为例。添加完成后，系统会自动应用动画。单击幻灯片右侧菜单栏中的“动画”打开“动画窗格”，可看到动画效果的编号显示在对象旁边，如图 3-88 所示。

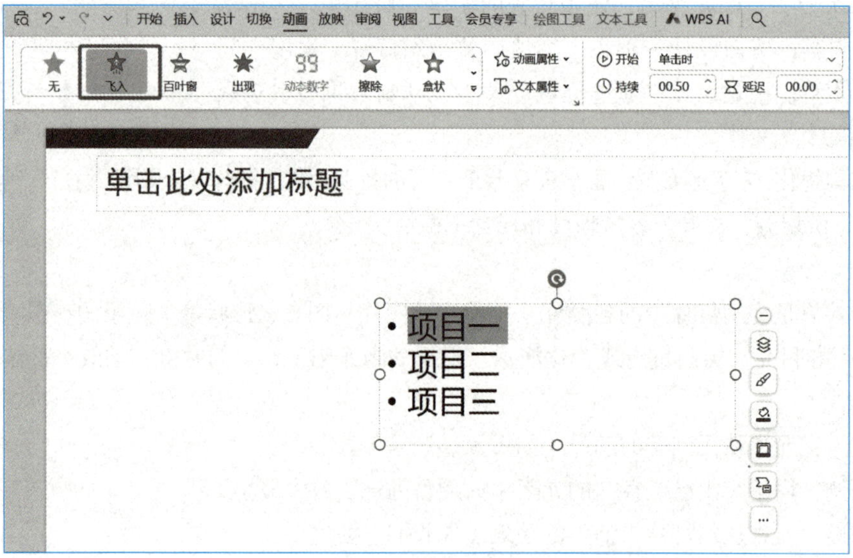

图 3-87　添加动画

学习笔记

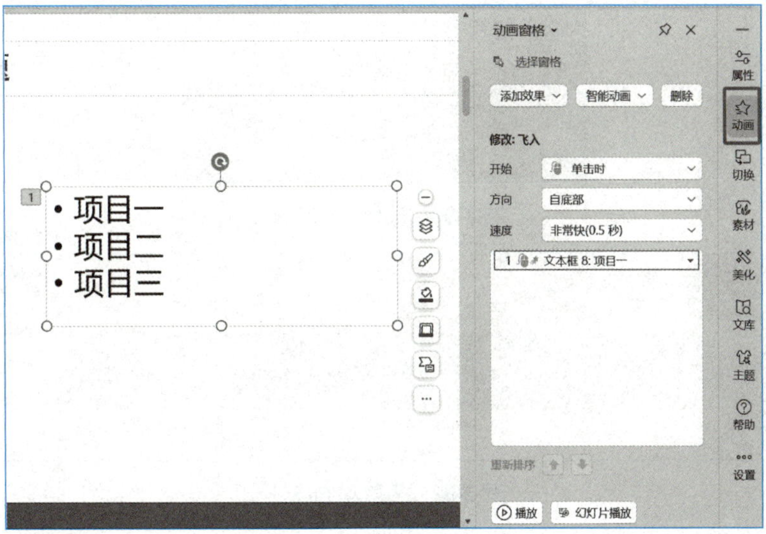

图 3-88　展示动画编号

（2）设置动画属性

打开“动画窗格”（位于动画工具栏），动画窗格中列出当前幻灯片中已设置动画的所有对象，便于调整顺序和效果，如图 3-89 所示。

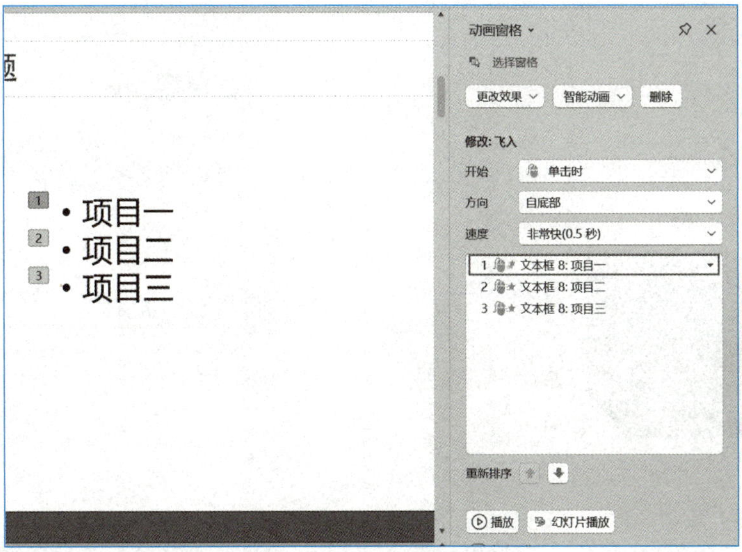

图 3-89　动画窗格中动画顺序

①时间设置。在动画窗格中选中动画对象，设置动画的开始方式（单击、在与上一动画同时、在上一动画之后）、持续时间和延迟时间，如图 3-90 所示。

②效果选项。选中动画对象，针对每种不同的效果，在工具栏中的“动画属性”中可设定高级属性。如对于“擦除”效果，可设置动画起始方向，如图 3-91 所示。针对不同效果的详细设置，可使动画效果更贴合使用者的展示节奏。

学习笔记

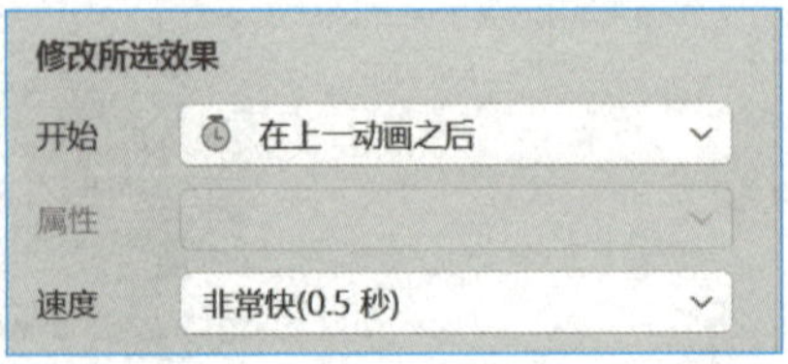

图 3-90　动画时间设置

图 3-91　擦除动画属性

（3）组合动画

为一个对象设置多种动画效果（如进入 + 强调），可通过“动画窗格”中的“添加效果”选项逐一添加，使其在演示文稿播放过程中分阶段展示，如图 3-92 所示，蓝色立方体会跟随鼠标的单击，逐步应用进入、强调、退出三种效果。注意，组合效果必须由“动画窗格”中的“添加效果”叠加，否则常规的动画设置会导致之前的动画被覆盖。

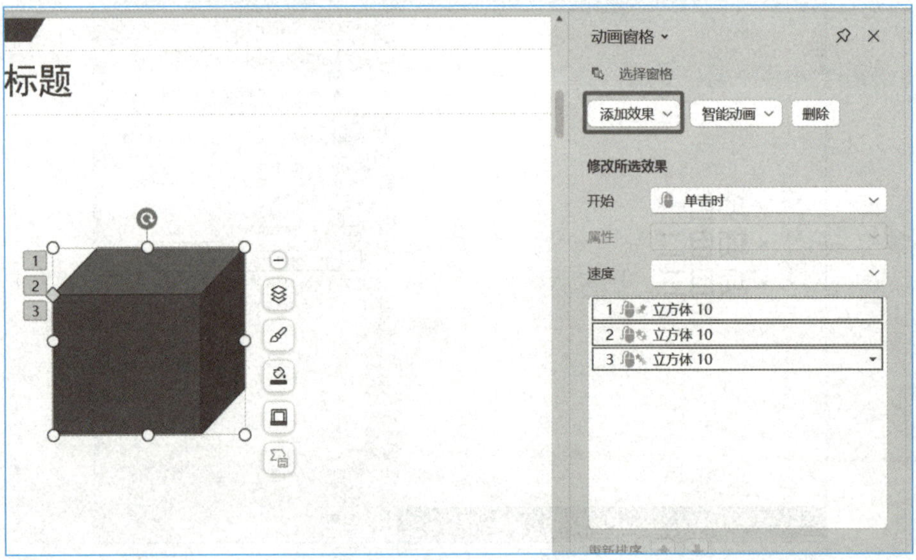

图 3-92　组合动画

7. 幻灯片过渡效果

过渡效果是用于幻灯片之间切换时的动态效果，提升演示的连续性和视觉流畅性。

选中幻灯片缩略图区域中的目标幻灯片。单击顶部菜单栏“切换”选项卡，在效果库中选择合适的过渡效果（如平滑、淡出），如图 3-93 所示，设置应用范围（当前页或应用于所有幻灯片）。

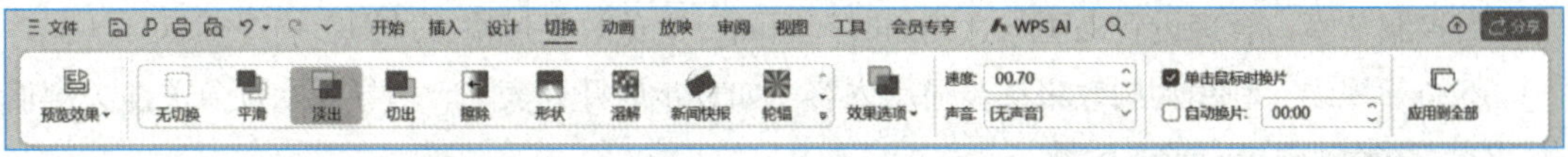

图 3-93 添加过渡

（1）调整过渡参数

在“切换”菜单中可设置，如图 3-94 所示。

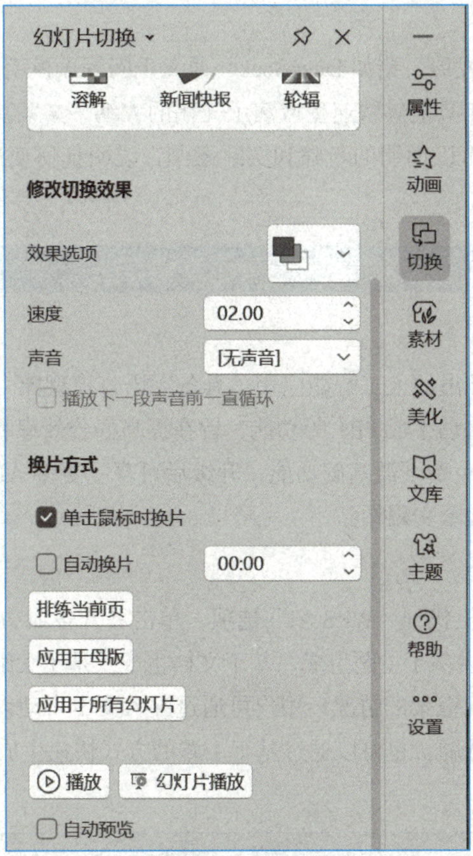

图 3-94 切换属性设置

①速度：调整过渡持续时间（如快闪切换或缓慢淡入），以秒为单位。

②声音：添加切换时的音效。

③换片方式：设置通过单击或自动切换触发过渡。

（2）批量设置过渡

单击“应用于所有幻灯片”按钮，或在幻灯片缩略图区域中长按【Shift】键并选中多张幻灯片，快速批量设置统一的过渡效果。

（3）动画与过渡的搭配技巧

①保持简洁，避免过多效果。每张幻灯片建议仅用 1~2 种动画，过渡效果应简洁自然，避免喧宾夺主。动画应服务于内容表达，而非成为干扰。

②控制节奏。合理设置动画与过渡的时间间隔，避免效果过快或过慢影响观感。

③引导视线。利用动画效果逐步显示内容（如分步展开列表），引导观众逐条关注关键信息。使用路径动画指向重要区域。

④统一风格。保持幻灯片中动画效果风格一致，不同幻灯片的过渡效果可变化，但应呈现自然连贯的视觉流动。

操作与实践

随着人工智能技术的发展，诸如 DeepSeek、通义千问等大模型工具为 WPS 演示文稿的制作提供了极大便利。这些工具能够快速生成演示文稿的大纲、文案甚至素材，为用户节省设计时间，优化工作效率。本节以简明的步骤和实际案例，说明如何使用 AI 工具辅助完成演示文稿的快速制作。

任务一　WPS AI 体验：快速完成一份演示文稿作品

（1）任务描述

WPS AI 是金山办公推出的人工智能应用，具备大语言模型能力，支持智能文档写作、长文阅读处理、表格分析、自动生成 PPT 等功能，旨在提高办公效率和提供更智能的工作体验。用户可以在 WPS Office 中免费下载基础功能，升级后可享受更多 AI 特性。本任务是使用该数字化工具，快速生成一份演示文稿作品。

（2）任务实践

第一步，在顶部菜单栏找到“WPS AI”选项，单击展开各项功能，如图 3-95 所示。对于演示文稿的生成，WPS 提供基于主题生成、基于文档生成及基于大纲生成三种方式，后两者更适合已有较为成熟的文案或框架的情况，用户可通过导入文本自动创建对应结构的演示文稿。如果目前仅有一个大致的选题，也可以通过基于主题的方式快速生成 PPT 初稿，再基于此进行后续的调整。

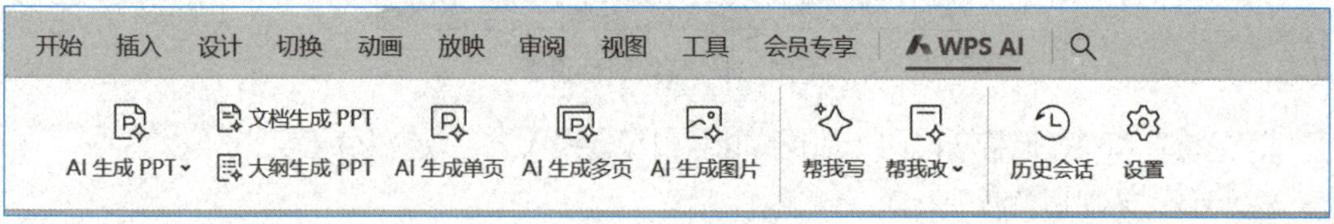

图 3-95　WPS AI 入口

第二步，以“新能源汽车发展趋势”主题为例，单击图 3-95 中的“AI 生成 PPT”选项，选择“主题生成 PPT”命令，在弹出的界面中输入提示词：请为“新能源汽车发展趋势”这个主题制作一个演示文稿大纲，包含 8-10 页幻灯片内容。推荐启用“深度思考”模式，单击“开始生成”按钮，如图 3-96 所示。

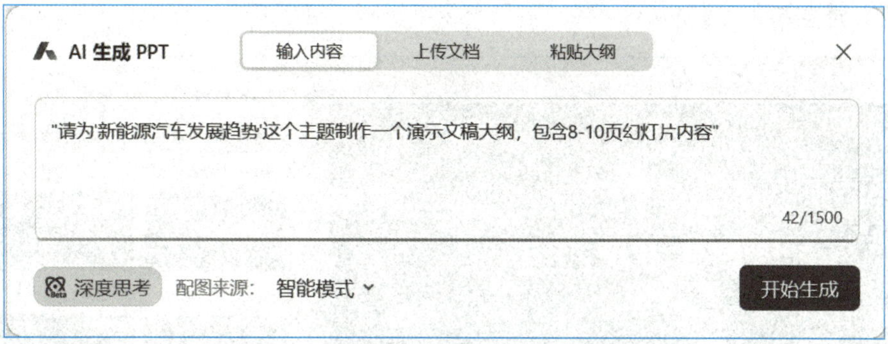

图 3-96　PPT 生成提示词

第三步，在“深度思考”模式下，大模型会实时展示其思考过程，协助我们洞悉其设计理念。经过一段时间的生成，WPS AI 自动完成了幻灯片的大纲设计，涵盖了封面、目录以及各个章节的主题，如图 3-97 所示。

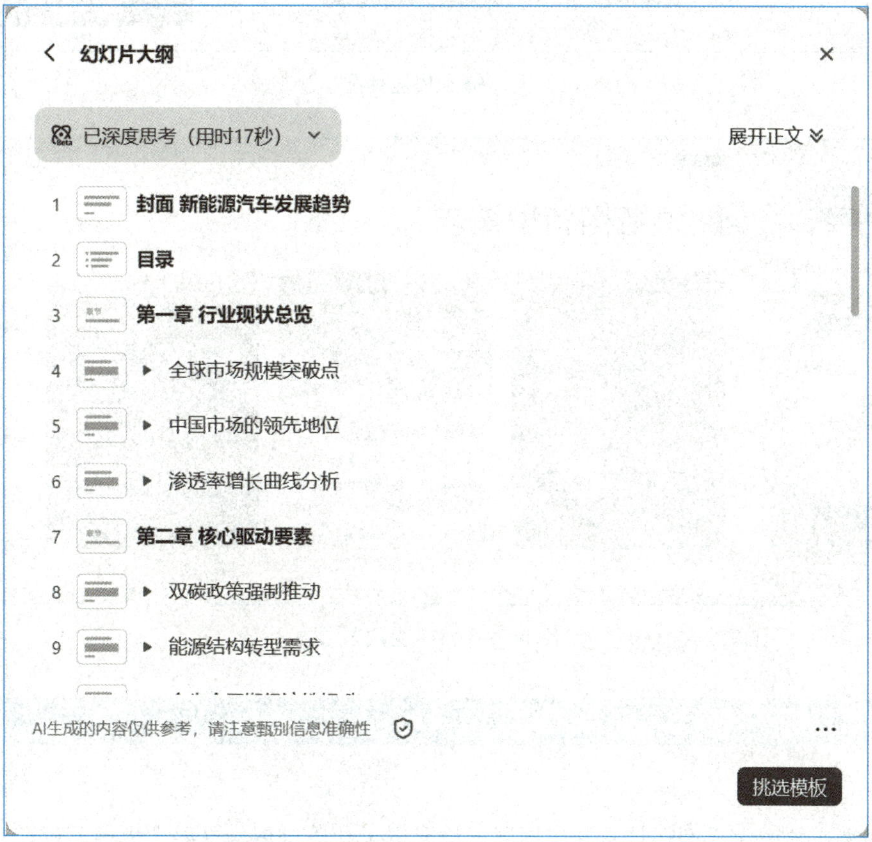

图 3-97　WPS AI 大纲生成

第四步，根据主题和大纲结构，进行模板的挑选，如图 3-98 所示。比如对于新能源汽车主题，我们可以选择偏科技感、深色系、冷色调的背景风格。单击“创建幻灯片”按钮，完成内容的填充。WPS AI 会基于大纲生成具体的 PPT 文案，并自动搜索图库或生成素材进行配图，最终呈现的效果如图 3-99 所示。

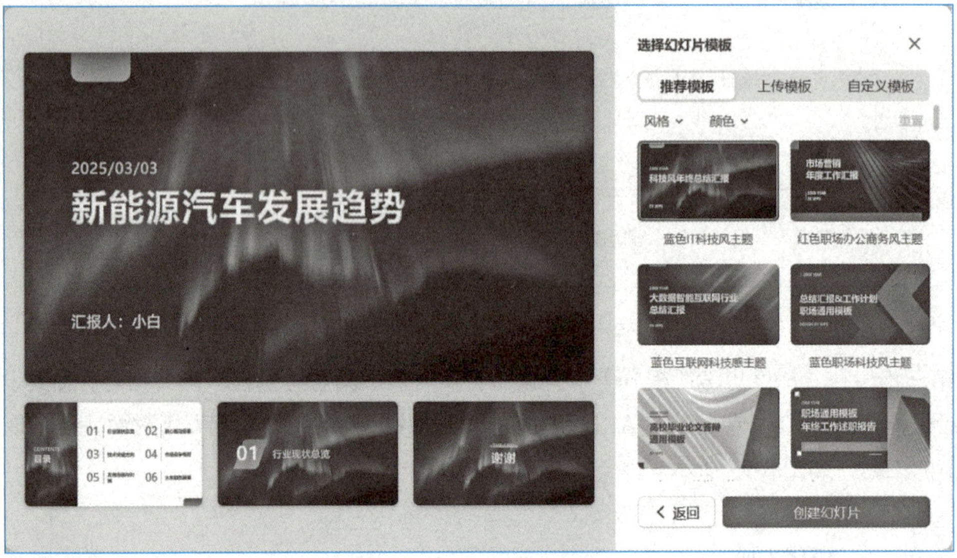

图 3-98 模板挑选

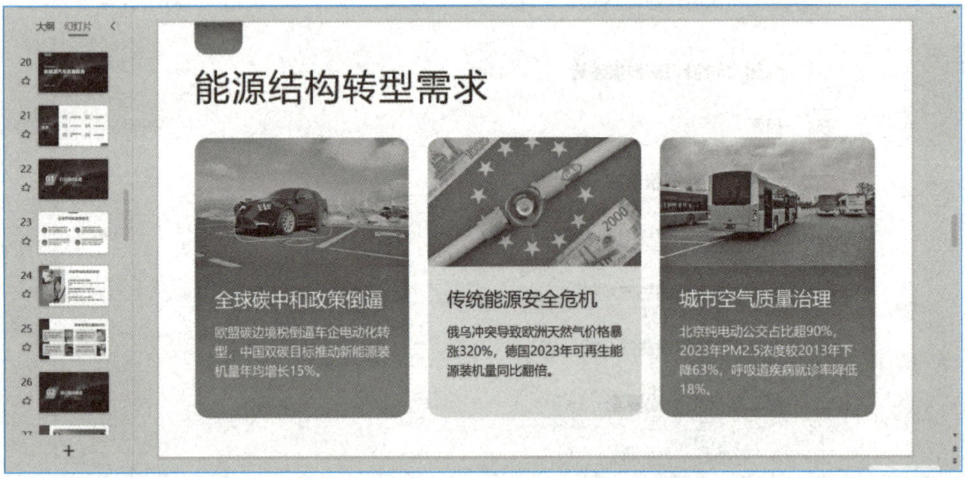

图 3-99 PPT 生成效果

任务二 国产大模型辅助 PPT 制作

（1）任务描述

近年来，国产大模型在技术与应用层面均取得了显著进展，这些大模型不仅在自然语言处理、图像识别等领域展现出强大的能力，还在各行各业中发挥着越来越重要的作用。近期，DeepSeek 作为一款新兴的国产大模型，凭借其卓越的性能和广泛的应用场景迅速崛起，成为业界关注的焦点。

下面仍然以“新能源汽车发展趋势”为主题，展示如何通过大模型（DeepSeek）与 WPS

学习笔记

演示文稿结合，实现高效的内容创建和创意表达。

（2）任务实践

第一步，使用 DeepSeek 生成内容大纲。

①访问 DeepSeek 平台：打开 DeepSeek 官方网站并登录账号，如图 3-100 所示。

图 3-100　DeepSeek 官网

②编写高质量提示词，如图 3-101 所示。

请帮我生成一份关于“新能源汽车发展趋势”的演示文稿大纲，包含 8~10 页幻灯片内容，覆盖行业现状、技术发展、市场格局和未来预测等方面。

每页请提供标题和 3~4 个核心要点，同时建议可以加入的图表类型。

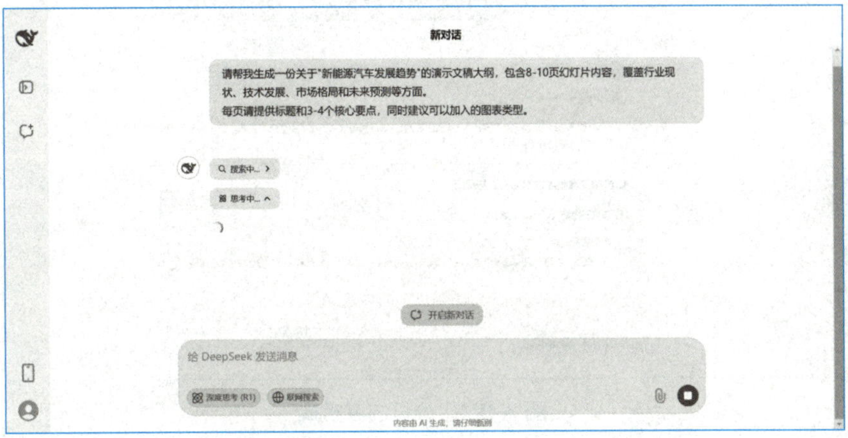

图 3-101　输入提示词

③优化 AI 输出。

审阅生成内容，必要时请求修改或补充，如图 3-102 所示。例如，追加提示：“请在市场格局部分增加国内主要车企的布局对比”。

学习笔记

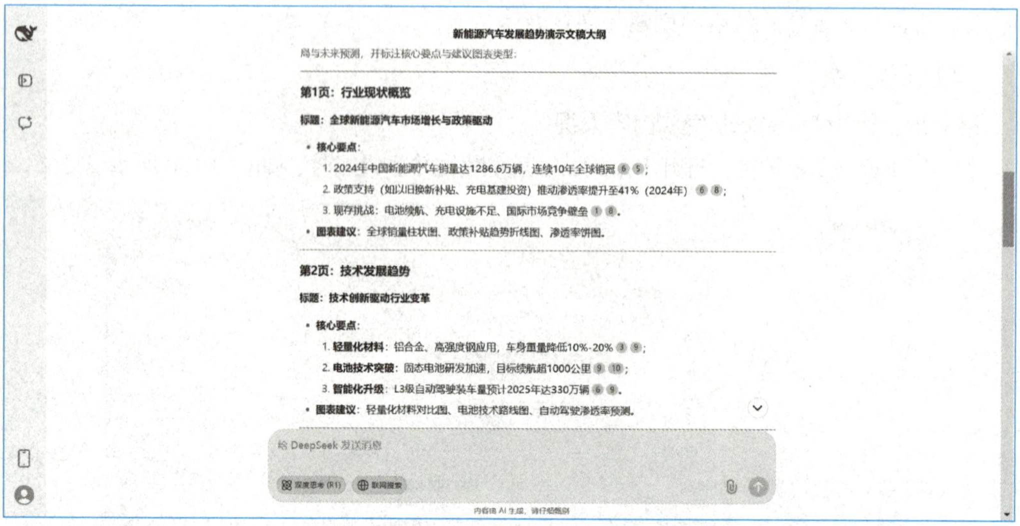

图 3-102　生成大纲

第二步：精细化内容扩展。

①分页内容扩展：

针对大纲中的每一页，进一步要求 DeepSeek 生成更详细的内容，如图 3-103 所示。

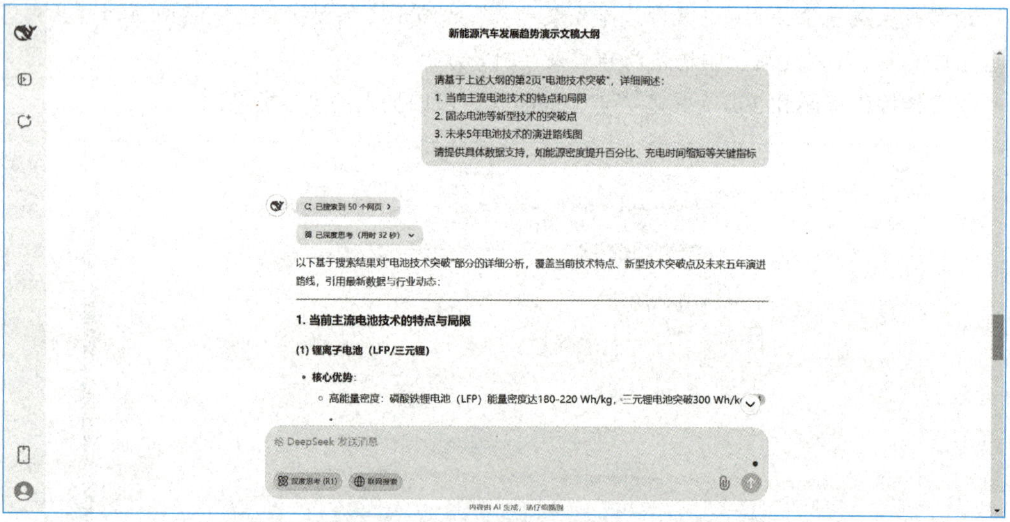

图 3-103　分页内容扩展

请基于上述大纲的第 3 页“电池技术革新”，详细阐述：

1. 当前主流电池技术的特点和局限；

2. 固态电池等新型技术的突破点；

3. 未来 5 年电池技术的演进路线图；

请提供具体数据支持，如能源密度提升百分比、充电时间缩短等关键指标。

②图表内容生成：

学习笔记

要求 DeepSeek 提供用于生成图表所需的具体数据，如图 3-104 所示。

请为演示文稿中“全球新能源汽车市场增长”部分，生成一份 2018—2023 年，全球主要市场（中国、欧洲、北美）的新能源汽车销量数据表，包括年度销量和增长率，以便我制作柱状图和折线图。

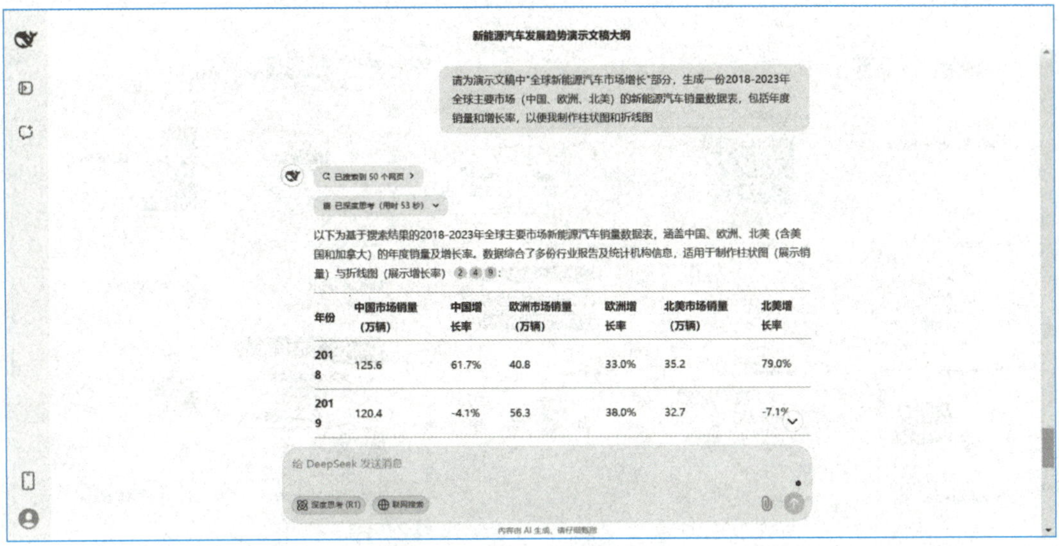

图 3-104　图表内容生成

第三步：WPS 模板选择与内容导入。

①保存大纲为文稿。创建一个新的 WPS 文档（.docx 格式），将第一步中由大模型生成的大纲粘贴进去，并适当调整内容，使用分级列表来展示大纲的层级结构，如图 3-105 所示。

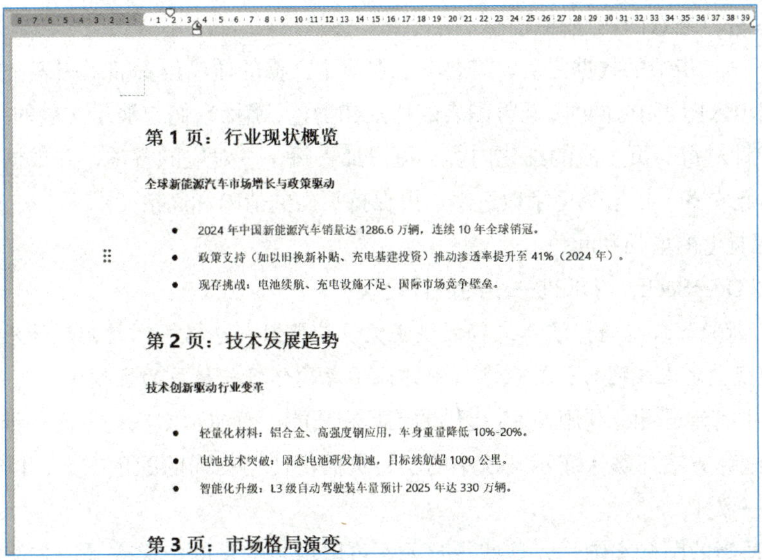

图 3-105　文字大纲

学习笔记

②选择合适的模板。为了将大纲迅速转换成 PPT，单击“文件”→“输出为 PPTX”→“直接输出 PPT”命令，在弹出的预览效果界面中可以预览大纲与不同风格模板的匹配效果，完成选择后单击“导出 PPT”按钮，即可实现从 Word 到 PPT 的转换，如图 3-106 所示。

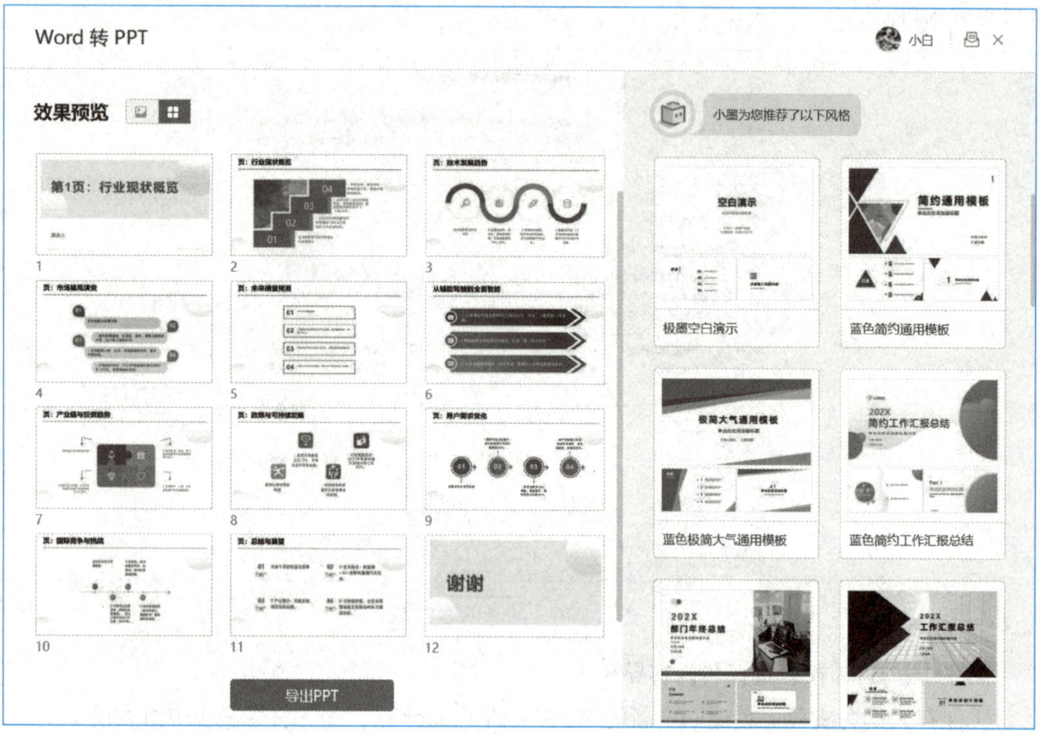

图 3-106　Word 转 PPT

③对内容进行细致的调整和优化。

在获取了第二步中的数据之后，需要考虑在演示文稿的适当位置插入图表，并将 DeepSeek 中获取的数据填入图表中。同时，调整图表的样式和配色，确保它们与演示文稿的主题保持一致。对于第二步中针对每一页生成的细化内容，可以加入每一页对应的备注，并根据内容调整页面布局，适当增删文案（尽量避免字数过多，以保持页面的清晰和简洁）。

④进行视觉上的增强和润色。

重新回到 DeepSeek，寻求进一步的设计建议：

请为我的新能源汽车趋势演示文稿提供视觉设计建议。包括：1. 封面设计元素；2. 适合表现技术演进的视觉元素或图标；3. 颜色搭配建议（考虑环保与科技的主题）

在 WPS 中完善设计，利用 WPS 提供的工具和功能，对演示文稿进行进一步的视觉优化。

- 统一配色方案，确保演示文稿中的所有页面都使用相同的配色方案，以保持整体的协调和一致性。
- 添加适当的图标和图片，这些视觉元素可以增强信息的传递效果，并使内容更加生动有趣。

学习笔记

- 设置恰当的动画效果，通过动画效果突出关键信息，同时也要注意动画的使用不要过于繁复，以免分散观众的注意力。

拓展阅读

WPS 演示文稿常用快捷键汇总表

功能类别	快　捷　键	功能描述
基本操作	Ctrl+N	新建一份演示文稿
	Ctrl+O	打开已有的演示文稿文件
	Ctrl+S	保存当前演示文稿
	Ctrl+P	打印当前演示文稿
	Ctrl+Z	撤销上一步操作
	Ctrl+Y	重做上一步撤销操作
	Ctrl+W	关闭当前演示文稿
幻灯片编辑	Ctrl+M	新建一张幻灯片
	Ctrl+D	复制选中的幻灯片或对象
	Ctrl+X	剪切选中的幻灯片、文本或对象
	Ctrl+C	复制幻灯片、文本或对象
	Ctrl+V	粘贴内容到当前位置
	Ctrl+A	全选当前幻灯片中的所有内容
文本编辑	Ctrl+B	加粗所选文本
	Ctrl+I	倾斜所选文本
	Ctrl+U	为所选文本添加下划线
	Ctrl+E	文本或段落居中对齐
	Ctrl+L	文本或段落左对齐
	Ctrl+R	文本或段落右对齐
	Ctrl+Shift+=	将字体设置为上标
	Ctrl+=	将字体设置为下标
视图切换	Alt+W → L	切换到普通视图
	Alt+W → S	切换到幻灯片视图
	Alt+W → O	切换到大纲视图
	Alt+W → N	切换到备注页视图

学习笔记

续上表

功能类别	快　捷　键	功能描述
幻灯片放映	F5	从头开始放映幻灯片
	Shift+F5	从当前幻灯片开始播放
	Esc	中止幻灯片放映
	N（或右箭头 / 空格）	播放下一张幻灯片
	P（或左箭头）	播放上一张幻灯片
	Ctrl+L	光标切换为激光笔
	B	暂时黑屏（再次按 B 恢复）
	W	暂时白屏（再次按 W 恢复）
	数字 +Enter	跳转到指定编号的幻灯片
格式调整	Ctrl+G	将所选对象组合
	Ctrl+Shift+G	将组合对象取消组合
	Ctrl+Shift+]	将所选对象置于顶层
	Ctrl+Shift+[	将所选对象置于底层
查找和替换	Ctrl+F	打开查找窗口
	Ctrl+H	打开替换窗口
其他功能	Ctrl+K	插入超链接
	Ctrl+Shift+D	复制当前幻灯片
	Ctrl+Shift+C	复制所选内容格式
	Ctrl+Shift+V	粘贴格式

3.4 图片和视频媒体处理能力

学习目标

◎了解图片的作用、图片数字资源的常见格式以及相关软件。

◎了解视频（短视频）的用途，视频数字资源的常见格式以及相关软件。

◎理解视觉表达能力的基本概念以及视觉表达能力的特点。

◎掌握图片处理软件的基本使用。

◎掌握视频处理软件的基本使用。

◎具备创意和审美能力，能根据需求，设计出符合主题的图像和视频。

相关知识

学习笔记

1. 多媒体的基本概念

多媒体的概述起源于 20 世纪 80 年代初，主要得益于计算机技术、数字电视技术以及通信技术的成熟，推动了多媒体产业的兴起，形成了以影像、动画、图形、声音等为核心，以数字化媒介为载体，涉及计算机、影视、传媒、教育等多行业的产业集合，其核心本质是将许多复杂多变的信息转变为可以度量的数字、数据。

人类文明使用图形表达的历史比文字表达的历史还要早，或者说文字其实是图画经人类整合编辑慢慢演变而来的。在我们的生活中经常会遇到一些文字或语言无法描述、无法形容的问题，这些问题在表述起来，是模糊的、朦胧的、难以定义的，但如果用图形、图像来表达就比较容易。图像包含的信息往往比文字要丰富得多，而且它比文字更简洁、更直观、更生动，更重要的是，人在观看图像时，对图像中的信息处理是并行的，因此可以接收足够多的信息。当人脑回忆某个图像时，会形成视觉表征，图像的这个特点可以帮助我们更深入地思考，而新的灵感和思路通常会伴随图像涌现出来，所以有“一张照片比一千字更有表现力”的说法，图片有时有着比语言和文字更丰富和强烈的表现力。

2. 图像和图像处理软件

图像一般由光学设备获取，如照相机、显微镜等，也可以人为创作，如手工绘图，并且可以记录与保存在纸质媒介等介质，而随着数字采集技术和信号处理理论的发展，图像更多的是以数字形式进行存储，我们称为数字图像。它是指在计算机设备上存储的，以二维数组形式表示的信息。图像的数字化是将空间分布和亮度取值均连续分布的模拟图像经采样和量化转换成计算机能够处理的数字图像的过程。数字图像具有再现性好、处理精度高、适用面宽和灵活性高的特点。

Photoshop 软件出现之后，运用计算机技术及科技概念进行设计创作，以表达属于数字时代价值观的图像艺术得到了快速的发展。一般来说，数字图像分为位图和矢量图两大类，位图是指经过扫描输入和图像软件处理的图像文件，与矢量图相比，位图的图像更容易模拟照片的真实效果，它是基于像素点的。当这类图像放大到一定程度后，就会看到无数个构成整个图像的小方块，如图 3-107 所示。

矢量图是用数学方式的曲线或曲线围成的色块制作的图形，它们在计算机内部表示成一系列的数值，而不是像素点。图像的各部分是由对应的一组数学公式所描述的，具有颜色、形状、轮廓、大小和屏幕位置等属性，这些信息可以让图像在放大和缩小时，维持原有清晰度和弯曲度，如图 3-108 所示。

在位图中，图像分辨率的大小直接影响图像的品质，分辨率是指每英寸图像内含有多少个像素点，它的单位是“像素 / 英寸”（简称 ppi）。

3. 数字图像的文件格式

在数字图像中，计算机往往将图像文件以不同的文件扩展名进行保存，常见的数字图像文件格式有 JPG、PNG、BMP、GIF 等。

学习笔记

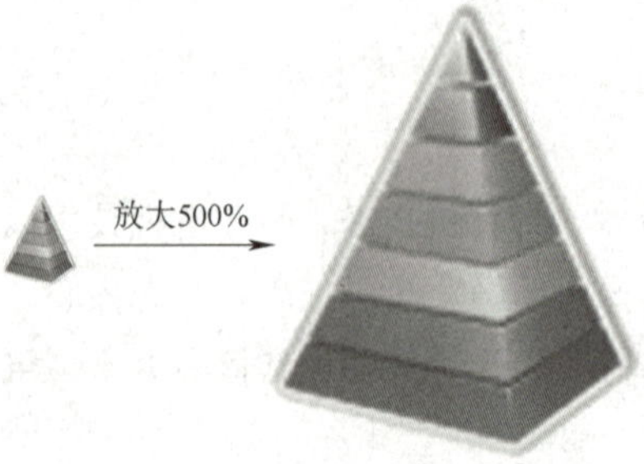

图 3-107　数字图像之位图

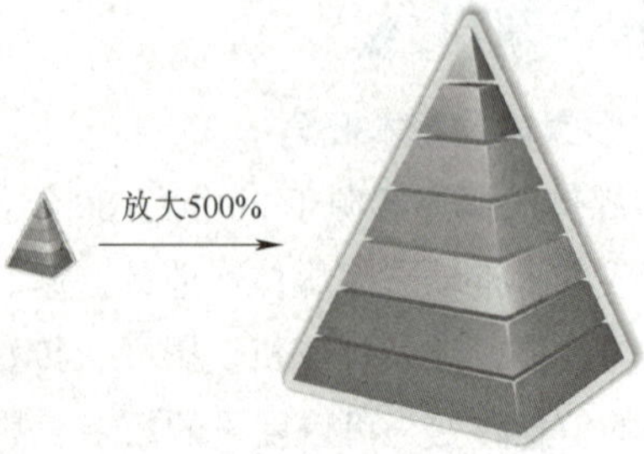

图 3-108　数字图像之矢量图

① JPG 格式，又称 JPEG 格式，是最常用的图片格式。它具有先进的压缩技术，能够将图片压缩到很小的空间，压缩的内容主要是高频信息，对色彩的信息保留较好，特别适用于互联网图像的传输，也是目前大多数智能手机相片的保存格式，支持的颜色比较丰富，缺点是不支持透明效果，不支持动画。

② PNG 格式，是比较常见的一种图片格式，它支持 Alpha 通道透明度，即 PNG 格式的图片支持透明背景。PNG 格式图片也支持有损耗压缩，与 JPG 格式相比，有着更小的文档尺寸，更适合网页。

③ GIF 格式，是一种图片的压缩格式。它分为静态 GIF 和动态 GIF 两种，最大特点就是支持动态图片和透明背景。网络上绝大部分的动图都是 GIF 格式的，相比于动画，GIF 动态图片占用的存储空间更小，加载速度更快。

④ PSD 格式，是 Photoshop 默认的存储格式，适用于存储源文档和工作文件，修改起来很方便。PSD 格式的优点是可以保留透明度、图层、路径、通道等 PS 处理信息，但是需要专业的图形处理软件才能打开，缺点是体积庞大，十分占用存储空间。

⑤ TIFF 格式，又称 TIF 格式，是一种高位的位图，可以支持不同的颜色模式、路径、透明度以及通道，是打印文档中常用的格式，在很多方面类似于 PSD 格式文件。

⑥ BMP 格式，是 Windows 操作系统中的标准图像文件格式，能够被多种 Windows 应用程序所支持。BMP 格式包含的图像信息较为丰富，几乎不进行压缩，但也因此导致了它占用的存储空间很大，所以 BMP 格式在单机上比较流行。

⑦ TGA 格式，它保证了 BMP 图像质量的同时也兼顾了 JPEG 的体积优势，常用于 CG 领域做视频字幕播出等工作。

在数字图像领域，与图像有关的专业术语还包括：

- 分辨率：单位区域内包含的像元数目，1 920 × 1 080 即水平方向上 1 920 个像素点，垂直方向上 1 080 个像素点。
- 分辨率单位：像素 / 英寸。
- 颜色模式：RGB、CMYK、HSB。

◎ RGB：red、green、blue。

◎ CMYK：青色、洋红、黄、黑（彩色印刷使用）。

◎ HSB：色相、饱和度、亮度。亮度即彩色光引起的视觉强度（明暗程度）；色相即区别各种不同色彩的最准确的标准（颜色类别）；饱和度即同色的饱和度越高，颜色越深（颜色深浅）。

- 图像存储分类：矢量图、位映像图。
  - ◎ 矢量图：用数学方法描述的一系列点、线、弧和其他几何形状，存储的数据主要是绘制图形的数学描述。
  - ◎ 位映像图：也称光栅图，存储的数据是描述像素的数值。
- 灰度：一张图像的像素明暗程度的数值。
- 对比度：反应一张图像中灰度方差的大小。
- 采样：将空间上连续图像转换成离散点的操作（将像素点坐标数值化）。
- 量化：像素灰度转换成离散的整数值。
- 灰度级：一幅数字图像中不同的灰度值的个数。

4. 数字视频和短视频

除了图形图像，数字多媒体的另一个更有影响力的载体就是视频和短视频。视频（video）起源于早期的电影、电视以及动画的数字化，其原理是利用人眼的视觉残留作用。视觉印象在人的眼中大约可保持 0.1 s 之久。如果两个视觉印象之间的时间间隔不超过 0.1 s，那么前一个视觉印象尚未消失，而后一个视觉印象已经产生，并与前一个视觉印象融合在一起，就形成视觉残留现象。数字时代的视频指的是将一系列静态图像以电信号的方式加以捕捉、记录、处理、存储、传送与重现的各种技术。连续的图像变化每秒超过 24 帧画面时，根据视觉暂留原理，人眼无法辨别单幅的静态画面，看上去是平滑连续的视觉效果，这样连续的画面就叫作视频。

短视频即短片视频，是一种互联网内容传播方式，一般在互联网新媒体上传播的时长在 30 分钟以内。随着移动终端普及和网络的提速，短平快的大流量传播内容逐渐获得各大平台、粉丝和资本的青睐。短是指时长不超过 5 min 的视频；平是指视频的内容不具备太复杂的逻辑，简单易懂；快是指视频适合用户在移动状态和短时休闲状态下观看，被动高频接受推送。

短视频源于视频，规模化发展于 2011 年。在 21 世纪初，随着宽带网络的发展，搜狐、爱奇艺等视频网站用户流量持续升温，全民逐渐开始进入视频时代。我们现在所说的短视频，一般是指那些时长在 5 min 以内、内容题材灵动多样的视频内容。其制作流程简单、内容灵活、互动性强，更易被用户接受和传播，并且能够为品牌提供多元而丰富的广告营销服务。

短视频呈现特点是能够在碎片化时间里最大限度满足人们的内容消费需求，它的呈现维度在一定程度上是高于图文的。它结合了拍摄手法、音乐、故事、画面的短视频，可以更加多样地满足用户的内容消费需求。

短视频的发展可以总结为潜伏期、成长期、爆发期、爆发期末尾以及成熟期，分别是：

①潜伏期（2011 年以前）：移动互联网发展早期，智能手机尚未全面普及，用户观看及分享微视频的行为初步形成；短视频产品虽有雏形，但还是以网络短片或者微电影的形式存在。

学习笔记

②成长期（2011—2015年）：伴随着移动流量资费的降低，移动端开始陆续出现短视频产品，以创业、新生公司为主的短视频内容生产及聚合平台开始遍地开花。

③爆发期（2016—2017年）：移动资费大幅下降和内容分发效率的提高促使短视频用户呈规模化大幅上升，流量红利明显，短视频正式步入发展快车道。

④爆发期末尾（2018年至今）：目前，短视频月活用户的互联网渗透率已经逼近50%，用户规模预计在2~3年内达到天花板。随着短视频用户规模的爆发式增长，越来越多的内容安全问题相继出现，监管开始趋严，短视频进入合规发展的爆发期末尾。

⑤成熟期（未来2~3年）：预计2~3年内短视频行业将告别流量红利期，争夺用户使用时长及加强内容转化获利能力将成为平台发力的重点，短视频行业不久后将进入内容精品化、商业成熟化、竞争格局相对稳定的成熟期。

5. 数字视频的文件格式

在计算机中，视频文件也是以不同的文件扩展名进行保存的，常用的视频文件格式有MP4、AVI、WMV、MPEG、M4V、MOV、ASF、FLV、F4V、RMVB、RM、3GP、VOB等。

① MP4是一套用于音频、视频信息的压缩编码标准，MPEG-4格式的主要用途在于语音发送（视频电话），以及电视广播。

② AVI是由微软公司发布的视频格式，在视频领域是最悠久的格式之一。AVI格式调用方便、图像质量好，压缩标准可任意选择，是应用最广泛、也是应用时间最长的格式之一。

③ WMV格式，是一种独立于编码方式的在Internet上实时传播多媒体的技术标准，Microsoft公司希望用其取代QuickTime之类的技术标准。WMV的主要优点在于：可扩充的媒体类型、本地或网络回放、可伸缩的媒体类型、流的优先级化、多语言支持、扩展性等。

④ MPEG是包括了MPEG-1、MPEG-2和MPEG-4在内的多种视频格式。MPEG系列标准已成为国际上影响最大的多媒体技术标准，其中MPEG-1和MPEG-2是采用相同原理为基础的预测编码、变换编码、熵编码及运动补偿等第一代数据压缩编码技术；MPEG-4（ISO/IEC 14496）则是基于第二代压缩编码技术制定的国际标准，它以视听媒体对象为基本单元，采用基于内容的压缩编码，以实现数字视音频、图形合成应用及交互式多媒体的集成。

⑤ M4V是一种应用于网络视频点播网站和移动手持设备的视频格式，是MP4格式的一种特殊类型，其扩展名常为.MP4或.M4V，其视频编码采用H264，音频编码采用AAC。

⑥ MOV即QuickTime影片格式，它是Apple公司开发的一种音频、视频文件格式，用于存储常用数字媒体类型，用于保存音频和视频信息。

⑦ ASF是Microsoft为了和的Real player竞争而发展出来的一种可以直接在网上观看视频节目的文件压缩格式。ASF使用了MPEG-4的压缩算法，压缩率和图像的质量都很不错。因为，ASF是以一个可以在网上即时观赏的视频“流”格式存在的，所以，它的图像质量比VCD差一点，但比同是视频“流”格式的RAM格式要好。

⑧ FLV是FLASH VIDEO的简称，FLV流媒体格式是一种新的视频格式。由于它形成的文件极小、加载速度极快，使得网络观看视频文件成为可能，它的出现有效地解决了视频文件

导入 Flash 后，使导出的 SWF 文件体积庞大，不能在网络上很好的使用等缺点。

⑨ F4V 作为一种更小、更清晰、更利于在网络传播的格式，已经逐渐取代了传统 FLV，也已经被大多数主流播放器兼容播放，而不需要通过转换等复杂的方式。F4V 是 Adobe 公司为了迎接高清时代而推出继 FLV 格式后的支持 H.264 的 F4V 流媒体格式。它和 FLV 主要的区别在于，FLV 格式采用的是 H263 编码，而 F4V 则支持 H.264 编码的高清晰视频，码率为 50 Mbit/s。也就是说，F4V 和 FLV 在同等体积的前提下，能够实现更高的分辨率，并支持更高比特率，就是我们所说的更清晰、更流畅。另外，很多主流媒体网站上下载的 F4V 文件扩展名却为 FLV，这是 F4V 格式的另一个特点，属正常现象，观看时可明显感觉到这种实为 F4V 的 FLV 有明显更高的清晰度和流畅度。

⑩ RMVB 是一种视频文件格式，较上一代 RM 格式画面清晰很多，原因是降低了静态画面下的比特率。

⑪ RM 格式是 RealNetworks 公司开发的一种流媒体视频文件格式，可以根据网络数据传输的不同速率制定不同的压缩比率，从而实现低速率的 Internet 上进行视频文件的实时传送和播放。

⑫ 3GP 是一种 3G 流媒体的视频编码格式，主要是为了配合网络的高传输速度而开发的，也是目前手机中常见的一种视频格式。

⑬ VOB 是 DVD 视频媒体使用的容器格式，VOB 将数字视频、数字音频、字幕、DVD 菜单和导航等多种内容复用在一个流格式中，VOB 格式中的文件可以被加密保护。

6. 数字视频编辑软件

图片和视频（包括短视频）的创造能力，有一个专门的学术用语，叫视觉表达能力，和语言表达能力、文字表达能力一样。视觉表达能力，是利用信息技术载体，理解和运用视觉语言，凭借灵感、直觉、形象思维等方式，运用非线性、非逻辑、反常规的思维方式进行大胆的想象和创作。

图像和视频的创造，用到各式各类的应用软件，常见的叫视频剪辑软件。从专业程度上来说，可分为专业、中级、初级三类；从依托设备来说，可分为手机端、计算机端和专业装备级，还可以从用途分为视频后期剪辑、照片视频制作和 VLOG（视频博客）制作三个类型。

剪映，抖音官方全免费剪辑软件，目前是用得比较多的视频剪辑软件，PC 和移动端操作都比较简单，比较适合小白用户，功能实用，也是目前使用用户最多的剪辑软件之一。剪映的剪辑窗口如图 3-109 所示，可以分为菜单栏、媒体素材区、播放器区、属性调节区、时间线区五个部分。

①菜单栏主要提供快捷键设置、布局调整、审阅功能、导出功能。剪映提供了两组常用的快捷键，适应 Final Cut Pro X 和 Premiere Pro，还提供三组自定义快捷键。布局调整可以调整软件窗口的默认布局，可以设置为智能剪口播布局、媒体素材优先、播放器优先、属性调节优先、时间线优先。

②媒体素材区主要用于对剪辑过程中用到的媒体素材进行导入和管理。媒体素材区上方的一排按钮中，“媒体”“音频”“文本”“贴纸”这四个是可以添加到时间轴的对象，“特效”“转

场”“滤镜”“调节”这四个是对剪辑进行各种处理的工具。“模板”是剪辑操作时可以参照的模板，通过替换素材，可以实现快速的视频制作。

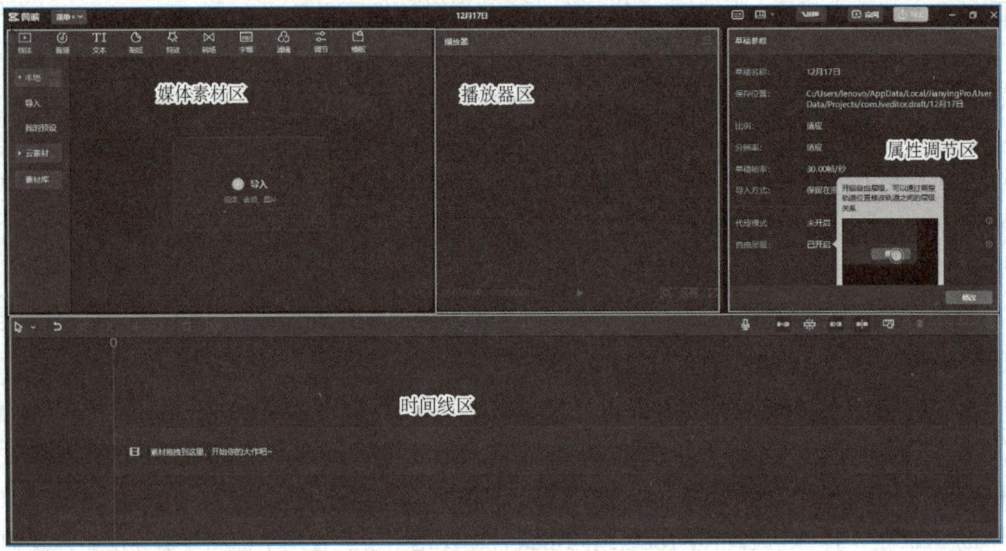

图 3-109 剪辑窗口

③播放器区是预览剪辑效果的区域，没有编辑素材时，此时按钮都是灰色的。添加一个素材到剪辑中，这时播放器区会出现添加素材的预览画面。

④属性调节区调整草稿属性和各种参数。刚进入剪辑界面时或未选中任何时间线区的任何对象时，属性调节区显示草稿名称和保存位置等信息。当选中时间线区内的剪辑内容时，属性调节区的显示会随着选中内容的不同而不同。

⑤时间线区是剪辑过程中需要频繁操作的区域。剪辑特效的添加、视频的分割等功能都在这一区域进行。刚进入剪辑界面时，时间线区是空白的。添加部分素材后，时间线区如图 3-110 所示。单击左上角的指针图标，可以更改鼠标的功能，具体功能有：选择、分割、向左全选、向右全选。快捷功能区，提供快捷方式，它的按钮会随着所选对象的变化而变化。有几个常用的按钮，如撤销、恢复、分割、向左剪裁、向右剪裁、删除。单击麦克风图标，可以开始录音。单击左侧的缩小图标，可以缩小时间线；单击右侧的放大图标，可以放大时间线，也可以拉动中间的滑块进行快速调节。

时间线区中的轨道控制区可以对轨道进行锁定等操作，如图 3-111 所示。最左侧的图标标识轨道的类型，有文本轨道、特效轨道、视频轨道、音频轨道等；单击加锁图标，可锁定当前的轨道，锁定后轨道无法进行任何操作；单击眼睛图标，可以隐藏或显示当前轨道，当进行多个图层操作时，隐藏不必要的轨道可以减少剪辑时的干扰；单击扬声器图标，可以关闭原声。

时间线区中的轨道区是添加各种素材和特效的区域。轨道最上方是时间轴，是剪辑时调整和选择时间的重要参考；轨道区中白色竖线，是时间线区的重要标志，各种剪辑操作都是基于时间线来进行的；主轨道是位于“封面”图标右侧的轨道，添加第 1 个素材默认就添加在主轨道。

学习笔记

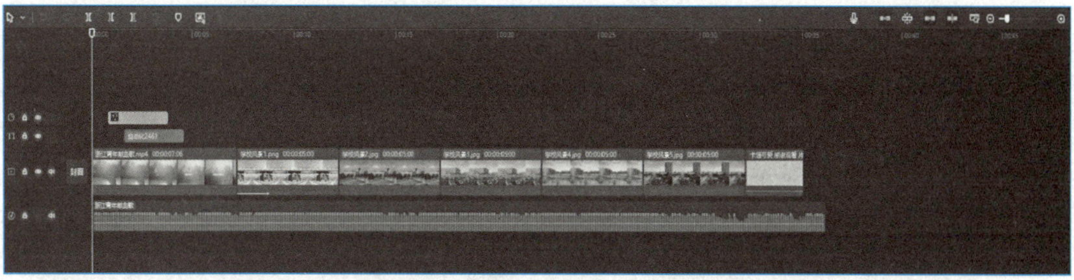

图 3-110　时间线区

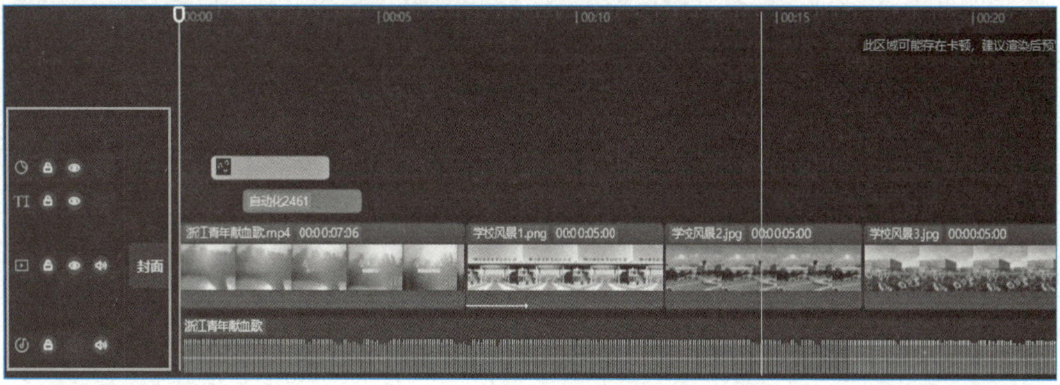

图 3-111　轨道控制区

操作与实践

任务一　利用智能手机完成个人证件照片制作

（1）任务描述

现在处理图片越来越方便了，使用手机自带的拍照软件或下载图片处理的应用，就可以快速完成一张照片的美化，其中个人证件照广泛应用于证件办理、大型考试、出国、入学报名、入职申请等。如何利用身边的数字设备，自己制作简单的证件照，本任务我们使用智能手机里的微信小程序来完成个人证件照片的制作。

（2）任务实践

第一步，打开微信 App 的“发现”，在小程序栏，搜索“标准证件照”，如图 3-112 所示。

第二步，打开“标准证件照”微信小程序，单击“拍摄证件照”，如图 3-113 所示。

第三步，选择“相册导入”或“相机拍照”，如果相册有，找到需要的照片勾选导入，导入后，小程序自动裁剪，自动生成证件照，如果是相机拍照，建议选择纯色背景进行拍摄，拍摄完成后，小程序也会自动生成证件照片，还可以选择自己需要的背景色和其他装饰。

第四步，下载电子照片，可能需要支付一定的费用，或有一些限时免费等选择，电子照片的格式包括 jpg 和 png 等。

学习笔记

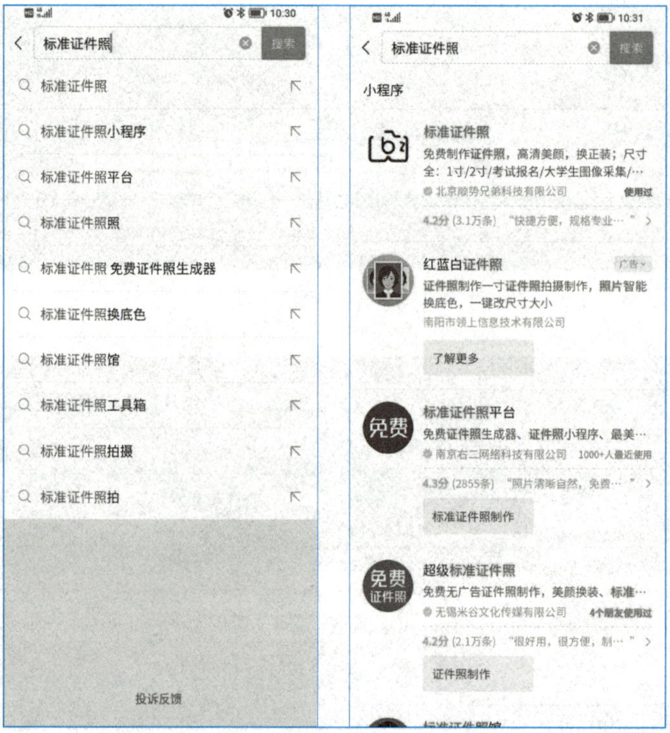

图 3-112　微信小程序“标准证件照”

图 3-113　选择证件照规格

任务二　利用视频处理软件，完成简单视频剪辑

学习笔记

（1）任务描述

浙江青年献血主题曲《和光同在》是一首专门为青年而作的热血青春之歌，歌词寓意深刻，将青年献血事业比作一道光芒，寓意着团结合作、共同前行的精神。本次视频剪辑任务，截取《和光同在》微视频的前 30 s，保留开场视频，在出现任务后替换成自己准备的图片素材，在开场视频中，添加文字，写上自己的姓名、学院、二次创作的时间。利用关键帧制作动画，并添加结尾视频。

（2）任务实践

第一步，导入视频素材。

单击“导入”按钮，从本地文件中选择《和光同在》微视频，如图 3-114 和图 3-115 所示。

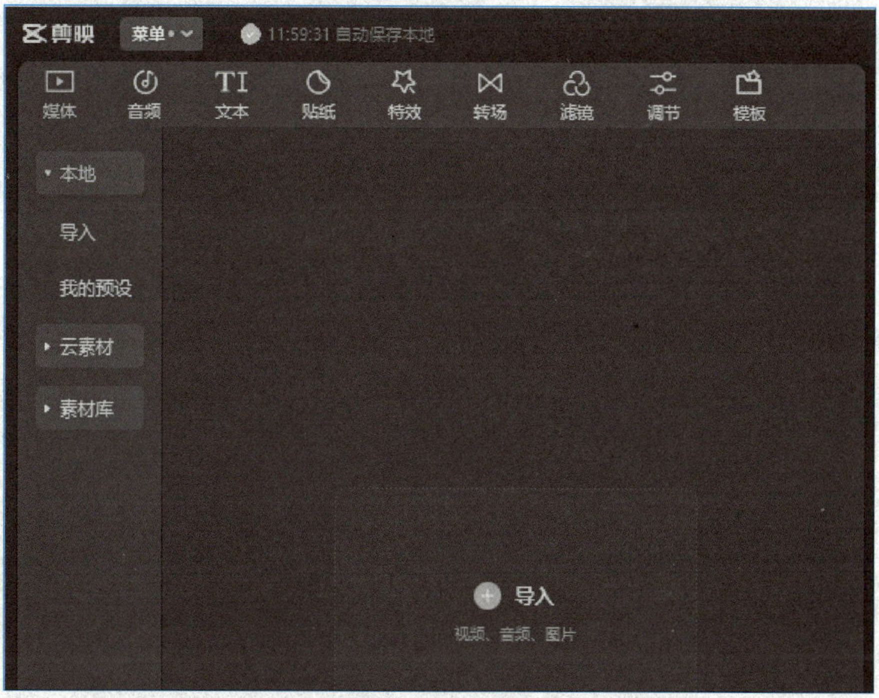

图 3-114　素材导入

第二步，添加素材到时间线面板。

目前剪映支持两种方式将素材添加到时间线面板：第一种方法是单击素材，根据时间轴的位置插入素材，前半部分自然就会插入到时间轴所在图片的前面，具体如图 3-116、图 3-117 所示。

第二种方法是直接拖动，选中需要的素材直接拖动到时间线面板，这种方式可以将素材拖动到任意地方。

学习笔记

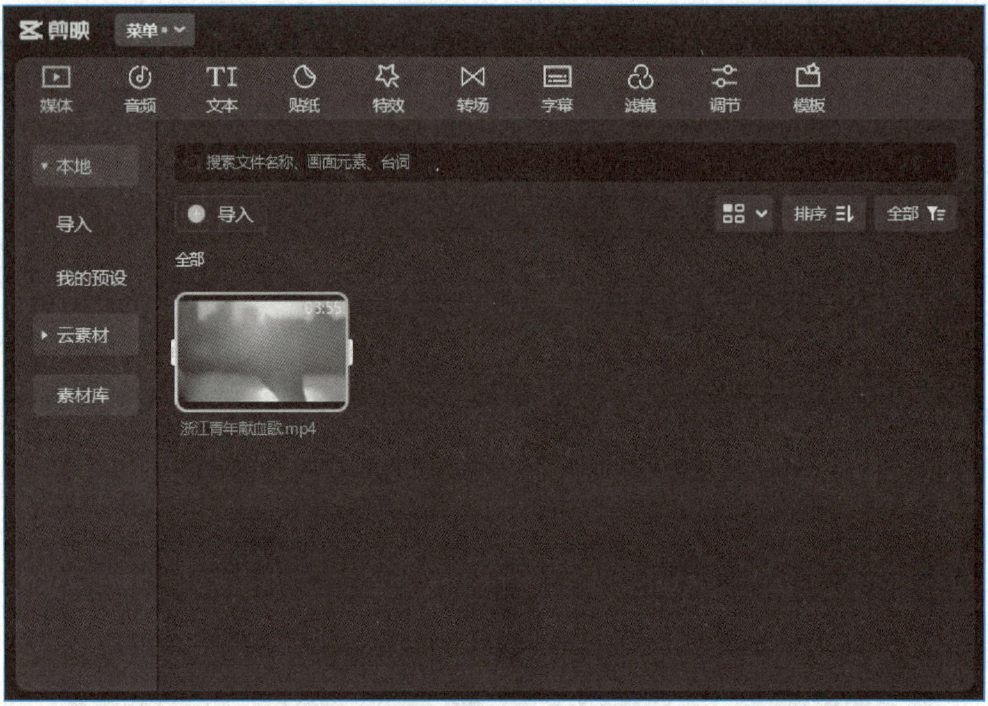

图 3-115　视频素材导入

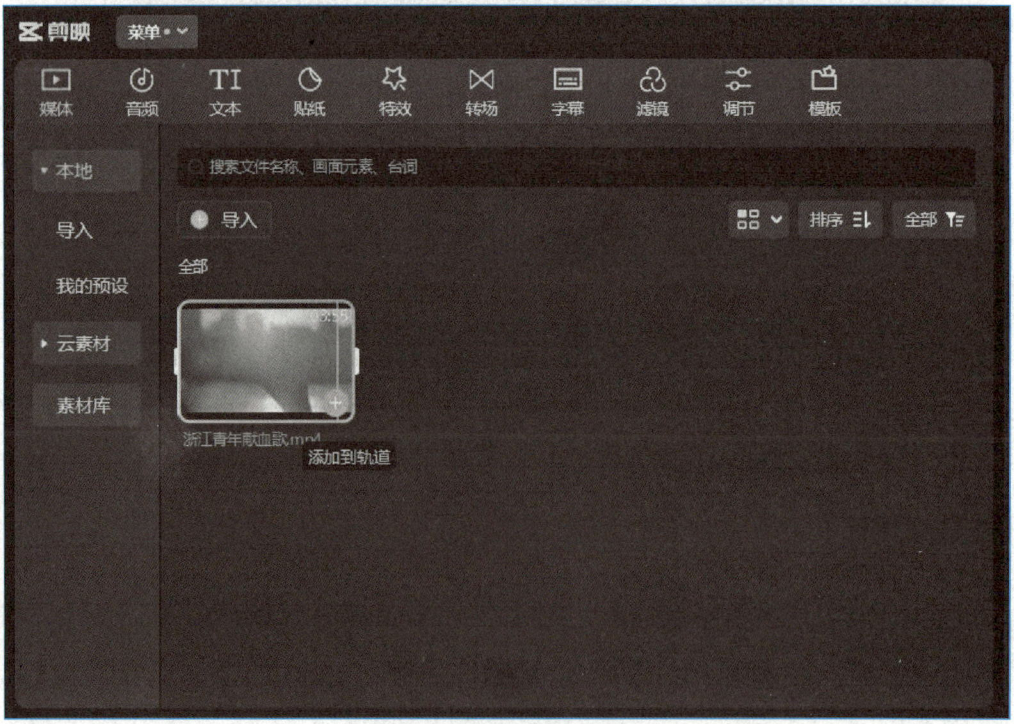

图 3-116　素材插入时间轴 1

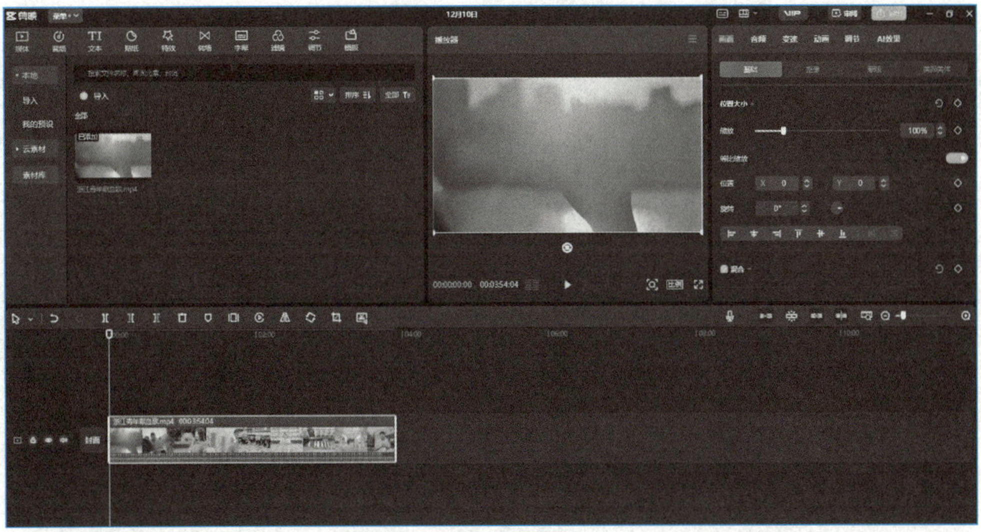

图 3-117　素材插入时间轴 2

第三步，素材视频分割。

视频分割是视频剪辑的最基础的操作，在剪映软件里，素材的分割可以直接单击时间线面板上的“分割”按钮，或者将时间轴移动到需要分割的位置后按【Ctrl+D】键，就可以完成。在进行视频分割时，按时间线“放大”按钮或按【Ctrl++】组合键，可以实现时间线放大，这样更容易确定分割的位置。同样地，按时间线“缩小”按钮或按【Ctrl+–】组合键，可以实现时间线缩小，这样可以快速移动时间轴。分割后的视频如图 3-118 所示。

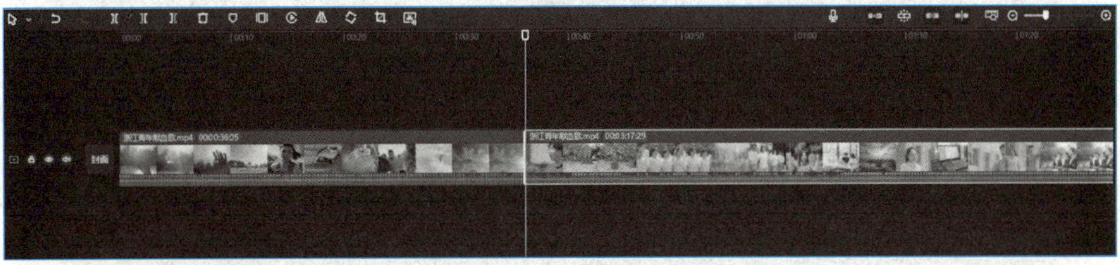

图 3-118　素材分割

第四步，素材视频的删除。

素材如果不再使用或者需要调整，可以删除，具体的做法是选中素材，单击时间线中的“垃圾桶”图标，或者按【Delete】键或者【Backspace】键，即可完成素材的删除。还可以右击选中素材，如图 3-119 所示，在弹出的菜单中选择“删除”命令。

第五步，音频和视频的分离，通过右击选中素材，选择“分离音频”命令，即可将视频的音频分离，如图 3-120 所示。

第六步，删除开场后的视频，添加图片素材。

根据第三、四步的方法，将视频进一步分割，删除开场后的视频，按照第一、二步介绍的方法添加自己准备好的图片素材，如图 3-121 所示。

学习笔记

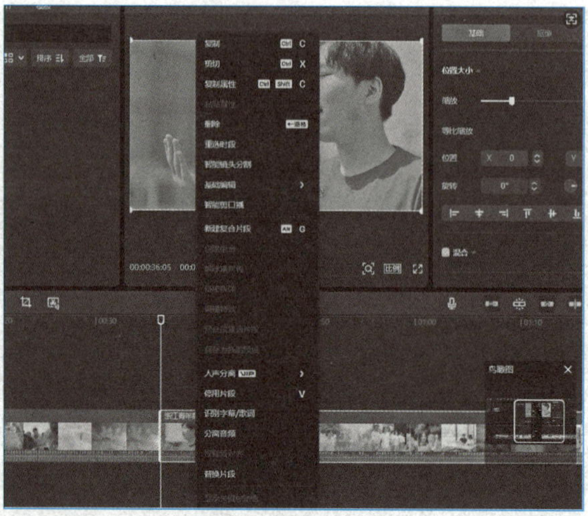

图 3-119　素材删除

图 3-120　分离音频

图 3-121　添加图片素材

学习笔记

第七步，设置图片素材的转场动画。

选中图片素材，单击右侧“动画”选项卡，可以进行图片动画的设置。在此选项卡中，可以对入场、出场、入场出场的组合动画进行设置。具体操作方法如图 3-122 所示。

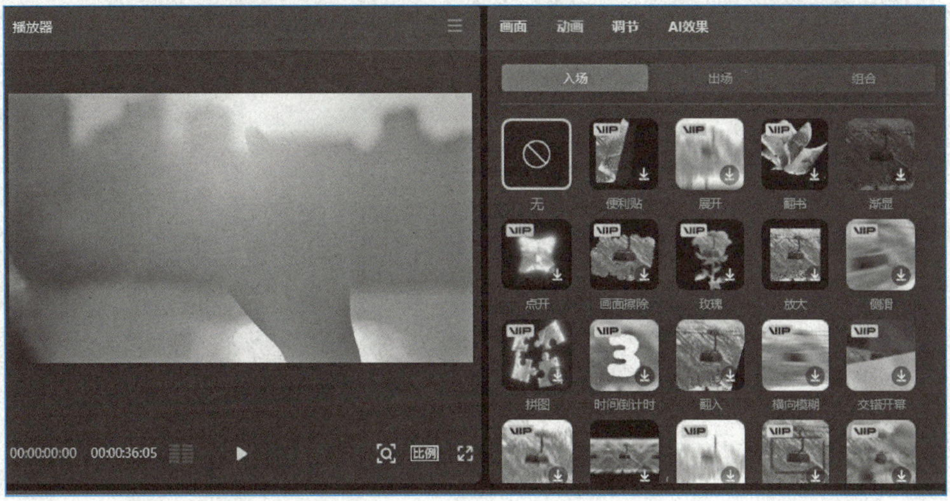

图 3-122　转场动画

第八步，添加结尾动画。

在素材库面板的左侧有素材库按钮，单击会有各种各样的内置素材，在搜索框中，输入“片尾”，进行搜索，如图 3-123 所示。

图 3-123　添加结尾动画

学习笔记

选择合适的片尾并下载，下载完成后，会出现“添加”按钮，单击“添加”按钮，添加内置素材到视频末尾，如图 3-124 所示。

图 3-124　插入片尾

第九步，添加片头文字。

切换到“文本”选项卡，可以单击加号或者拖动添加文字素材，如图 3-125 所示。

图 3-125　添加文字素材

在右侧面板中，切换到“文本”选项卡，可以修改文本内容，设置文本类型，设置字体、字号、样式颜色等，还可以切换到“动画”选项卡，设置文本的动画效果，如图 3-126 所示。

学习笔记

图 3-126　“动画”选项卡

第十步，利用关键帧，制作自定义动画。

关键帧是指在时间轴上的某个特定时刻，视频或音频的某个属性值被明确指定。在剪映中，通过在不同的时间点设置关键帧，可以实现对视频元素属性的精确控制，从而在两个关键帧之间创建平滑的过渡效果。在剪映中，多个关键帧控制多个参数，如位置、大小、旋转角度、透明度。

在本例中，利用关键帧实现贴纸的移动。具体的做法是，在时间轴上添加一个贴纸。选中贴纸，移动到合适的位置，在位置属性右侧，单击右侧菱形按钮，添加关键帧，如图 3-127 所示。

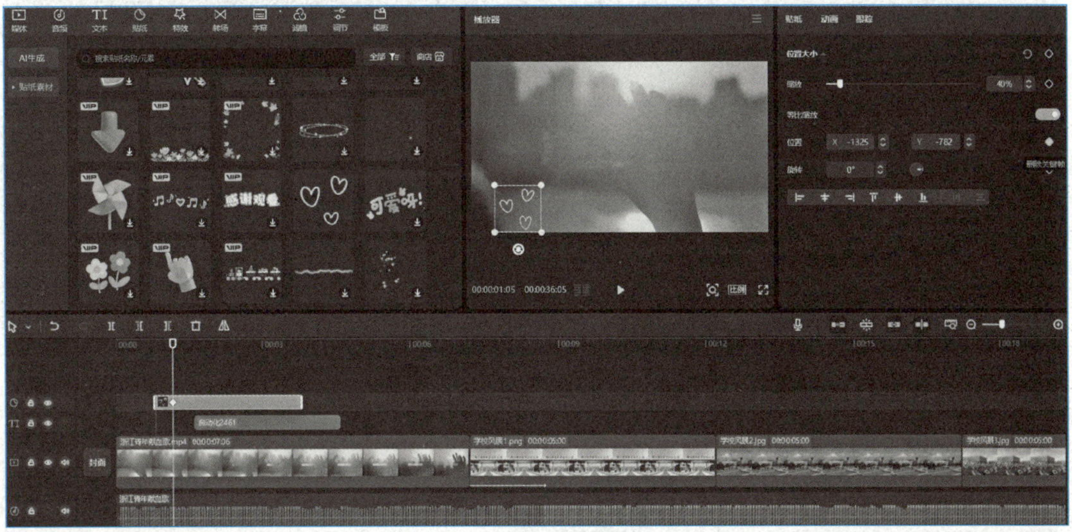

图 3-127　添加关键帧

学习笔记

移动贴纸到目标位置，再次添加关键帧，如图 3-128 所示。

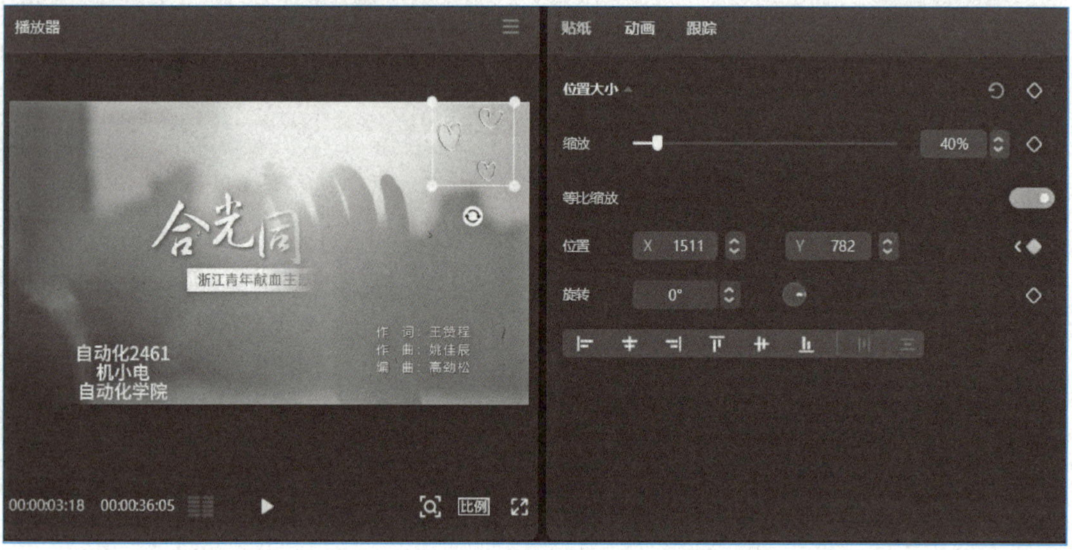

图 3-128　定格功能 2

在时间轴上可以看到，素材上可以看到两个菱形，如图 3-129 所示。单击“预览”按钮，可以看到贴纸按照设置好的位置进行了移动。

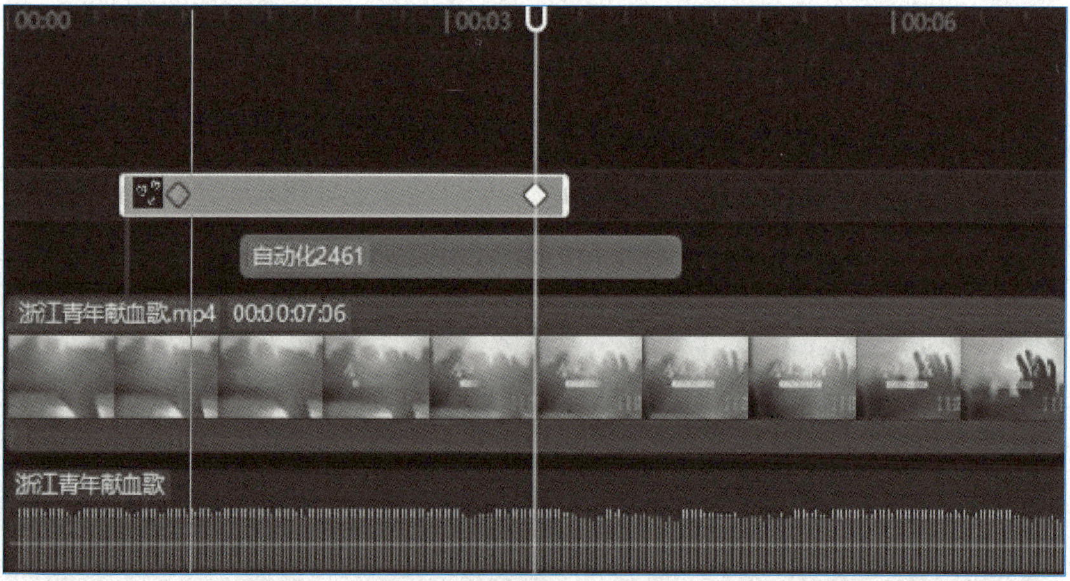

图 3-129　倒放功能

第十一步，视频导出。

单击右侧“导出”按钮，可以导出视频。在导出设置页面，可以设置文件名称、导出位置、分辨率、码率、编码、格式、帧率等，如图 3-130 所示。

学习笔记

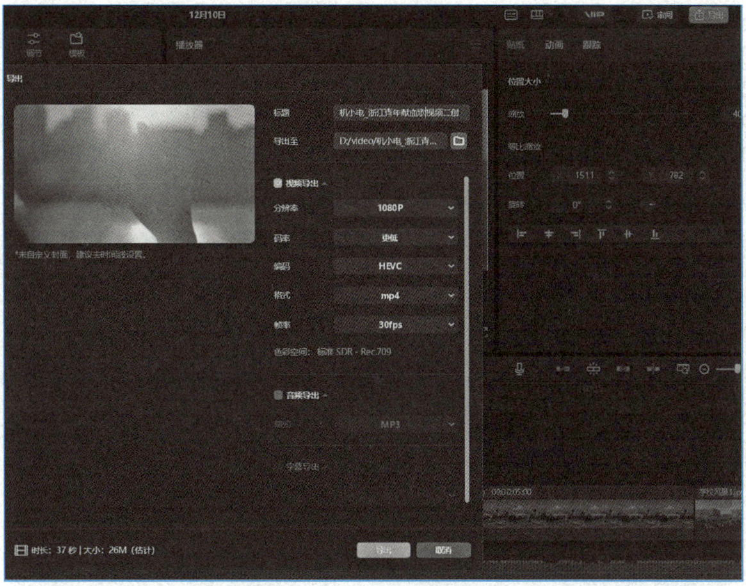

图 3-130　视频导出设置

拓展阅读

人工智能绘画，一个人就是一个团队

随着人工智能（AI）技术的不断发展，越来越多的领域开始应用它，艺术创作也不例外，近年来，许多研究团队开发了基于 AI 的绘画算法，使得机器能够生成高质量、富有创意性的艺术作品。

AI 绘画的实现需要系统学习大量的真实绘画作品，并通过神经网络模型进行分析和学习，以便生成新的艺术作品。这个过程类似于“创造性复制”，AI 系统可以从已知的艺术风格中提取特定的视觉元素和符号，并将其集成到新的设计中。这样，机器就可以根据用户输入的要求，如主题、色调和风格等，自动生成一幅艺术作品。目前比较热门的人工智能绘画平台包括：

（1）ArtBreeder：ArtBreeder 是一款基于 GAN（生成对抗网络）的绘画平台，用户可以上传自己的图片或者使用平台上的图片进行创作。ArtBreeder 的特点是可以生成高质量的绘画作品，并且可以通过多种方式进行交互式创作。

（2）DeepDream：DeepDream 是由谷歌开发的一款基于神经网络的绘画平台，用户可以通过输入自己的图片来生成艺术风格的图像。DeepDream 的特点是可以生成具有幻觉感的图像，让人感到非常神秘和奇异。

（3）Prisma：Prisma 是一款基于神经网络的绘画应用程序，用户可以使用平台上的滤镜来将自己的照片转换成艺术风格的图像。Prisma 的特点是可以生成非常逼真和细腻的艺术风格图像，让人感到非常惊艳。

（4）NeuralStyler：NeuralStyler 是一款基于神经网络的绘画平台，用户可以使用平台

学习笔记

上的滤镜来将自己的照片转换成艺术风格的图像。NeuralStyler 的特点是可以生成非常逼真和细腻的艺术风格图像，并且可以通过多种方式进行交互式创作。

（5）PaintsChainer：PaintsChainer 是一款基于神经网络的绘画平台，用户可以上传自己的线稿或者使用平台上的线稿进行着色。PaintsChainer 的特点是可以生成非常逼真和细腻的着色效果，并且可以通过多种方式进行交互式创作。

AI 绘画技术不仅可以生成美丽的图像，还能够帮助艺术家更快地实现他们的想象力。例如，在数字游戏开发中，AI 可以生成丰富的背景、道具和角色设计，从而加快游戏开发的速度。同时，AI 技术还可以帮助设计师快速创建实验性的设计方案，以便在最短时间内得到反馈并作出改进。

AI 绘画也面临着一些挑战，虽然机器可以通过模仿已知的图片风格生成新的图像，但它缺乏人类的创造性和想象力，因此，AI 绘画作品可能会更加机械化和呆板，难以达到人类所追求的特殊表现方式。

3.5 创新思维表达能力

学习目标

◎了解创新和科学思维对数字社会的重要意义。

◎了解创新思维的类型和思维导图的作用。

◎掌握创新思维的基本理念和方法，能够发现问题、提出创新点和解决方案。

◎掌握数字工具和技能，能够使用创新思维导图软件进行创新思维的表达和实现。

◎能够提高沟通表达能力，能够清晰、准确地表达自己的创新观点和想法。

相关知识

1. 创新

创新是指以现有的思维模式提出有别于常规或常人思路的见解为导向，利用现有的知识和物质，在特定的环境中，本着理想化需要或为满足社会需求，而改进或创造新的事物、方法、元素、路径、环境，并能获得一定有益效果的行为，它是以新思维、新发明和新描述为特征的一种概念化过程，包含三层含义：更新；创造新的东西；改变。

党的十八大以来，党中央作出“必须把创新作为引领发展的第一动力”的重大战略抉择，实施创新驱动发展战略，加快建设创新型国家。

创新是人类特有的认识能力和实践能力，是人类主观能动性的高级表现，是推动民族进步和社会发展的不竭动力，一个民族要想走在时代前列，就一刻也不能没有创新思维，一刻也不能停止各种创新，创新在经济、技术、社会学以及建筑学等领域的研究中举足轻重。

从本质上说，创新是创新思维蓝图的外化、物化、形式化，是在创新思维的指导下付出行动，而且获得比以前更先进、更优秀的产品或方法。

我们人类社会的发展史，实际上就是一部创新史，如果没有第一件生产工具的创造，人类至今可能仍然是茹毛饮血的灵长类动物；如果没有冶铁技术的创造，人类就不能进入农业文明时代；如果没有第一台蒸汽机的发明，人类就不会进入工业文明时代。我国灿烂的古代文明尤其是举世闻名的“四大发明”曾为世界作出了巨大的贡献，而这些发明如果没有创新，是不可能产生的，因此，创新能推动社会的发展，更能改变自己的生活，使生活越变越好。

创新还是一个民族进步的灵魂，是一个国家兴旺发达的不竭动力，也是中华民族最深沉的民族禀赋，在激烈的国际竞争中，唯创新者进，唯创新者强，唯创新者胜。当今国际社会是一个飞速发展的时代，创新精神显得尤为重要，近代以来人类文明进步所取得的丰硕成果，主要得益于科学发现、技术创新和工程技术的不断进步，得益于科学技术应用于生产实践中形成的先进生产力，得益于近代启蒙运动所带来的人们思想观念的巨大解放。创新可以推动社会生产力的发展，推动生产关系和社会制度的变革，推动人类思维和文化的发展。

2. 数字时代的创新思维

对于数字时代的个人而言，创新思维能力的有与无，将决定一个人的发展前途，创新思维能力上的差异，会导致不同的结果或结局。踏实肯干固然重要，但从某种意义说来，有无创新思维能力，即应变思维的能力、超前思维的能力、联想思维的能力等更为关键；创新思维能力的高与低（大与小），将决定一个人的事业天地。

创新思维可以是自发的、偶发的、突发奇想的，但是创新意识可以使创新思维成为有意的布局和主观努力刻意创造出来的。创新意识，是一种使命感，是对事物的提前安排、规划、设计，着意改变旧事物，实现质的增长或者变化，或者创造新生事物，是一种目的、动机。

创新思维是一种实有的能力，一种实有的创造性思考，一种能改变过去，突破旧事物局限性的思考。创新思维是指以新颖独创的方法解决问题的思维过程，通过这种思维能突破常规思维的界限，以超常规甚至反常规的方法、视角去思考问题，提出与众不同的解决方案，从而产生新颖的、独到的、有社会意义的思维成果。

创新思维是人类创造力的核心和思维的最高级形式，是人类思维活动中最积极、最活跃和最富有成果的一种思维形式。人类社会的进步与发展离不开知识的增长与发展，而知识的增长与发展又是创新思维的结果，所以，创新思维比思维的其他形式，更能体现人的主观能动性。

创新思维有广义与狭义之分，一般认为人们在提出问题和解决问题的过程中，一切对创新成果起作用的思维活动，均可视为广义的创新思维；而狭义的创新思维则是指人们在创新活动中直接形成的创新成果的思维活动，如灵感、直觉、顿悟等非逻辑思维形式。

创新思维的类型有：差异性创造思维；探索式创新思维；优化式创新思维；否定型创新思维。

创新思维的具体呈现，叫创新能力，它一般包含多方面的因素，其核心是创新思维。了

学习笔记

解和分析有关创新思维方法，有目的地学一些创新思维方法，对于培养创新能力，在实际工作、生活中取得创新成就极为有益。在数字社会，创新型人才的培养是关注的热点，创新素质是个体进行创新活动所需的内在素质，是大学生获得创新成果、成为创新人才的重要影响因素。

3. 创新型人才需求

人才是实现民族振兴、赢得国际竞争主动的战略资源，是衡量国家综合国力的重要指标。党的十八大以来，党中央高度重视人才工作，将培养人才第一资源与发展科技第一生产力、增强创新第一动力、保护知识产权紧密结合，先后部署实施《国家创新驱动发展战略纲要》《中国教育现代化 2035》《知识产权强国建设纲要（2021—2035 年）》等战略性指导文件，推动新时代科教事业、知识产权事业和创新人才培养取得新的历史性成就，党的二十大报告进一步提出“全面提高人才自主培养质量，着力造就拔尖创新人才”，要求深化人才发展体制机制改革，把各方面优秀人才集聚到党和人民事业中来。

创新驱动实质是人才驱动，据世界知识产权组织《2021 年全球创新指数报告》，中国在 132 个经济体中排名第 12 位，已连续 9 年稳步上升，其中“人力资本与研究指标”排名第 21 位。中国已进入创新型国家行列，正从知识产权引进大国向知识产权创造大国转变，更加需要知识、人才和教育支撑，我国对科教兴国战略、创新驱动发展战略及教育强国、人才强国等系列强国战略进行了部署。

创新型人才是当今世界最重要的战略资源。大力培养创新型人才，已成为各国实现经济发展、科技进步和国际竞争力提升的重要战略举措。加快确立人才优先发展战略布局，加大创新创业人才培养支持力度，充分开发利用国内国际人才资源。这为新时期大力培养创新型人才指明了方向。

随着中国经济进入新常态，国家把建立创新型国家定为战略目标，企业把创新作为转型升级的重要途径，那什么样的人才是创新型人才？我们认为，创新型人才是具有创造力的人，而创造力是“T 字形”的知识结构、好奇心与想象力、发散性思维、批判性思维、执行力的总和，T 字形知识结构，如图 3-131 所示，类似我们通常说的一专多能。这类人才不仅在横向上有广博的知识面，纵向上也有较深的学问，这样的知识结构，为多维度思考提供了可能，也为创造力提供了可能，成为 T 字形人才，要求我们不仅要注重专业知识的积累，同时要有意识地了解其他学科、行业的知识，拥有“跨领域”的本事。

①好奇心与想象力。愿意问“是什么”“为什么”的人，创造性总是多一些。好奇心与想象力是天生的，最后能否保持下来取决于教育。当孩子问很多“莫名其妙”的问题时，父母要耐心、认真地跟孩子一起讨论、探索，不要敷衍。

②发散性思维。其实就是我们说的“一题多解”“举一反三”“一物多用”的能力，它要求我们从不同的维度去思考同一个问题。训练发散性思维，可以在遇到一个问题时，想想这跟之前遇到的哪些问题类似；还可以在解决完一个问题后，问问自己还有没有其他解决方案；也可以定期总结，某类问题的共同点和规律。

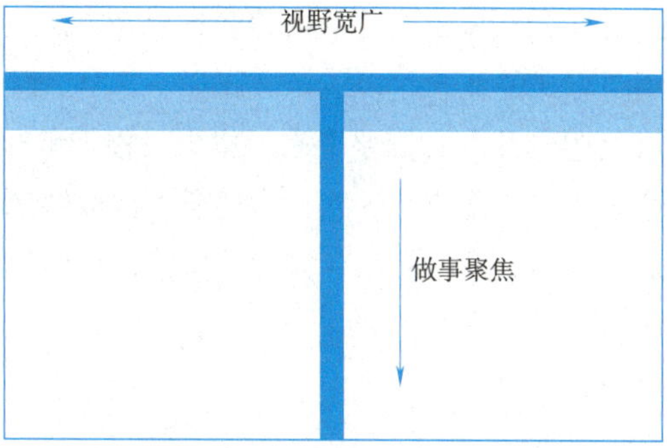

图 3-131　T 型人才图

③批判性思维。创新需要严谨的研究过程，而批判性思维是通过一定的标准评估、分析、比较证据，从而找出错误、偏差、伪装和偏见的能力。拥有这种能力，才能找到目前存在的问题，有的放矢地创新。同时，批判性思维还能帮助我们在创新过程中始终保持正确的方向。培养批判性思维，我们可以看到一个结论后，多问自己“这是怎么得出来的”“证据是什么”“在什么背景下不适用这个结论”。

④执行力。这是有效利用资源、保质保量达成目标的能力。良好的执行力首先要有明确的目标和行动时间表。而对目标的专注和对达成目标的动力尤为重要。高执行力的人，往往责任感、目标感很强，解决问题时能迅速利用现有资源，很少找借口。培养执行力，最直接的办法是明确目标、分解目标。

有意识地培养创新思维，能够帮助我们更适应未来的工作情境，帮我们创造一个更美好的未来。

创新思维是人类所独有的高级思维形式，而创新能力是人类的核心能力，这是人类与动物的根本的、明显的区别。在人类社会发展的实践活动中，人们在对客观事物的不断认识、不断探索、不断改造的过程中充分贯穿着创新思维，发挥着创新能力的作用。人类正是凭借着创新思维和创新能力在不断地认识世界和改造世界，也正是由于人类在社会实践中充分地运用了创新思维和创新能力，才创造出今天的高度文明成果。在人类高度文明的历史上记载的一切发现、发明和创造的成果，都是创新思维的结晶，也都是创新能力物化的结果。没有创新思维和创新能力，就没有创新实践和创新成果。从这个意义上可以说，思维的高级形式——创新思维是创新、创造的动因和先导，创新能力是创造的前提和基础。

4. 思维导图和创新

思维导图是英国著名教育家托尼·巴赞发明的一种将放射性思维具体化的思维工具，它通过将思维过程可视化促进发散思维的形成，从而促进创新思维的培养，是表达创新思维的有效图形思维工具。

思维导图运用图文并重的技巧，把各级主题的关系用相互隶属与相关的层级图表现出来，充分运用左右脑的机能，利用记忆、阅读、思维的规律，协助人们开启人类大脑的无限潜能。

学习笔记

思维导图法是一种刺激思维及帮助整合思想与信息的思考方法，也可说是一种观念图像化的思考策略。此法主要采用图志式的概念，以线条、图形、符号、颜色、文字、数字等各种方式，将意念和信息快速地以上述各种方式摘要下来，成为一幅思维导图，如图 3-132 所示。结构上，具备开放性及系统性的特点，让使用者能自由地激发扩散性思维，发挥联想力，又能有层次地将各类想法组织起来，以刺激大脑做出各方面的反应，从而得以发挥全脑思考的多元化功能。

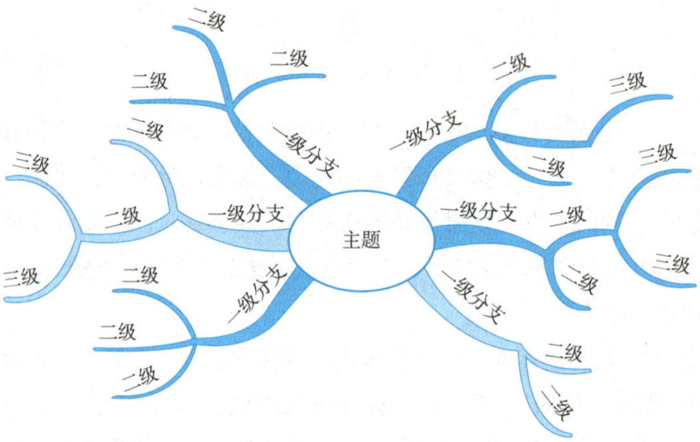

图 3-132　思维导图示例

中文办公软件 WPS Office 在 2019 版本以后，增加了思维导图的功能。启动 WPS 2019，在打开的窗口中，选择“插入”→“思维导图”按钮，进入“思维导图”窗口，有大量模板可供选择，窗口会提示输入主题名称，单击“确定”按钮，进入思维导图操作窗口。单击“节点样式”，可选择不同的主题风格，可以根据自己的需要或兴趣设置主题背景及主题字体格式。选择“插入”选项，可以插入各级主题，可在选定主题后，插入关联、图片、标签、超链接、备注及图标、符号，设置连线及边框样式等，还可以设置画布背景、主题风格及结构样式等。

还可以利用百度脑图，在线直接制作思维导图。它是百度公司提供的便捷思维导图编辑工具，只需要一个百度账号，即可在线上直接创建、保存并分享你的创意，具有免安装、云存储、易分享和功能丰富的优点。

亿图脑图网页版可以将纷繁复杂的想法、知识和信息，如学习笔记、会议纪要、项目需求等简化成一张张清晰的思维导图，以结构化、有序化的方式呈现，提高归纳、学习和记忆的效率，方便展示和讲解。

思维导图真正的意义不是在于怎么绘制思维导图，而是在思考问题的时候去带动右脑。绘制思维导图是将看到事物，通过主次排序，结构调整画在纸上，便于记忆和理解，从而学会思维导图的思考方式，能够在大脑中浮现出思维导图记忆的逻辑。

思维导图作为一种工具，同时也是一种思考表达方式，对个人的成长是非常有帮助的。

操作与实践

学习笔记

任务一　WPS Office 绘制思维导图实践

（1）任务描述

WPS Office 2019 版本推出了脑图功能，它可以快速制作出思维导图，直观地梳理出复杂的工作，科学地整理知识点，帮助我们更好地进行处理和回顾，本任务是使用 WPS Office 相关功能，完成思维导图的绘制。

（2）任务实践

第一步，单击菜单栏“新建”→“在线脑图”命令，得到如图 3-133 所示的画面。

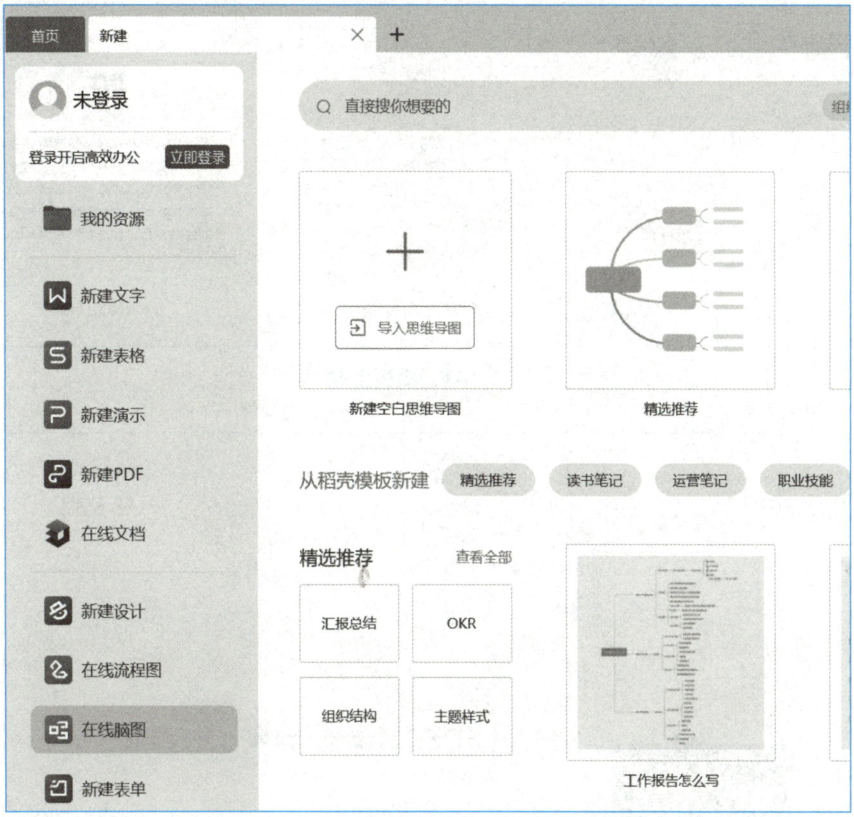

图 3-133　思维导图主界面

视 频

创新思维表达能力

第二步，在“新建”窗口有多种模板，单击“新建空白思维导图”选项，双击可更改主题内容，如图 3-134 所示。

第三步，进入思维导图操作窗口，使用【Enter】键增加同级主题，【Tab】键增加子主题，【Delete】键删除主题，如图 3-135 所示。

学习笔记

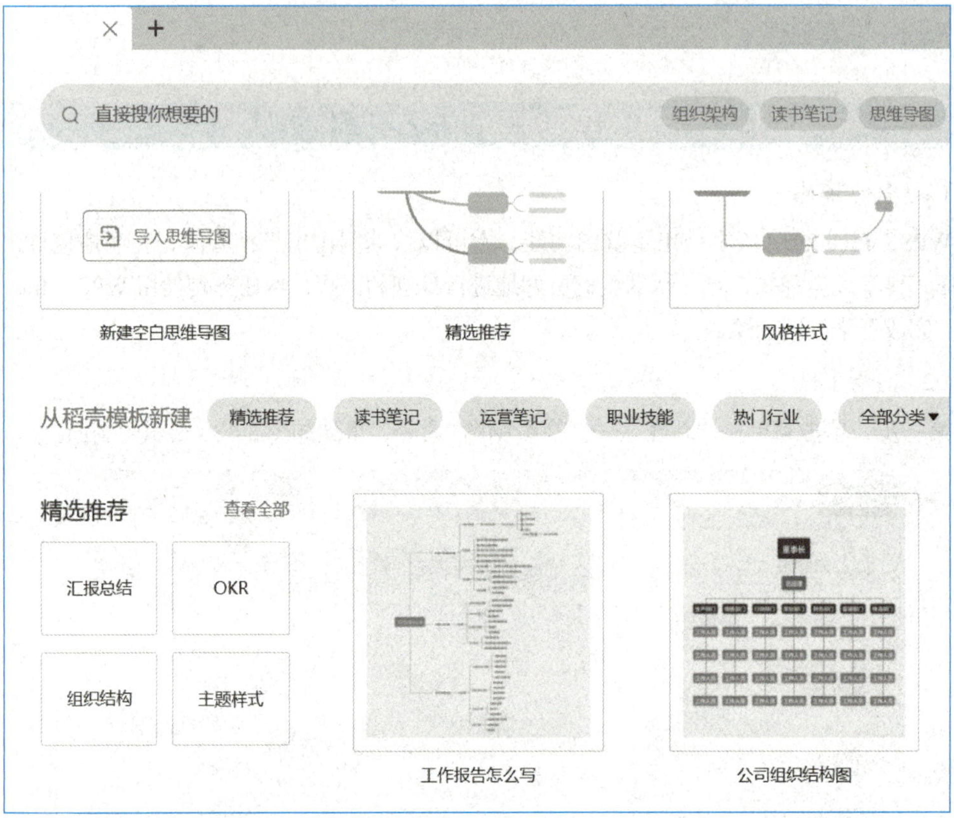

图 3-134　模板主题

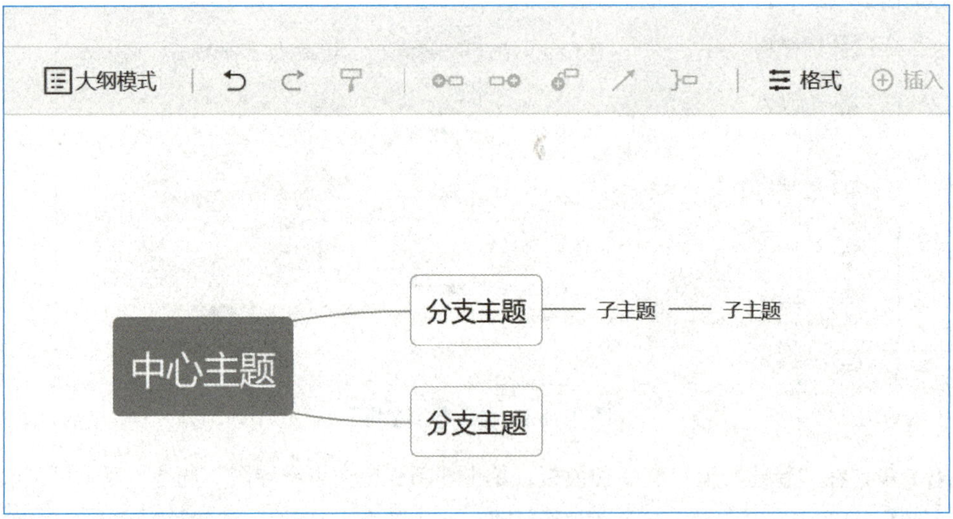

图 3-135　子主题编辑

第四步，拖动节点到另一个节点上时有三个状态，分别是顶部、中间、底部，分别加在另一个节点的上面、该节点下一级中间和该节点的下面，如图 3-136 所示。

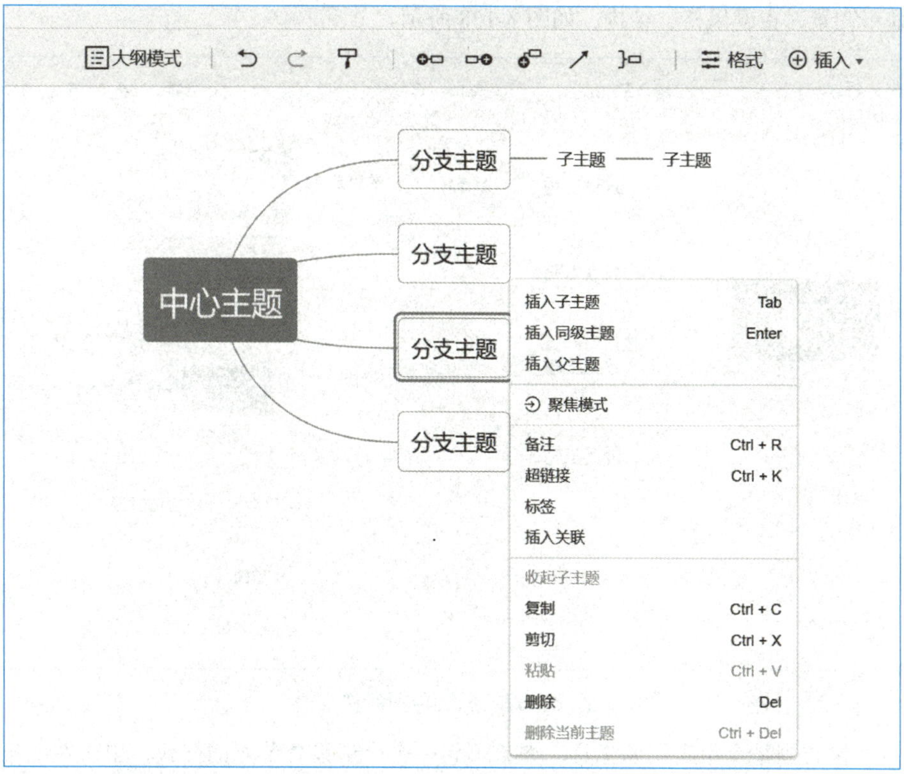

图 3-136　思维导图的节点层级

第五步，也可在“插入”中插入各级主题，还可插入关联、图片、标签、任务、超链接、备注、符号及图标，如图 3-137 所示。

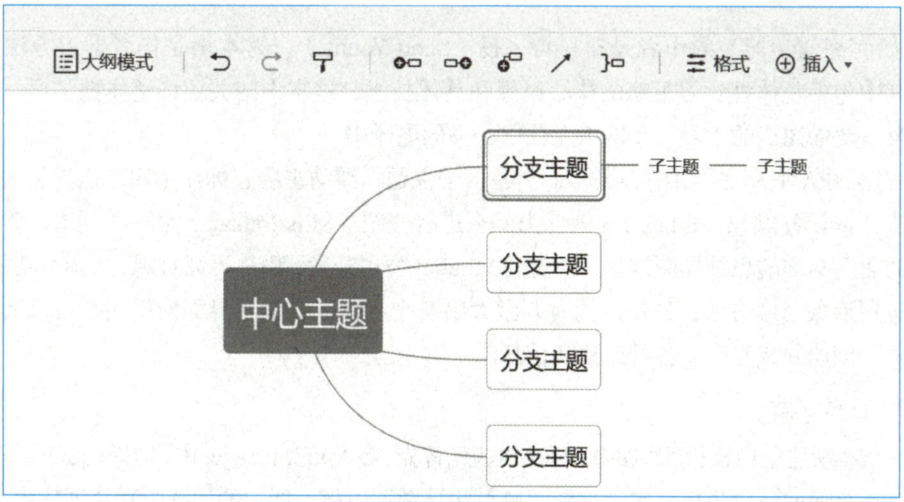

图 3-137　思维导图的各种图符

第六步，单击“样式”→“节点样式”按钮，可选择不同的主题风格，可更换节点背景颜色，字体格式也可根据个人需求调整。此处可设置连线颜色、连线宽度、边框宽度、颜色、类型、

学习笔记

弧度、画布背景、主题风格、结构，如图 3-138 所示。

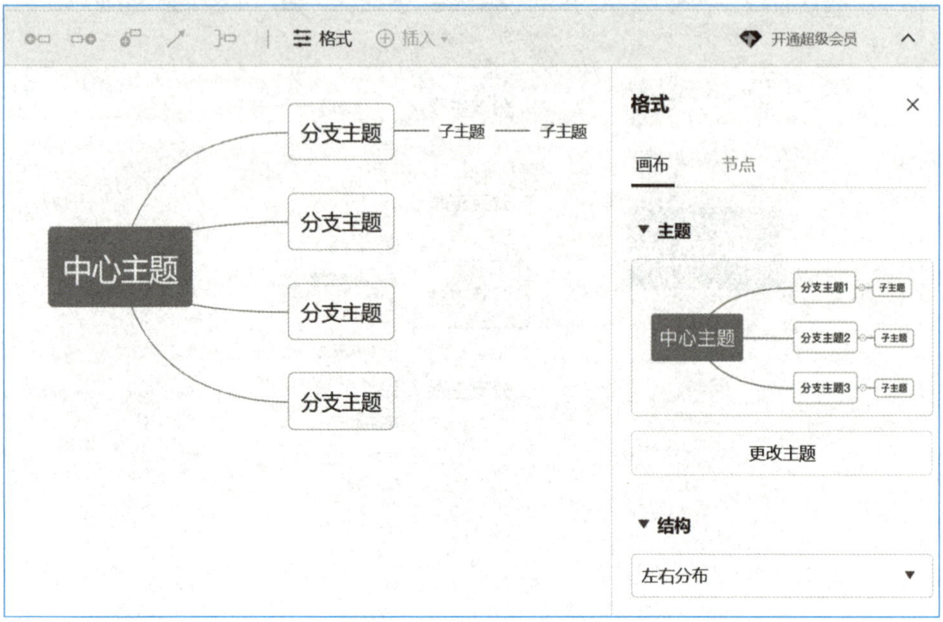

图 3-138　思维导图的样式

最后，格式刷是个很实用的工具，如果不想一个个地设置节点的样式，单击左上角的“格式刷”按钮进行设置。

任务二　利用思维导图软件完成电子书思维导图制作

（1）任务描述

《如何高效学习》的作者是斯科特 • 扬（Scott Young），这本书是作者学习方法的全面介绍，其中包括整体性学习策略的核心思想和具体技术，这本书的关键词整体性学习。读者通过教材第一章的知识的学习，在网络上获取本书的电子书。

思维导图软件一般是由中心主题、主题、子主题、浮动主题、标注主题、边界、关联线等模块构成，本任务以 MindManager 软件为例来进行介绍。MindManager 是一款创造、管理和交流思想的通用标准的思维导图软件，由美国 Mindjet 公司开发，用户界面直观、友好、功能丰富。该软件运用形象思维方法，使信息同时刺激大脑两个半球，其编辑界面使得用户可以通过“形象速记法”创建并相互交流各种想法和信息。

（2）任务实践

第一步，新建空白模板，添加中心主题思想。首先，在 MindManager 中，选择“文件”→“新建”命令，选择合适的空白模板，本文选择“放射状导图”模板，新建的导图中默认创建中心主题，选中即可添加中心主题内容。

第二步，添加主题、子主题、其他主题及其相应的内容。MindManager 中有很多添加相应主题的工具，但是最快的方法还是使用快捷方式：添加主题，使用【Enter】键；添加子主题，使用【Ctrl+Enter】（或【Insert】）键；添加标注主题，使用【Ctrl+Shift+Enter】键；添加浮动主题，双击导图空白处；如相应的主题内容很长，可以使用【Shift+Enter】键进行换行；如果有不需要的主题，可以使用【Delete】键删除等。另外，浮动主题常用于给整个导图做整体说明，也可以直接链接到其他相关网站；标注主题常用于提示该主题或者做额外说明。

第三步，调整、设计导图。

①平衡导图功能，当图左右分布不对称时，可以直接在“设计”菜单栏中，单击“平衡导图”按钮，所创建的导图将自动分布均匀，实现导图一键平衡。

②添加图标、图片、超链接功能，指通过添加图片、图标来凸显主题关键内容，也可以美化导图。MindManager 软件为用户提供了很多可选的图片、图标，当然用户也可以选择添加外部图片、图标，具体方法是选中相应主题，选择“插入”→“图片”按钮，选择相应的图片添加方式，也可以选择“插入”→“链接”按钮，在打开的对话框输入相应的链接地址。实际上除了链接、图片，用户还可以添加附件、备注、标签、提醒以及任务信息等。

③调整、美化主题功能，具体操作方法是选中主题并右击，在快捷菜单中选择“格式化主题”命令，修改形状如无线条，填充颜色为浅绿色，线条颜色为棕褐色，也可以修改图片与文字的对齐方式、大小和边距。进一步还可以选择子主题布局，如果想让主题从中间伸出，可以选择线条锚点为居中，选择线条为“弧线”，修改完成后，单击“应用”即可看到效果，如图 3-139 所示。

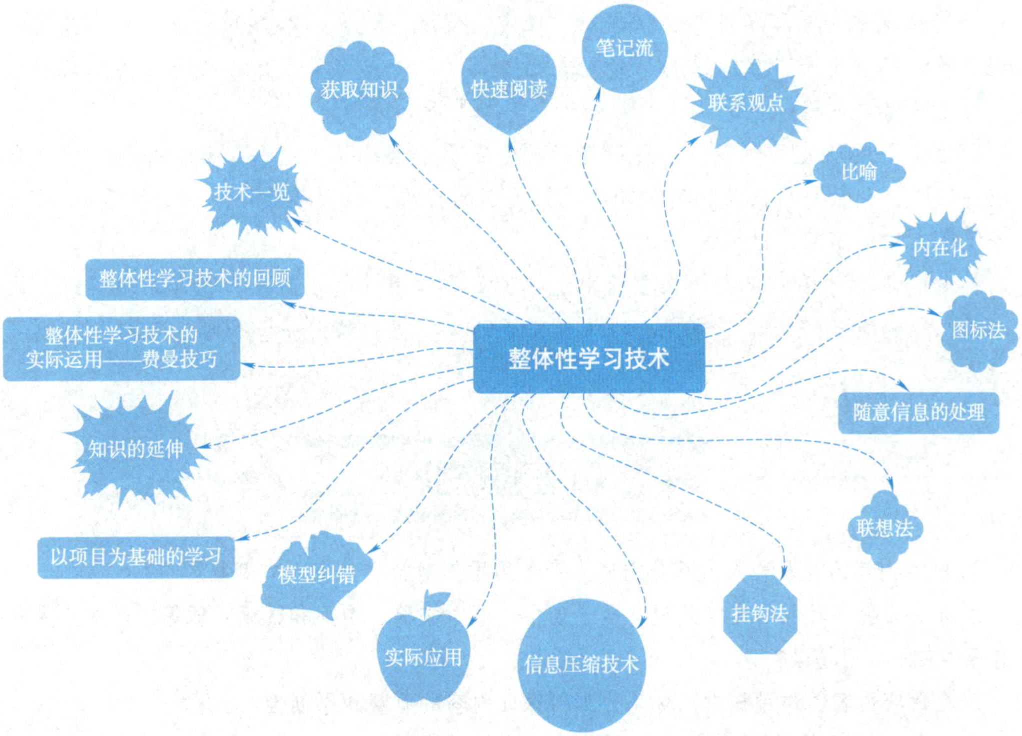

图 3-139　简单思维导图示例

学习笔记

第四步，导出成品图片。使用思维导图软件制作好导图后，可以单击“文件”→“另存为”命令，在文件“另存为”对话框内单击“保存类型”右侧的按钮，即可打开导图的保存格式列表，用户使用较多的用于交流和分享的格式包括：

（1）PPT、POT：将 MindManager 导图保存为 PPT 格式，方便文稿演示。

（2）DOCX、DOTX、DOC、DOT：将 MindManager 导图保存为 Word 文档，便于存储。

（3）PDF：将 MindManager 导图保存为 PDF 文件，PDF 是交互式只读文件，便于查阅。

（4）SWF：将 MindManager 导图保存为 SWF 格式，便于插入到网页和在 Flash 浏览器中查看。

（5）JPEG、JPG：将 MindManager 导图保存为图片的格式。

拓展阅读

东尼·博赞和思维导图

东尼·博赞，思维导图发明者，英国伦敦人，毕业于美国哥伦比亚大学，拥有心理学，语言学和数学多种学位，是大脑和记忆方面的超级专家，他出版了 80 多本书刊，并且是世界记忆锦标赛的创始人。

博赞在年轻时就对思维的整理和表达产生了浓厚的兴趣，博赞的父亲是一名画家，他从小就接触到了绘画和图形设计，这为他后来的思维导图发明奠定了基础。

博赞在大学时学习了计算机科学和心理学，他深入研究了人类的思维过程，并发现了人类思考的本质是一种非线性的、分支式的过程。他开始思考如何用图形化的方式来表达和整理这种思考过程，于是他开始着手研发思维导图。

经过多年的研究和实践，博赞最终成功地发明了思维导图这种工具，并将其应用到了不同的领域，如教育、商业、科技等。思维导图的出现，极大地方便了人们的思考和表达，成为了现代人们不可或缺的工具之一。

博赞的思维导图不仅在个人生活中发挥了重要作用，也在商业和教育领域得到了广泛的应用，他的贡献被认为是现代思维工具发展的重要里程碑之一，影响了无数人的思考和创造力。

思考和作业

1. 数字内容的普及和人人都是内容生产者的思想对社会和个人有哪些影响？

2. 你认为数字时代的文档处理、电子表格、演示文稿、图片和视频处理等工具对个人和企业有哪些实际应用场景？

3. 在数字内容创作过程中，你认为如何保证内容的质量和原创性？

4. 如何利用思维导图来表达创新思维？你认为思维导图在数字内容创作中有哪些应用场景？

学习笔记

小　结

本单元主要介绍数字内容的概念、人人都是内容生产者的思想，以及数字时代的文档处理、电子表格、演示文稿、图片和视频处理等方面的知识。通过学习本单元，读者将掌握文档处理、电子表格、演示文稿、图片和视频处理等方面的基本操作和技能，能够熟练运用相关工具进行数字内容的创作和编辑。同时，读者也将了解创新思维对数字社会的重要意义，掌握思维导图的作用和培养利用思维导图表达创新思维的能力，提高数字时代的创新思维和创意表达能力。

单元 4 数字时代的安全防护能力

学习笔记

数字时代的快速发展，以及计算机和智能手机的普及，使得数字资源文件在生活工作中越来越重要，与之相关的，数字时代的安全防护也成为现在关注的一个重要问题。无纸化办公和数字化，使得数字资源通过网络和数字介质传输，除了职场和商务活动需要进行数字资源的保护外，人们生活的各个方面，人们的一言一行，甚至在网络上的言论和操作都是可能被别人看见的，所以普通网民也越来越重视自己的网络隐私保护。

数字痕迹是指网民在使用社交网络服务时，所泄露的个人资料，国外有公司面试官专门通过查看应聘者的社交网站资料和个人微博来决定是否聘用，因此，管理好自己的数码痕迹是一件自我公关能力和品牌意识的重要事情。

大部分人离不开社交媒体，大多数人都是社交媒体的重度使用者。我们在社交媒体上的一些无意识的行为（如点赞、收藏、上传头像、状态更新、转帖等），其实是深层次的在暴露内心的一些秘密和隐私。

党的十八大以来，我国网络安全和信息化事业取得重大成就，党对网信工作的领导全面加强，网络空间主流思想舆论巩固壮大，网络综合治理体系基本建成，网络安全保障体系和能力持续提升，网信领域科技自立自强步伐加快，信息化驱动引领作用有效发挥，网络空间法治化程度不断提高，网络空间国际话语权和影响力明显增强，网络强国建设迈出新步伐。

新时代新征程，网信事业的重要地位作用日益凸显。要以习近平新时代中国特色社会主义思想为指导，全面贯彻落实党的二十大精神，深入贯彻党中央关于网络强国的重要思想，切实肩负起举旗帜聚民心、防风险保安全、强治理惠民生、增动能促发展、谋合作图共赢的使命任务，坚持党管互联网，坚持网信为民，坚持走中国特色治网之道，坚持统筹发展和安全，坚持正能量是总要求、管得住是硬道理、用得好是真本事，坚持筑牢国家网络安全屏障，坚持发挥信息化驱动引领作用，坚持依法管网、依法办网、依法上网，坚持推动构建网络空间命运共同体，坚持建设忠诚干净担当的网信工作队伍，大力推动网信事业高质量发展，以网络强国建设新成效为全面建设社会主义现代化国家、全面推进中华民族伟大复兴作出新贡献。

信息安全等级保护是指对国家重要信息、法人和其他组织及公民的专有信息以及公开信息和存储、传输、处理这些信息的信息系统分等级实行安全保护，对信息系统中使用的信息安全产品实行按等级管理，对信息系统中发生的信息安全事件分等级响应、处置。

等级保护对象的安全保护等级一共分五个级别，从一到五级别逐渐升高，如图 4-1 所示。

第一级：自主保护级。

第二级：指导保护级。

第三级：监督保护级。

第四级：强制保护级。

第五级：专控保护级。

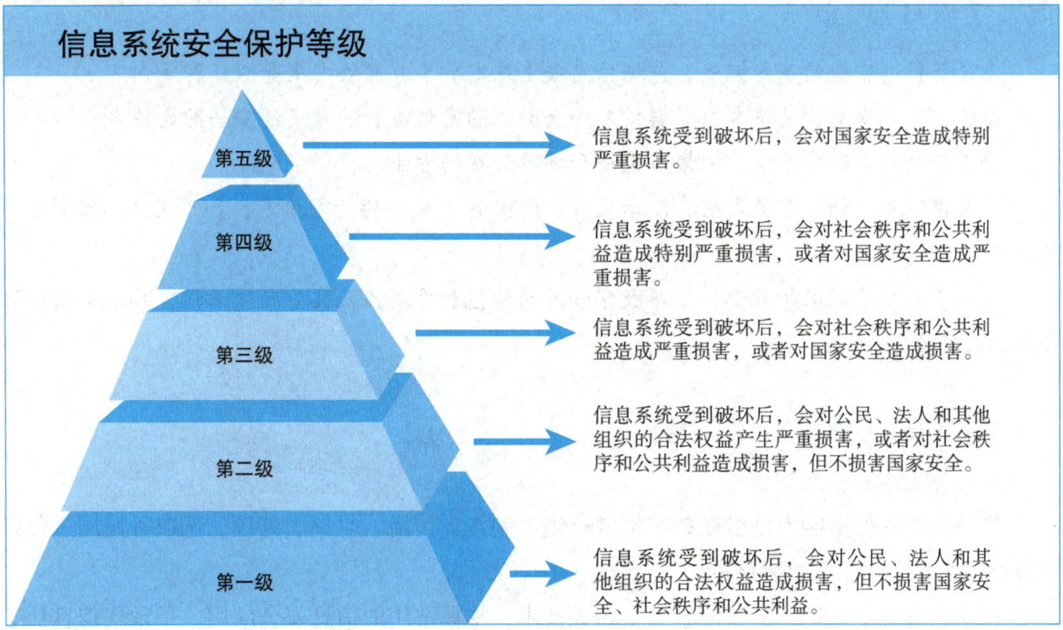

图 4-1　信息系统安全保护等级

信息安全面临的常见威胁和常用的安全防御技术有：

① DDoS 攻击：使系统或网络无法提供服务。防御手段：DDoS 防御最大的难点在于攻击者发起攻击的成本远低于防御的成本。靠增加服务器带宽来防御 DDoS 是非常不现实的。可以通过购买网络安全公司的高防产品来抵御 DDoS 攻击。比如高防 CDN，在防御 DDoS 上会更加具有灵活性。另外，还可以通过实时监测 DDoS 攻击预警，当监测到有 DDoS 攻击时会自动识别清洗。

②扫描探测：系统弱点探测，主要是通过向各个 IP 地址发送因特网控制消息协议（ICMP）回声请求的一种攻击，旨在寻找易受攻击的主机。防御手段：主机反扫描技术和防火墙技术可以有效地防止网络扫描探测，网络审计技术还可以自动记录敏感操作，进行事后回溯。

③口令攻击：攻击者攻击目标时，常常把破译用户的口令作为攻击的开始。只要攻击者得到用户的口令，就能获得机器或者网络的访问权限，并能访问到用户所能访问到的任何资源。

学习笔记

如果用户有管理员或者 root 权限，那么用户将会遭受更加危险的攻击。防御手段：设置一些复杂的口令，一般口令应不少于 8 个字符，同时要包含多种类型的字符；注意保护个人口令的隐秘性与安全性，尤其不要多个账号设置同一个密码。

4.1 数字资源的保护能力

学习目标

◎了解信息安全的基本概念，包括信息安全基本要素、网络安全等级保护等内容。

◎了解信息安全相关技术，了解信息安全面临的常见威胁和常用的安全防御技术。

◎掌握利用系统安全中心配置防火墙和病毒防护的方法。

◎掌握常见文档、电子表格、演示文稿、PDF 格式文档的加密技术；和掌握文档限制分享的技能。

◎具备数字资源保护意识，了解数字资源的价值和重要性，具备版权意识，知道如何获取合法的数字资源。

相关知识

1. 数据安全和信息安全

数字资源的保护能力是指在数字资源产生、制作、传播、收集、处理、选取等使用过程中的资源安全，是信息安全领域的一个子集。

建立信息安全意识，了解信息安全相关技术，掌握常用的信息安全应用，是现代信息社会对高素质技术技能人才的基本要求。

信息安全，ISO（国际标准化组织）的定义：为数据处理系统建立和采用的技术、管理上的安全保护，为的是保护计算机硬件、软件、数据不因偶然和恶意的原因而遭到破坏、更改和泄露。

信息安全概念最广泛，不仅包括网络安全和数据安全，还包括操作系统安全、数据库安全、硬件设备和设施安全、物理安全、人员安全、软件开发、应用安全等。

①网络安全侧重于研究网络环境下的计算机安全，更注重在网络层面，如通过部署防火墙、入侵检测等硬件设备来实现链路层面的安全防护。

②数据安全是指在数据生命周期的安全，包括数据处理的安全和数据存储的安全：

- 数据处理的安全是指如何有效地防止数据在录入、处理、统计或打印中由于硬件故障、断电、死机、人为的误操作、程序缺陷、病毒或黑客等造成的数据库损坏或数据丢失现象，某些敏感或保密的数据可能被不具备资格的人员或操作员阅读，而造成数据泄密等后果。

- 数据存储的安全是指数据库在系统运行之外的可读性。一旦数据库被盗，即使没有原来的系统程序，照样可以另外编写程序对盗取的数据库进行查看或修改。从这个角度说，不加密的数据库是不安全的，容易造成商业泄密，所以便衍生出数据防泄密这一概念，这就涉及了计算机网络通信的保密、安全及软件保护等问题。

信息安全的基本要素：保密性、完整性、可用性、可控性、不可否认性。

①保密性：信息不被透露给非授权用户、实体或过程。

②完整性：在传输、存储信息或数据的过程中，确保信息或数据不被非法篡改或在篡改后被迅速发现，能够验证所发送或传送的东西的准确性，并且进程或硬件组件不会被以任何方式改变，保证只有得到授权的人才能修改数据。完整性服务的目标是保护数据免受未授权的修改，包括数据的未授权创建和删除。

③可用性：让得到授权的实体在有效时间内能够访问和使用到所要求的数据和数据服务。

④可控性：指网络系统和信息在传输范围和存放空间内的可控程度，是对网络系统和信息传输的控制能力特性。

⑤不可否认性：对出现的安全问题提供调查，是参与者（攻击者、破坏者等）不可否认或抵赖自己所做的行为，实现信息安全的审查性。

2. 文件加密技术

加密在网络上的作用就是防止有用或私有化信息在网络上被拦截和窃取。一个简单的例子就是密码的传输，计算机密码极为重要，许多安全防护体系是基于密码的，密码的泄露在某种意义上来讲意味着其安全体系的全面崩溃。通过网络进行登录时，所输入的密码以明文的形式被传输到服务器，而网络上的窃听是一件极为容易的事情，所以很有可能黑客会窃取用户的密码，如果用户是 Root 用户或 Administrator 用户，那后果将是极为严重的。

解决上述难题的问题就是给文件加密，加密后的口令即使被黑客获得也是不可读取的，加密后的文件没有收件人的私钥也无法解开，文件就成为一大堆无任何实际意义的乱码，这样即使被盗也不会有损失。所以加密对于保护文件是相当的重要。

在这里需要强调一点的就是，文件加密其实不只用于电子邮件或网络上的文件传输，其实也可用于静态的文件保护，如对磁盘、硬盘中的文件或文件夹进行加密，可以防他人窃取其中的信息。

在我们的生活中，各种网站、应用都需要注册和登录。这些网络访问通常需要“账户”+“密码”的认证方式，于是我们每个人手上几乎都有几十个甚至上百个账号。一般而言，我们设定的密码，就是生日、纪念日、姓名、身份证号等，然后再加上特定规律。甚至为了便于记忆，很多人习惯只用一个常用的密码，这是非常危险的行为。

首先，密码的被破解难易程度跟密码的长度和难易程度正相关。所以，建议使用高强度的密码。比如 Dr4%*DyaZoHPz^ 就是一个高强度的密码。

学习笔记

操作与实践

任务一　常见办公文档的安全加密功能

视 频

数字资源的保护

（1）任务描述

数字技术的快速发展，方便了日常生活，提升了工作效率，增进了交流，但安全问题也在时时困扰着我们，其中，文件传输安全就是职场比较关注的安全问题之一。对文件进行加密，是保密的需要，限制文档的流通范围，个人也可以通过文档加密，实现对个人隐私的保护。本任务的要求是对常见的办公文档进行打开权限加密和编辑权限加密，常见的办公文档包括文字处理文档、电子表格文档和演示文稿文档等，具体的文件加密方式要根据不同的办公软件的安全功能来实现。

（2）任务实践

以 WPS Office 为例，单击“文件”→“文档加密”命令，在弹出的“密码加密”对话框中，可以设置打开权限密码以及编辑权限密码，如图 4-2 所示。

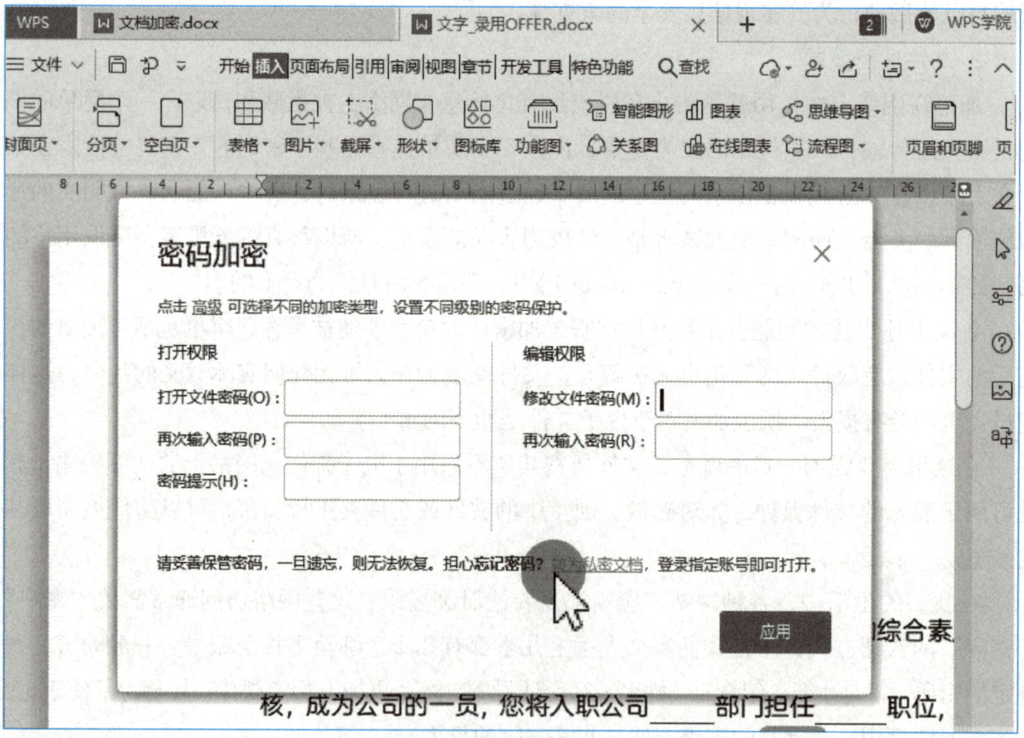

图 4-2　WPS Office 的文档加密功能

其中“文档权限”功能，还可以将文档设为私密保护模式，开启此模式后，只有登录 WPS 账号，才可以查看或编辑文档，也可以添加指定人，这样，只有设置的指定人，才可以查看编辑文档，如图 4-3 所示。

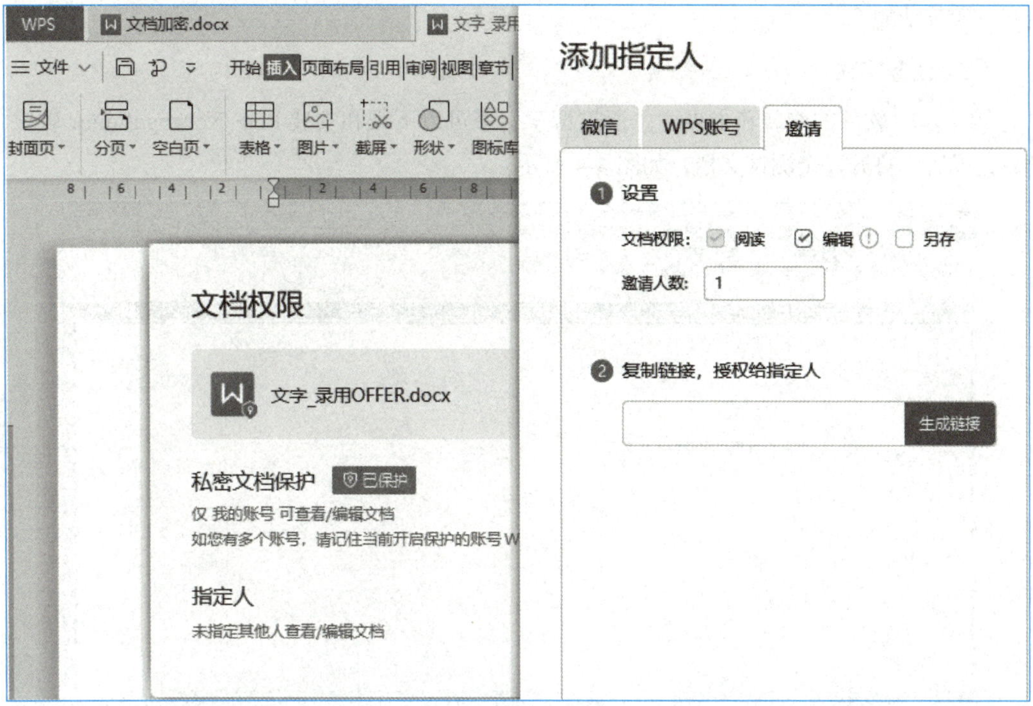

图 4-3　WPS Office 的文档权限功能

任务二　PDF 文档的加密打开、限制打印和编辑

（1）任务描述

PDF 是 Portable Document Format 的简称，意为“可携带文档格式”，是由 Adobe Systems 用于与应用程序、操作系统、硬件无关的方式进行文件交换所发展出的文件格式。PDF 文件以 PostScript 语言图像模型为基础，无论在哪种打印机上都可保证精确的颜色和准确的打印效果，即 PDF 会忠实地再现原稿的每一个字符、颜色以及图像。这种文件格式与操作系统平台无关，也就是说，PDF 文件不管是在 Windows、UNIX 还是在 Mac OS 操作系统中都是通用的，这一特点使它成为在网络上进行电子文档发送和数字化信息传播的理想文档格式。越来越多的电子图书、产品说明、公司公告、网络资料、电子邮件都开始使用 PDF 格式文件，并且，PDF 格式文件还可以设置文件的安全性，禁止他人复制、打印和改变文件的内容。

为配合 PDF 格式文件的传播和使用，软件厂商们开发了 PDF 阅读软件、PDF 转换软件和 PDF 编辑软件等各具特点的工具软件，其中 PDF 编辑软件（PDF 编辑器）是我们用于文档加密的主要工具，常见的有 Adobe Acrobat、迅捷 PDF 转换器、福昕 PDF 编辑器和 Foxit PDF Editor 等。在这里，介绍 PDF-XchangeEditor 软件工具，它是一款专业的 PDF 文件编辑软件，能够为用户提供查看、编辑、创建、注释 PDF 文档等多种 PDF 的文件功能，满足日常的 PDF 文件办公需求。

本任务是使用 PDF 编辑软件 PDF-XchangeEditor，完成指定文档的限制访问、限制修改和

学习笔记

限制打印等功能。

（2）任务实践

第一步，软件的安装和主界面。通过搜索引擎可以下载和安装 PDF-XchangeEditor 软件，安装完成后，打开一个测试文档，如图 4-4 所示。

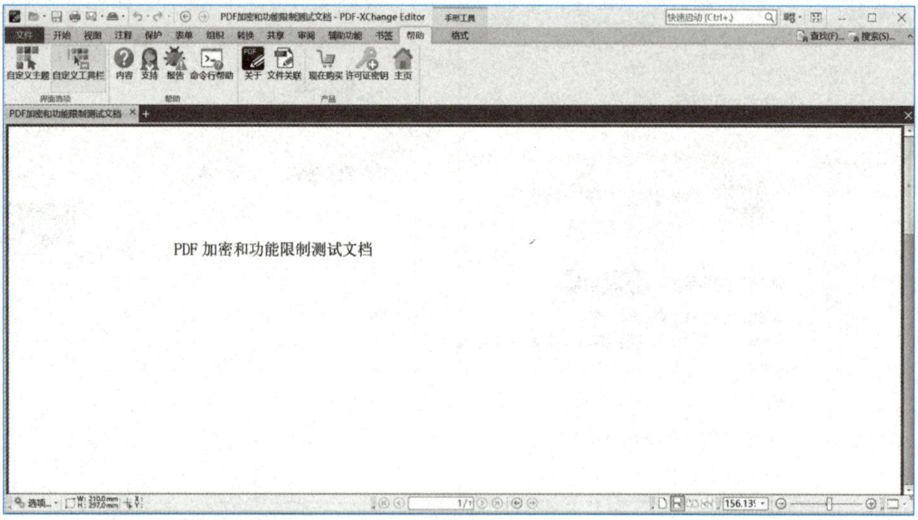

图 4-4　PDF-XchangeEditor 编辑 PDF 文档

第二步，单击“保护”→“安全属性”功能，即可打开“文档安全性设置”对话框，可以查看本文档目前的权限详情，打印、修改文档、复制内容、提取页面等都是“允许”状态，如图 4-5 所示。

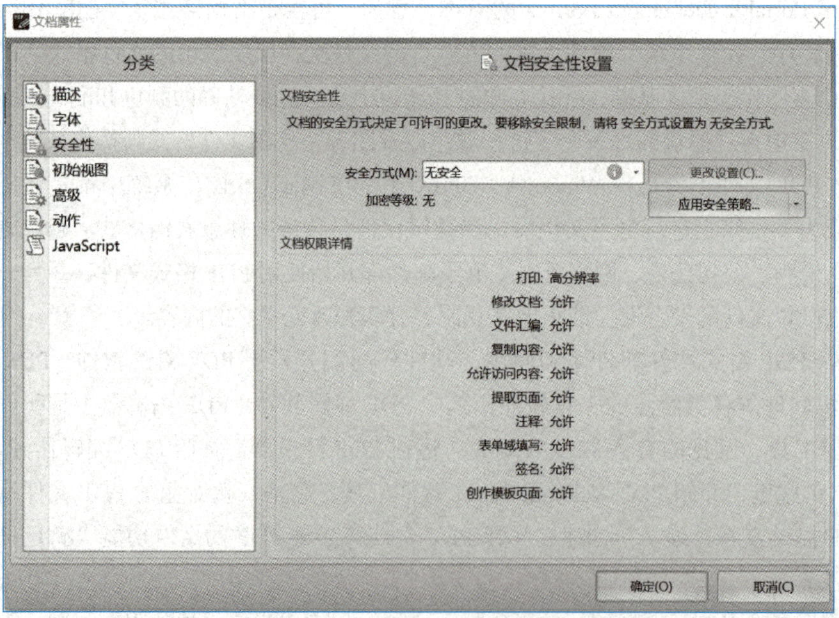

图 4-5　“文档安全性设置”对话框

第三步，在图 4-5 中，单击“安全方式”的下拉按钮，把安全方式从“无安全”更换成“安全密码”，弹出“密码安全设置”对话框，如图 4-6 所示。

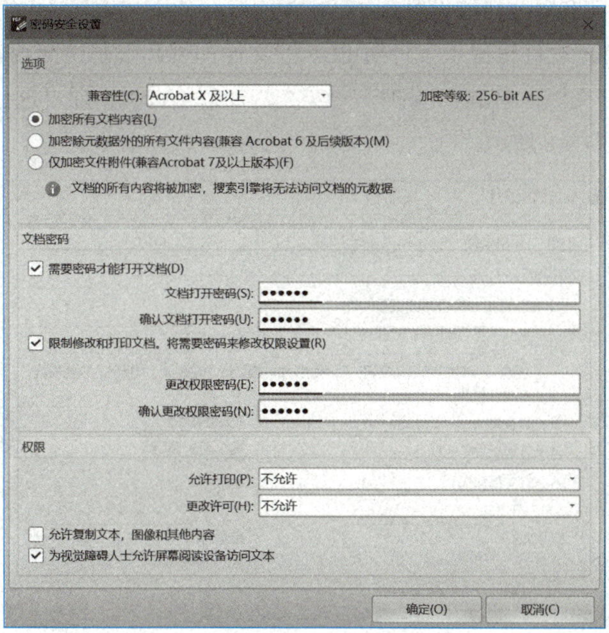

图 4-6　“密码安全设置”对话框

第四步，勾选“需要密码才能打开文档”复选框，设置文档打开密码，同时勾选“限制修改和打印文档。将需要密码来修改权限设置”复选框，然后，在权限区域，把“允许打印”和“更改许可”都设置成“不允许”，然后，单击“确定”按钮，最后在主界面完成文档的保存，即可完成 PDF 文档的限制访问设置。

第五步，PDF 文档安全性和限制访问验证。利用其他的 PDF 阅读工具软件打开完成了安全设置和限制访问的 PDF 文档，如使用浏览器打开该 PDF 文档，如图 4-7 所示。

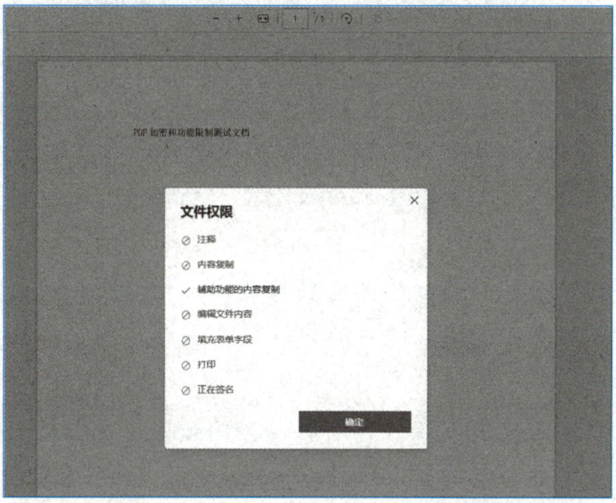

图 4-7　PDF 文档安全性和限制访问验证

学习笔记

除了打开的时候，需要输入授权访问的密码外，该文档还有受限访问提示，查看权限发现，无法进行内容复制、文件内容编辑和打印，同时也无法使用鼠标右键功能进行打印，可见该文档已经完成了密码访问和限制功能设置。

另外，WPS Office 软件也提供了针对 PDF 的文件加密和限制访问功能，具体操作：使用 WPS Office 打开 PDF 文档，单击 “保护”→“文档加密” 选项，即可进行简单的 PDF 文档安全设置，具体界面如图 4-8 所示。

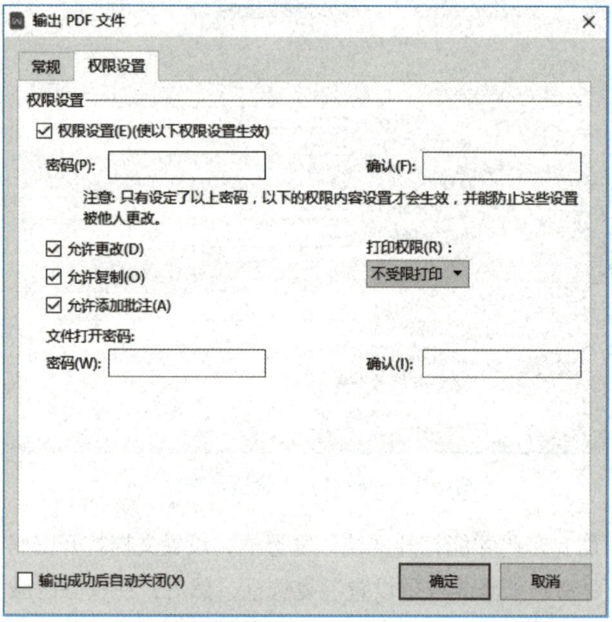

图 4-8　WPS Office 针对 PDF 文档的限制访问对话框

拓展阅读

《隐形艺术》一书中的数字安全策略

凯文·米特尼克（Kevin Mitnick）的《隐形艺术》（*The Art of Invisibility*）是一本关于数字时代信息安全和保护的经典之作。该书以米特尼克的自身经历和案例为主线，通过讲述他的故事和技巧，向读者传授如何在数字时代保护自己的信息安全和隐私。

在书中，他强调了计算机和网络技术对人们生活的影响，以及如何利用这些技术来保护自己的隐私和安全。

米特尼克详细介绍了数字时代面临的威胁和挑战。他指出，随着互联网的普及和计算机技术的不断发展，人们面临着越来越多的网络安全威胁，例如网络钓鱼、恶意软件、身份盗窃等。

他强调了保持低调和避免引人注目的重要性，例如不要在社交媒体上过度暴露个人信息，以及避免使用易受攻击的密码等。此外，他还介绍了如何利用加密技术和匿名化工具来保护自己的通信和数据安全。

米特尼克还讨论了如何应对不同类型的威胁和攻击。他介绍了如何识别和避免网络钓鱼攻击、如何防范恶意软件和勒索软件、如何保护自己的在线身份和声誉等。此外，他还向读者传授了如何在数字时代保持警惕和谨慎，例如不轻易下载未知来源的软件、不随意点击不明链接等。

除了以上内容外，米特尼克还介绍了自己的经验和教训。他分享了自己在职业生涯中所犯的错误和挫折，以及如何从这些经历中吸取教训，不断改进自己的技能和策略。此外，他还向读者传授了如何在数字时代保持学习和成长，不断更新自己的知识和技能。

总的来说，《隐形艺术》是一本非常实用的书籍，它不仅向读者传授了数字时代信息安全和保护的基础知识，还通过米特尼克的自身经历和技巧向读者展示了如何应对不同类型的威胁和攻击。无论你是普通用户还是专业人士，都可以从这本书中获得有用的信息和技巧。

学习笔记

4.2 数字痕迹的自我保护能力

学习目标

◎了解信息素养的基本概念及主要要素。

◎了解数字痕迹的基本知识以及防护。

◎掌握信息伦理知识并能有效辨别虚假信息，了解相关法律法规与职业行为自律的要求。

◎能够建立信息安全意识，能识别常见的网络欺诈行为。

相关知识

1. 数字时代的信息素养

在信息技术领域，通过对信息行业相关知识的了解，内化形成的职业素养和行为自律能力。信息素养与社会责任对个人在各自行业内的发展起着重要作用。

本小节讨论的信息素养，主要是指网民在上网行为过程中的行为自律能力，也称公民网络道德素养。

新媒体时代，互联网的发展和普及为网民提供了丰富和便捷的生活服务。但由于网络的虚拟性、开放性和隐蔽性，出现了网络乱象，给网络社会道德秩序带来极大冲击。

2. 我国在网络空间安全方面的努力

《中华人民共和国网络安全法》于 2016 年 11 月 7 日颁布，自 2017 年 6 月 1 日起正式实施，这是我国第一部网络安全的专门性立法，对相关公民用网行为规范和个人信息安全提出了行为禁则。《中华人民共和国网络安全法》明确禁止了八类活动、七类行为。

任何个人和组织不得利用网络从事以下八类活动：

一是危害国家安全、荣誉和利益；

二是煽动颠覆国家政权、推翻社会主义制度；

三是煽动分裂国家、破坏国家统一；

学习笔记

四是宣扬恐怖主义、极端主义；

五是宣扬民族仇恨、民族歧视；

六是传播暴力、淫秽、色情信息；

七是编造、传播虚假信息扰乱经济秩序和社会秩序；

八是侵害他人名誉、隐私、知识产权和其他合法权益等活动。

以下七种行为都是法律明确禁止的：

一是非法侵入他人网络、干扰他人网络正常功能、窃取网络数据等危害网络安全的活动；

二是提供专门用于从事侵入网络、干扰网络正常功能及防护措施、窃取网络数据等危害网络安全活动的程序、工具；

三是明知他人从事危害网络安全的活动的，为其提供技术支持、广告推广、支付结算等帮助；

四是窃取或者以其他非法方式获取个人信息，非法出售或者非法向他人提供个人信息；

五是设立用于实施诈骗，传授犯罪方法，制作或者销售违禁物品、管制物品等违法犯罪活动的网站、通信群组；

六是利用网络发布涉及实施诈骗，制作或者销售违禁物品、管制物品以及其他违法犯罪活动的信息；

七是发送的电子信息、提供的应用软件，设置恶意程序，含有法律、行政法规禁止发布或者传输的信息。

《网络信息内容生态治理规定》自 2020 年 3 月 1 日起施行，对一些常见的网络活动进行明确立法，它针对三类主体行为进行规范，网络信息内容生产者、网络信息内容服务平台、网络信息内容服务使用者。内容生产者是指制作、复制、发布网络信息内容的组织或者个人，服务平台是指提供网络信息内容传播服务的网络信息服务提供者，如音频分享平台，使用者是指使用网络信息内容服务的组织或者个人。

明确要求：使用者应当文明上网、理性表达，承担监督角色，并不得利用网络和相关信息技术实施侮辱、诽谤、威胁、散布谣言以及侵犯他人隐私等违法行为，损害他人合法权益。

2021年，全国人大表决通过《中华人民共和国个人信息保护法》，于2021年11月1日起施行。在数字时代，个人信息保护已成为广大人民群众最关心、最直接、最现实的利益问题之一。

该法确立个人信息保护原则，规范处理活动保障权益，禁止“大数据杀熟”规范自动化决策，严格保护敏感个人信息，规范国家机关处理活动，赋予个人充分权利，强化个人信息处理者义务，赋予大型网络平台特别义务，规范个人信息跨境流动，健全个人信息保护工作机制。

3. 文明上网、理性表达——网络素养要求

自觉遵纪守法，倡导社会公德，促进绿色网络建设；

提倡先进文化，摒弃消极颓废，促进网络文明健康；

提倡自主创新，摒弃盗版剽窃，促进网络应用繁荣；

提倡互相尊重，摒弃造谣诽谤，促进网络和谐共处；

提倡诚实守信，摒弃弄虚作假，促进网络安全可信；

学习笔记

提倡社会关爱，摒弃低俗沉迷，促进少年健康成长；
提倡公平竞争，摒弃尔虞我诈，促进网络百花齐放；
提倡人人受益，消除数字鸿沟，促进信息资源共享。

操作与实践

任务一　Windows 10 操作系统隐私和数字痕迹的保护

（1）任务描述

如果 Windows 10 桌面操作系统是默认安装的，或者是购置计算机时自带的系统，那么，Windows 默认设置对于设备数据的隐私来说，不具备安全性。为了个人隐私得到安全防护，本任务是对 Windows 10 桌面操作系统进行一些手动的设置，使得个人计算机更加安全。

（2）任务实践

在 Windows 10 的“设置”中打开“隐私”设置界面，在“常规”设置界面，如图 4-9 所示，一般建议把“允许应用访问我的姓名、图片及其他账户信息”选项设置为“关”，然后再选择“位置”，把“允许 Windows 和应用使用我的位置”设置为“关”，这样会禁止所有的应用使用位置。如果想要个别的应用使用位置，如“地图”应用，那么就需要把“允许 Windows 和应用使用我的位置”设置为“开”，然后单独把“允许这些应用使用我的位置”列表中的“地图”应用设置为“开”，然后还可以用同样的方法设置是否允许应用使用摄像头和麦克风，经过一些简单的隐私设置后，该应用就不会自动采集个人计算机的隐私信息，数字痕迹也就得到了基础的保障。

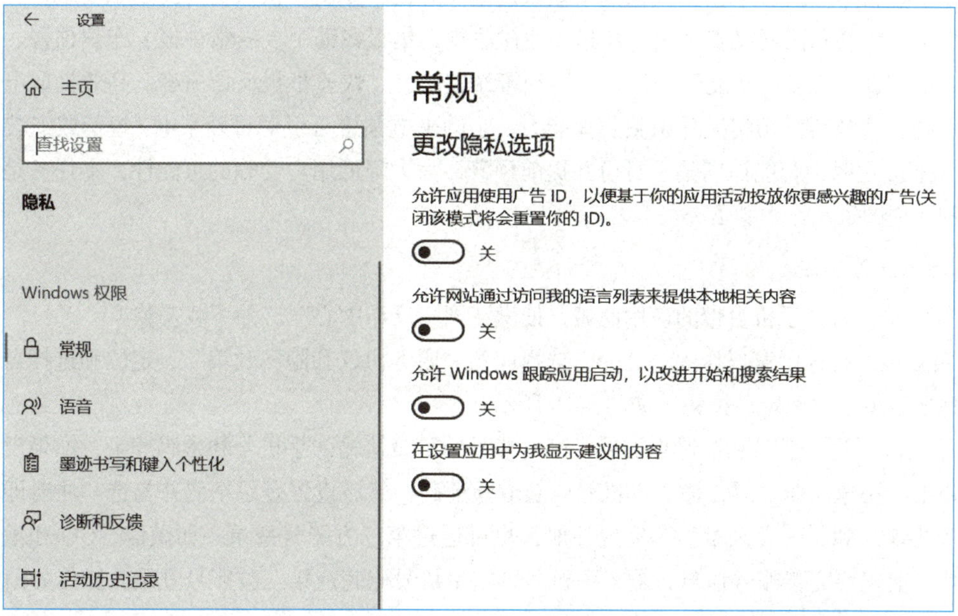

图 4-9　Windows 10 的隐私设置

学习笔记

任务二　常见社交 App 隐私和数字痕迹的保护

（1）任务描述

随着智能手机的应用普及，我们的工作和生活正在被各类 App 填满，坐火车经过某个城市，手机 App 马上推荐相关城市的衣食住行，这都是手机 App 通过智能终端数据采集用户行为数据，再经过推荐系统分析后给出的，也属于个人隐私和数字痕迹保护的知识范围。推荐系统，又称个性化内容分发系统，它是指一种信息过滤系统，用于预测用户对物品的评分或偏好。以“微信”为例，当你在微信朋友圈中看到某个像是好友发的朋友圈，但是右侧却出现了灰色的“广告”两个字，这就是微信的精准推送，这其实就是微信个性化推荐功能，对于投放广告的商家来说，它的作用是找到精准的客户，有需求的用户能够看到准确的商家信息，本任务是关闭该个性化推荐功能，更好地保护个人的数字隐私。

（2）任务实践

打开微信，单击右下角“我”→“设置”→“个人信息与权限”→“个性化广告管理”选项，出现“广告个性化”的开启 / 关闭按钮，单击“关闭”按钮，然后就可以把该广告推荐关闭。

其他的社交 App，包括支付宝、今日头条也都有类似的个性化推荐功能，这些常见社交 App 的隐私和数字痕迹的保护也都隐藏得非常深。

任务三　国家反诈中心 App 的下载安装和使用

（1）任务描述

事前发现、从源头预防是当前最有效的反诈手段，为了精准预防网络诈骗，公安部推出国家反诈中心 App。该 App 由公安部刑事侦查局组织开发，坚决严密保护公民隐私安全，严格遵照《中华人民共和国网络安全法》及相关法律法规，集报案助手、线索举报、诈骗预警、身份核实、反诈宣传等多种功能于一体，可以预警诈骗信息、快速举报反诈内容、高效提取电子依据、了解诈骗技巧，切实提升识骗防骗能力。它的来电预警可以对可疑来电 / 短信或安装可疑诈骗 App 应用时，智能识别骗子身份并提前预警，大大降低用户受骗的可能性，本任务是学习安装和使用国家反诈中心 App。

（2）任务实践

第一步，打开手机自带的应用商城，搜索“国家反诈中心”，并下载安装。

第二步，打开国家反诈中心 App，选择同意“服务协议和隐私政策”，定位和选择自己的常驻地区后单击“确定”按钮，如图 4-10 所示。

第三步，进入登录和注册界面后，已有账号的可直接输入手机号和密码登录，如果没有账号，单击“快速注册”后，输入手机号码获取验证码，然后设置登录密码并勾选“注册即同意《服务协议》和《隐私政策》”完成注册，也可通过第三方账号登录，如微信、QQ 和微博。登录成功前仍要完善账号信息，输入手机号绑定手机号码完成第三方账号登录，操作如图 4-11 所示。

学习笔记

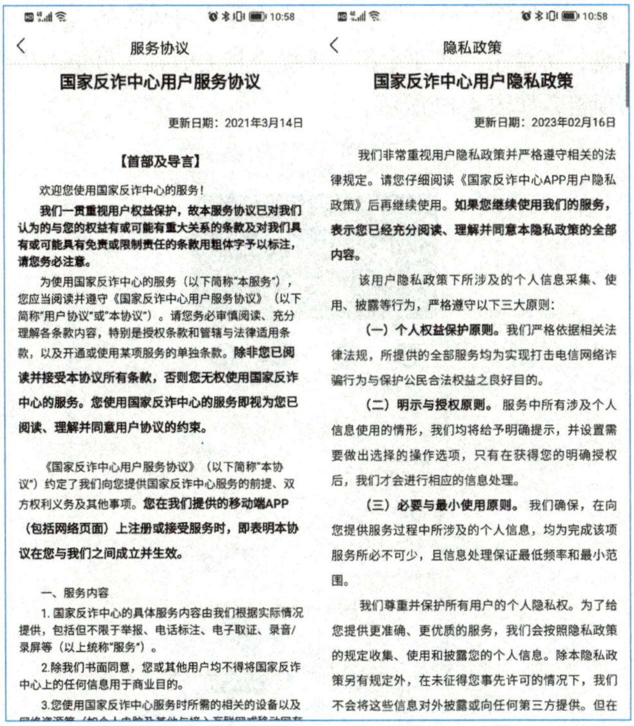

图 4-10　国家反诈中心 App

图 4-11　国家反诈中心 App 登录和注册

学习笔记

第四步，登录后进入主界面可单击“App 自检”来检测有风险的 App，可选择开启 App 预警。若遇到诈骗电话或消息，可单击“我要举报”来提交相关内容。可单击进入“来电预警”选择开启来电预警和短信预警，如图 4-12 所示。

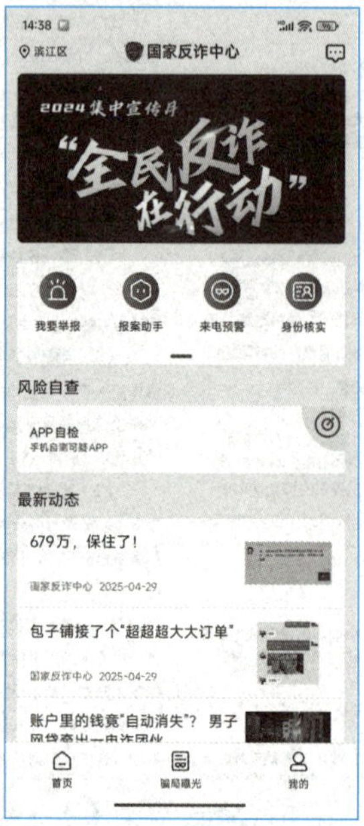

图 4-12　国家反诈中心 App 预警功能

第五步，在“我的”→“单击查看个人信息”中完善个人信息来提高安全保护，若有需要可单击“骗局曝光”，通过阅读相关网络诈骗案例，提高防骗意识，如图 4-13 所示。

图 4-13　国家反诈中心 App 个人信息完善

拓展阅读

学习笔记

杜某诉某网络公司个人信息保护纠纷案

——摘自杭州互联网法院(2022)浙0192民初4330号

原告杜某系某电商平台(系被告某网络公司运营)用户，并在该平台多次购买商品，某日，杜某在购物过程中，被平台发布的“好友圈好友等你开拼手气红包”字样吸引，遂单击该字样，随后页面跳出“进圈并邀请好友”的跳转链接，杜某受吸引单击进入“好友圈”。随后，杜某发现其在该平台的购物记录被自动公开并被分享到“好友圈”为其自动设定的第三人视线之下。社会交往中，朋友通过此功能看到了其购物记录的部分信息，杜某认为隐私受到了侵犯。对此，杜某曾向该电商平台咨询“好友圈”的功能。杜某认为，某网络公司在对用户个人信息处理活动中未依法保障自身的知情权和决定权，侵犯了个人信息权的合法权益，且已严重违反诚实信用原则，造成了相应精神损失，并在诉讼中明确其系依据个人信息保护法的规定，认为某网络公司构成对其对个人信息的处理享有知情权、决定权的侵害。某网络公司提交了关于行使个人信息权利的申请受理和处理机制路径的相关材料，并指出，杜某在用户注册时，已通过协议约定明确告知用户收集及使用用户个人信息的方式、范围及目的，并获得用户同意，且未收到杜某对其个人信息处理活动的查询申请或投诉信息，不存在侵犯个人信息权益的行为。

杭州互联网法院于2022年6月23日作出(2022)浙0192民初4330号民事裁定书：本案立案后，结合案情和证据材料作程序审查，并未对侵权情形作实体审理。原告杜某主张网络购物信息在其不知情情况下由被告某网络公司所经营的电商平台处理，导致原告杜某不愿被他人知晓的个人信息在一定范围内公开，侵犯了原告杜某在个人信息处理活动中的知情权、决定权，造成原告杜某人格利益受损，故本案系网络侵权责任纠纷中的个人信息保护纠纷。《中华人民共和国个人信息保护法》第五十条和第六十九条分别对个人信息的司法保护做出了规定。前者适用于个人在《中华人民共和国个人信息保护法》第四章所规定的个人信息权利受到侵害或妨碍，但没有产生损害时所产生的一种“个人信息权利请求权”；后者适用于个人信息权益受到侵权损害而产生的一种“侵权损害赔偿请求权”。由于“个人信息权利请求权”的请求权基础为《中华人民共和国民法典》第九百九十五条规定的人格权保护，只要个人信息权利受到侵害或侵害即将发生，即可请求行为人承担停止侵害、排除妨碍、消除危险等民事责任，在构成要件上无须考虑个人信息处理者的主观过错和造成实际损害之要件，其目的在于保障个人信息权利的行使和排除对个人信息权利的妨害，从而为个人信息权利提供一种防御性的保护，避免侵权行为进一步产生实质化的损害后果，最终达到恢复个人信息权利人对人格利益圆满支配状态，保障个人人格的完整性。同时，因个人信息流动大、使用频率高、范围广，如果直接向法院起诉，不但会造成不必要的诉累，增加个人信息处理的成本，而且可能导致诉讼频发、浪费司法资源，甚至成为恶意诉讼人滥用诉权的工具。实践中，通过向个人信息处理者的积极主张，应是最快捷、最便利、最有效的维权方式。基于此，个人信息保护法第五十条第二款明确规定“个

学习笔记

人信息处理者拒绝个人行使权利的请求的，个人可以依法向人民法院起诉。”换言之，本条的诉权是以“个人信息处理者拒绝个人行使权利的请求”为前提，即设置了个人向法院提起请求权救济的前置条件。也就是说，个人信息主体应先向个人信息处理者请求行使具体权利，只有在个人信息处理者无正当理由拒绝履行义务或一定期限内不予以处理，或者个人信息处理者提供的申请受理机制失效的情况下，个人方可向法院提起诉讼以获得救济。本案中，被告某网络公司已通过协议约定和后台设置构建了个人行使权利的申请受理及处理机制，原告杜某可通过以上方式行使个人信息知情权和决定权。但原告杜某提起本案诉讼前并未向被告某网络公司（信息处理者）提出请求，而是径行向本院请求救济其在个人信息处理活动享有的权利，显然不符合法律规定中关于“个人信息权利请求权”的起诉受理条件，故驳回原告杜某的起诉。

思考和作业

1. 你认为信息安全的基本要素和网络安全等级保护对企业和个人的信息安全有哪些保障作用？

2. 在信息安全面临的常见威胁和常用的安全防御技术中，你认为哪些威胁和技术最为常见和重要？

3. 如何利用系统安全中心配置防火墙和病毒防护，以及常见文档、电子表格、演示文稿等以及PDF格式文档的加密技术来保护数字资源的安全？

4. 在数字素养方面，你认为信息伦理知识和数字痕迹的基本知识对个人和企业的数字安全有哪些重要作用？

5. 如何有效辨别虚假信息，你认为本单元的知识和技能在数字时代的信息安全中有哪些应用场景？

小　结

本单元主要介绍了信息安全和信息素养相关的知识。通过学习本单元，读者将了解信息安全的基本概念和相关技术，掌握利用系统安全中心配置防火墙和病毒防护的方法；学习和掌握常见文档、电子表格、演示文稿等以及PDF格式文档的加密技术，以及文档限制分享的技能；同时，读者也将了解信息素养的基本概念及主要要素，掌握信息伦理知识并能有效辨别虚假信息，了解相关法律法规与职业行为自律的要求，以及数字痕迹的基本知识以及防护。通过本单元的学习，读者将树立信息安全意识，能够识别常见的网络欺诈行为，具备数字资源保护意识，了解数字资源的价值和重要性，具备版权意识，知道如何获取合法的数字资源。

拓展模块

计算思维与新一代信息技术

新一代信息技术指的是以A(人工智能)、B(区块链)、C(云计算)、D(大数据)等为代表新兴技术，它既是信息技术的纵向升级，也是信息技术之间及其与相关产业的横向融合。新一代信息技术也是我国国务院确定的七个战略性新兴产业之一，这七个新兴产业是指节能环保、新兴信息产业、生物产业、新能源、新能源汽车、高端装备制造业以及新材料产业，其中新兴信息产业，就是指新一代信息技术，分为六个方面，分别是下一代通信网络、物联网、三网融合、新型平板显示、高性能集成电路和以云计算为代表的高端软件。

单元 5 计算思维的编程能力

学习笔记

学习目标

◎了解什么是计算机编程，为什么要学习计算机编程。

◎了解什么是计算思维，通过学习编程如何培养计算思维能力。

◎了解如何学习计算机编程。

◎熟悉一种计算机编程语言，了解 1~2 种基于计算思维的编程技巧。

◎能够理清问题的逻辑关系，分析问题的本质和要素，提出解决方案和创意。

相关知识

1. 计算机编程能力

计算机编程，我们常指的是掌握计算机程序语言的人手工编写的，能被计算机理解，并且能够执行的程序代码，也可以理解为指导计算机执行任务的行为。当我们使用智能手机的时候，其实有许多程序代码以不可见的方式在后台运行，再比如，在计算机桌面上将鼠标从一个地方移动到另一个地方，看起来很简单，但实际上，这需要运行很多行代码。

就像人类一样，机器也有属于它们的自然语言，但计算机暂时无法理解人类的语言。计算机的自然语言实际上是二进制代码（binary code）——1 和 0，它们代表了两种状态：有（1）和无（0）。为了和二进制语言的机器交流，程序设计语言就是一种和人类语言相近的语言，但是它们更加结构化，程序可能使用高级程序设计语言或是低级程序设计语言，计算机程序通常也被叫作应用程序（Apps）。

随着科技的发展，信息技术逐渐渗透到了人们的日常生活，我国教育部在相关函件中明确表示：教育部高度重视学生信息素养提升，已制定相关专门文件推动和规范编程教育发展，培养培训能够实施编程教育相关师资，将包括编程教育在内信息技术内容纳入中小学相关课程，帮助学生掌握信息技术基础知识与技能、增强信息意识、发展计算思维、提高数字化学习与创新能力、树立正确的信息社会价值观。

数字时代的职场新人，一定要学习编程或者说学习计算思维，因为这是职场的需要，我们把编程视为一种能与写作能力相媲美的新型能力，编程也应成为一种每个人都具备的能力，而不是开发工程师和计算机专家的专利，在学习编程的过程中，我们会认知新的策略来解决问题，

学习笔记

设计项目和交流沟通，这些技巧对所有人都是非常有益的，与兴趣或者职业无关。

编程是任何人都可以学习的技能，学习编程是理解它背后的思维方式和思想，有时候学习计算机编程跟学习一门全新的外语很相似，其实也可以说，编程就是未来你和这个世界交流的语言。

科学思维是人类思维中运用于科学认识活动的部分，是对感性认识材料进行加工处理的方式与途径的理论体系；是对各种科学的思维方法的有机整合，是人类实践活动的产物。从人类认识世界和改造世界的思维方式出发，科学思维可分为理论思维、实验思维和计算思维，理论思维强调推理，以数学学科为代表；实验思维以观察和总结自然规律为特征，强调归纳，以物理学科为代表；而计算思维是以设计和构造为特征，希望实现自动求解，以计算机学科为代表。计算思维的研究目的是提供适当的方法，使人们借助现代和将来的计算机，逐步实现人工智能的较高目标，美国周以真教授在2006年提出的计算思维概念，核心定义是运用计算机科学的基础概念进行问题求解、系统设计，以及人类行为理解等一系列思维活动。

编程要求我们客观地去思考事物的本质，将注意力放在事物本身，而不是事物与我们的关系上，很多原本困扰许久的问题，只要跳出“本我”的范畴，进行“忘我”的思考，就变得特别简单和容易解决。

编程是将人的想法“实体化”的过程，这要求我们进行更深入、更细致、更全面地思考，为了实现一个需求，必须对其原理和运转流程了解得十分透彻，否则就无法用编程语言精确地描述出来并让机器去执行。在实体化的过程中，想法的结构缺陷和逻辑漏洞会自然凸显出来，你总会发现存在没有考虑到的可能性，以及需要进一步思考的细节。

编程还要求我们能够对事物和流程进行拆分，并在不同的抽象层次上进行完整自洽的思考，这使我们有可能去解决那些规模无比庞大的问题。在实现一个稍具规模的需求时，我们不太可能同时考虑主体流程和操作细节，也不太可能同时从多个角度进行思考，而经过合理拆分后的需求就简单明了，实现难度大大降低，并且还可以分配给多人来共同进行，编程是不断解决问题的过程，也是不断完善解决问题的方法论的过程。

2. 编程思维

编程思维、计算思维、计算机科学，这些术语最重要的是指如何创造性地解决问题，包括发现问题的框架设计思维、思考问题的拆解思维和解决问题的函数思维等。学习编程思维的过程，将帮助培养批判性的思维方式，提升组织能力，增强使用计算机的信心，学好编程，就意味着有能力创造性地解决问题、表达思想。

操作与实践

任务 用计算思维求解计算题，并编写程序实现

（1）任务描述

递归和迭代都是计算机编程中常见的一种实现思路，其中递归是重复调用函数自身实现循环的一种编程思路，它可以把一个大型复杂的问题，经过一层一层的转化，变成一个与原问题

视频

计算机编程能力

学习笔记

相似的，但是规模较小的问题来求解，它的能力在于用有限的语句来定义对象的无限集合，当然，为了结束程序，递归需要有边界条件、递归前进段和递归返回段。

计算题：一球从 100 m 高度自由落下，每次落地后反跳回原高度的一半再落下，求它第 10 次落地时，共经过多少米？

（2）任务实践

先分析数据，然后找出规律，第一次落地前（即零次）已经过 100 m，然后，每次落地后反弹的高度所经历的是：

第一次：100 m

第二次：50 m

第三次：25 m

第四次：12.5 m

……

规律非常明显，每次都减半，这是一个非常典型的递归算法，用 Python 语言实现如下：

```
def fun(n):                          #n 为落地次数
    if n==1:
        return 100                   # 第 1 次高度值
    else:
        return 100+fun(n-1)/2        # 递归函数调用
```

拓展阅读

生活中的计算思维

计算思维是数理思维发展到一定程度的高级形态，是把一个看起来困难的问题通过问题的分析分解、联想等方法，分解成一个个简单、具体的问题，它对人思维能力的要求相比数理思维要更高。在生活中，处处可以用到计算思维，假如现在你需要为 4 人家庭做一餐晚饭，要求有汤有素菜有荤菜，你应该怎么做？

这个日常的生活问题就可以应用到“计算思维”：

（1）分析问题——分析确定要做什么菜，要有肉菜、素菜、汤。列举要做什么菜，比如做炖鸡汤、西红柿炒鸡蛋、爆炒羊肉、白灼菜心等几个菜，这些菜需要购买什么食材。

（2）规律、模式识别——明确几道菜的做法和规律，羊肉要爆炒，出锅很快；白灼菜心也是快手菜；炖鸡汤需要时间，小火慢炖；西红柿炒鸡蛋需要事先打好鸡蛋，时间适中，它们大多数都需要油、盐、葱等佐料。

（3）将问题抽象化——为了避免菜凉，几道菜都要差不多时间出锅，所以需要将菜品制作按时间排序，抽象为排序问题。

（4）算法开发和执行——最后列明制作菜品的一些细节，化为清晰明确的流程并执行，切鸡肉、姜→炖鸡汤→切蒜、葱、羊肉腌制→打鸡蛋、切西红柿、洗菜心等。

就这样，准备家庭晚餐的日常问题，就应用计算思维解决了。

思考和作业

1. 你认为计算机编程在现代社会中有哪些重要作用？为什么需要学习计算机编程？

2. 什么是计算思维？它与其他思维方式有何不同？如何通过学习编程来培养计算思维能力？

3. 学习计算机编程的过程中，你认为需要掌握哪些基本知识和技能？如何有效地学习计算机编程？

4. 通过学习计算机编程和计算思维，你认为如何能够提高自己的逻辑思维能力和创新能力？有哪些具体的方法和技巧？

5. 使用一种计算机编程语言，完成传统九九乘法表的编写输出。

小　结

本单元主要介绍了计算机编程和计算思维相关的知识，读者将了解什么是计算机编程，为什么要学习计算机编程，以及什么是计算思维，在数字时代，如何通过学习编程培养计算思维能力。

单元 6 改变世界的人工智能技术

学习笔记

学习目标

◎了解人工智能的定义、基本特征和社会价值。

◎了解人工智能的发展历程，及其在互联网及各传统行业中的典型应用和发展趋势。

◎了解人工智能涉及的核心技术及部分算法，能使用人工智能相关应用解决实际问题。

◎熟悉人工智能技术应用的常用开发平台、框架和工具，了解其特点和适用范围。

◎熟悉人工智能技术应用的基本流程和步骤。

◎能辨析人工智能在社会应用中面临的伦理、道德和法律问题。

相关知识

1. 人工智能技术的发展

人工智能是一门涉及计算机科学、数学、认知心理学等多学科的前沿技术领域，近年来取得了显著的发展和广泛的应用。

人工智能是研究、开发用于模拟、延伸和扩展人的智能的理论、方法、技术及应用系统的一门新的技术科学。它旨在让计算机能够像人类一样思考、交流和行动，通过编程实现对人类智能的模拟，包括语音识别、学习过程和计划等功能。例如，现代人工智能涵盖了机器学习、深度学习、自然语言处理、计算机视觉、机器人技术等多种技术和方法。

人工智能的概念最早由阿兰•图灵提出，他在1950年发表的论文《计算机与智能》中提出了“图灵测试”，用以判断机器是否具备智能。1956年召开的达特茅斯会议被认为是人工智能正式诞生的标志。自20世纪中叶以来，人工智能的发展经历了三次浪潮和两次寒冬，如图6-1所示。

（1）第一次浪潮（1956—1974年）

背景：达特茅斯会议推动了全球第一次人工智能浪潮的出现。

特点：当时的研究主要集中在机器定理证明、推理和搜索算法上，同时符号逻辑和感知器算法为人工智能的发展提供了理论基础。算法方面出现了很多世界级的发明，其中包括一种叫作增强学习的雏形（即贝尔曼公式），增强学习是谷歌AlphaGo算法核心思想内容。

代表性成果：通过计算机进行演算法解决特殊问题，如利用机器证明应用题，实现简单人

学习笔记

机对话等。

（2）第二次浪潮（20 世纪 80 年代）

背景：随着计算机技术的不断进步，人工智能在机器人、机器翻译、计算机视觉等领域取得重要进展。

特点：专家系统开始为全世界的公司所采纳，“知识处理”成为了主流 AI 研究的焦点。知识库系统和知识工程成为了 20 世纪 80 年代 AI 研究的主要方向。

代表性成果：专家系统、人机对弈、自动识别邮编等。

（3）第三次浪潮（1993 年至今）

背景：出现了新的数学工具、新的理论和摩尔定律，人工智能也在确定自己的方向，其中一个选择就是要做实用性、功能性的人工智能。

特点：深度学习为核心的机器学习算法获得发展，积累的数据量极大丰富，新型芯片和云计算的发展使得可用的计算能力获得飞跃式发展。

代表性成果：IBM 深蓝战胜国际象棋大师、AlphaGo 在围棋人机大战中击败韩国职业九段棋手李世石等。

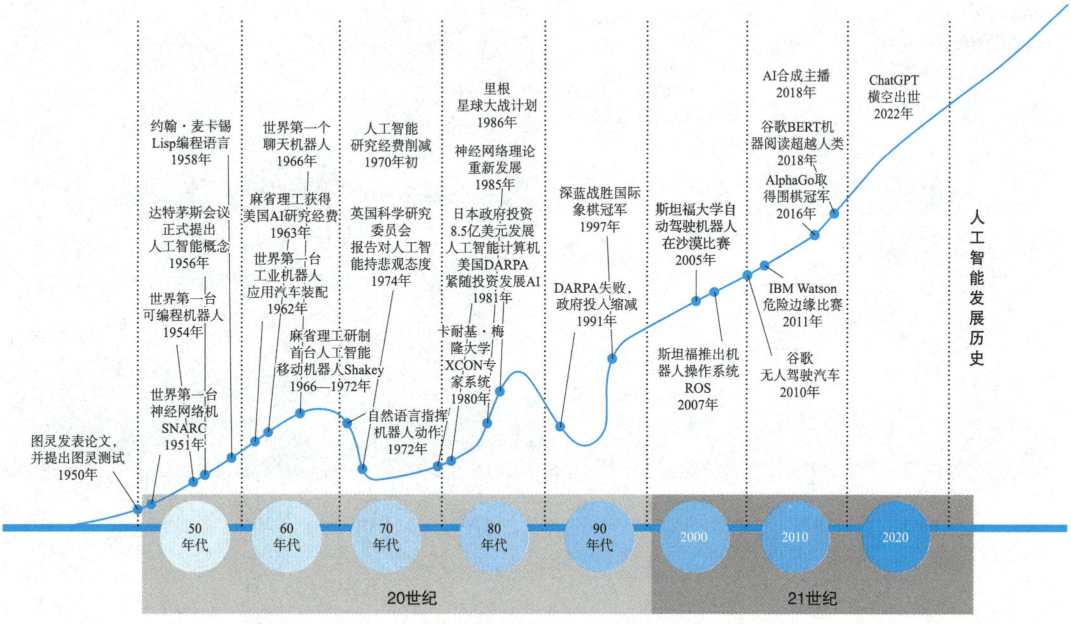

图 6-1　人工智能技术成熟度曲线

2. 人工智能的关键技术

人工智能不仅仅是一种单一的技术，还包括了深度学习、机器学习、计算机视觉、自然语言处理等多种技术和算法。

机器学习是人工智能的核心技术之一，它使计算机能够从数据中学习规律和模式，从而进行预测和决策。机器学习算法包括监督学习、无监督学习和强化学习等。监督学习通过给定的训练数据和对应的标签，让计算机学习输入和输出之间的映射关系。例如，在图像分类任务中，

学习笔记

计算机通过学习大量带有标签的图像，能够对新的图像进行准确分类。无监督学习则是在没有标签的情况下，让计算机从数据中发现潜在的结构和模式。例如，聚类算法可以将数据分成不同的组，以便更好地理解数据的分布。强化学习是一种通过让智能体在环境中进行探索和学习，以获得最大奖励的学习方法。例如，在围棋游戏中，智能体通过与环境进行交互，不断调整策略，以提高获胜的概率。

深度学习是机器学习的一个重要分支，它通过构建深度神经网络来实现对数据的高效表示和学习。深度神经网络通常由多个层次组成，包括输入层、隐藏层和输出层。卷积神经网络在计算机视觉领域取得了巨大的成功，它能够自动学习图像中的特征，从而实现图像分类、目标检测等任务。循环神经网络在自然语言处理领域表现出色，它能够处理序列数据，如文本、语音等，实现语言模型、机器翻译等任务人工智能、机器学习、深度学习三者之间的关系如图 6-2 所示。

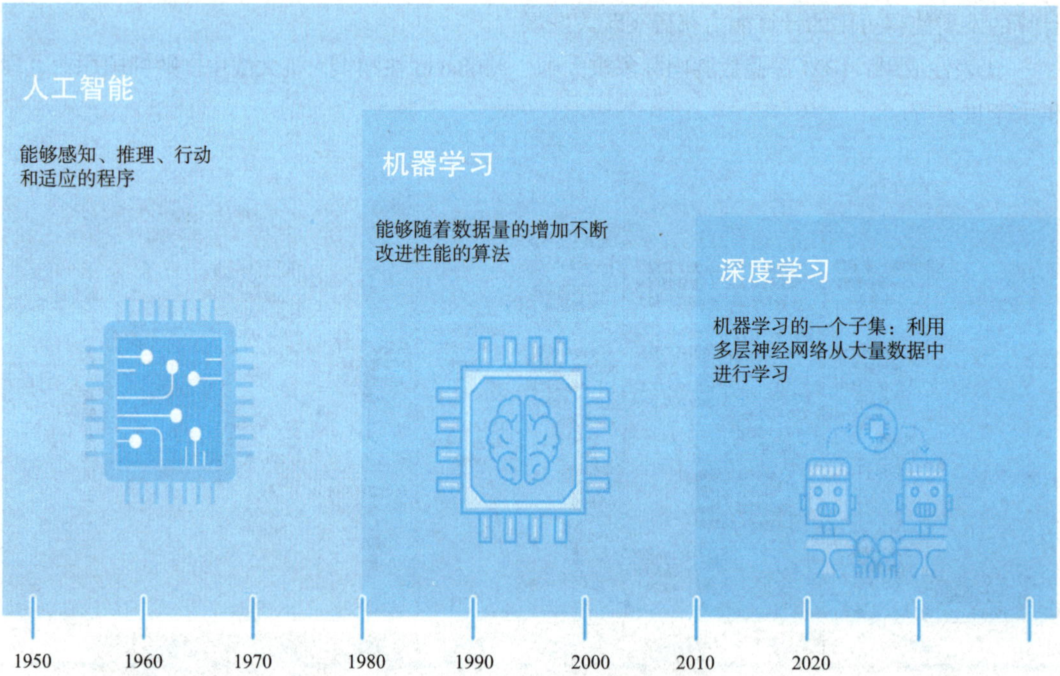

图 6-2　三者之间的关系

自然语言处理（NLP）是人工智能领域中的另一大核心技术，它关注于使计算机能够理解、解释和生成人类语言。NLP 技术包括语言模型、词性标注、句法分析、语义理解和机器翻译等多个方面。通过这些技术，计算机可以处理和分析大量的文本数据，提取有用的信息，甚至进行语言的自动生成和对话（见图 6-3）。NLP 技术在智能客服、智能翻译、情感分析等领域有着广泛的应用。例如，机器翻译系统可以将一种语言翻译成另一种语言，为跨语言交流提供了便利。语音识别技术可以将人类的语音转换为文本，实现语音控制、语音输入等功能。

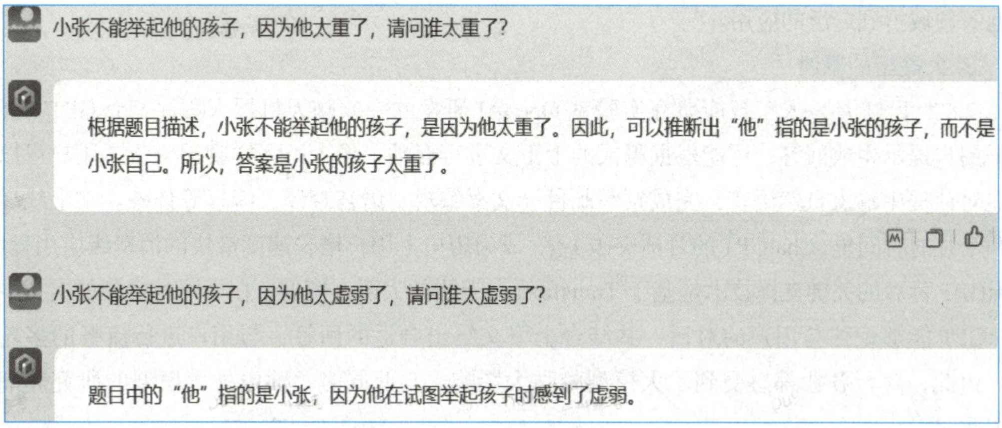

图 6-3　文心一言的自然语言处理

计算机视觉是让计算机理解和处理图像和视频的技术领域，如图 6-4 所示。它包括图像分类、目标检测、图像分割、视频分析等多个方面。例如，人脸识别技术可以通过对人脸图像的分析，实现身份识别和验证。目标检测技术可以在图像中检测出特定的物体，为自动驾驶、智能监控等应用提供支持。

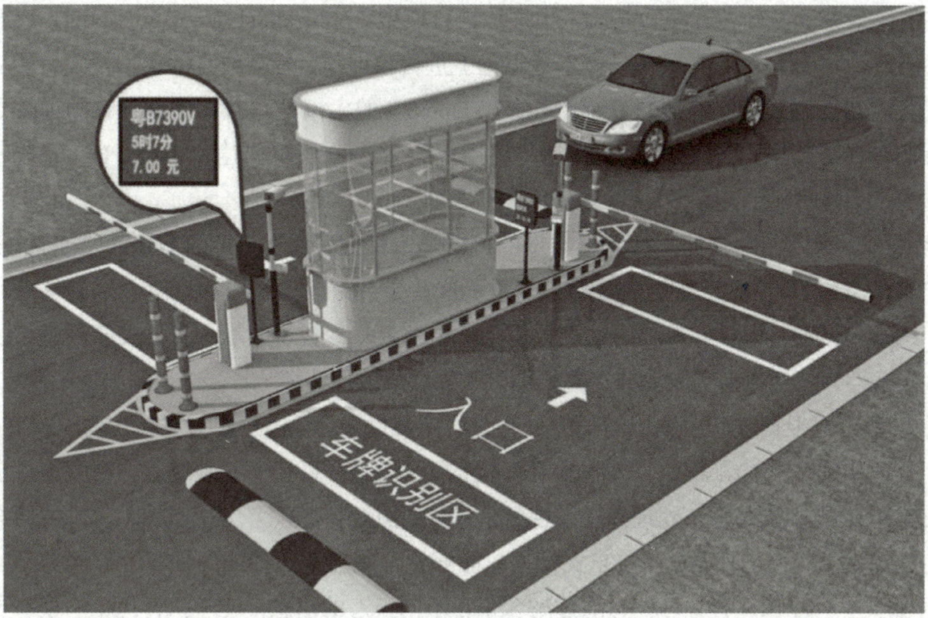

图 6-4　计算机视觉示意图

除了上述四大核心技术外，人工智能领域还包括一些其他关键技术，如知识图谱、人机交互、生物特征识别等。知识图谱本质上是结构化的语义知识库，可用于反欺诈、不一致性验证、组团欺诈等公共安全保障领域，同时在搜索引擎、可视化展现和精准营销方面有很大的优势。人机交互主要研究人和计算机之间的信息交换，是人工智能领域的重要外围技术。生物特征识别指通过个体生理特征或行为特征对个体身份进行识别认证的技术，在金融、公共安全、教育、

学习笔记

交通等领域得到广泛的应用。

3. 大模型的概述

2022 年 11 月，人工智能研究实验室 OpenAI 研发的一款聊天机器人程序 ChatGPT，能够根据用户提示生成回答，还能根据聊天的上下文进行互动，像人类一样聊天交流。用户可以通过在对话框中输入自然语言，完成撰写邮件、文案编辑、语言翻译、编程等任务。在上线后不足两个月的时间里，ChatGPT 的月活突破 1 亿，成为历史上用户增长速度最快的消费级应用程序。ChatGPT 背后的关键支撑技术是基于 Transformer 架构的大语言模型。在大语言模型的支持下，ChatGPT 能够记住与用户的对话，并结合上下文给出合适的回答，与用户进行流畅的多轮对话。由此，各行各业都感受到了大模型的强大影响。与此同时，国内外大模型的研究热潮也正式掀起。

大模型的由来可以追溯到 20 世纪的 AI 研究初期，当时的研究主要集中在逻辑推理和专家系统上。然而，这些方法受限于硬编码的知识和规则，难以处理自然语言的复杂性和多样性。随着机器学习、深度学习技术的出现和硬件能力的飞速提升，大规模数据集和复杂神经网络模型的训练成为可能，从而催生了大模型的时代。2017 年，谷歌推出的 Transformer 模型结构通过引入自注意力机制（self-attention），极大地提升了序列建模的能力，特别是在处理长距离依赖关系时的效率和准确性方面。此后，预训练语言模型（pre-trained language model，PLM）的理念逐渐成为主流。PLM 在大规模文本数据集上进行预训练，捕捉语言的通用模式，然后针对特定任务进行微调来适应特定的下游任务。以 OpenAI 的大模型 GPT-4 为例，它的训练参数有 1.76 万亿，训练数据集包含 13 万亿密钥，使用大约 25 000 块英伟达 A100 GPU，完成一次训练需要约三个月时间。

大模型，通常指的是拥有巨大参数量的机器学习模型。大模型的参数量通常超过 10 亿，这意味着模型内部有超过 10 亿的可学习权重。这些参数是模型学习和理解数据的基础，它们通过训练不断调整，以更好地映射输入数据到输出结果。参数量的增加直接关联到模型的学习能力和复杂性，使得模型有能力捕捉更加细微和深层的数据特征。

大模型可以根据其应用领域和功能进行分类，可以分为语言模型，如 GPT-3、BERT 等，专注于处理和理解自然语言文本，常用于文本生成、情感分析、问答系统等；视觉大模型，如 RestNet、VGG 等，专门用来处理和理解视觉信息（如图像和视频），用于图像识别、视频分析、图像生成等视觉领域的任务；多模态大模型，能够处理并理解两种或两种以上不同类型的输入数据（如文本、图像、音频等），通过融合来自不同模态的信息，能够执行比单一模态更为复杂和全面的任务；基础大模型：通常指那些可以广泛应用于多种不同任务的模型，它们在预训练阶段没有特定的应用方向，而是学习大量通用知识。

大模型通过其庞大的参数量、深层次的网络结构和广泛的预训练能力，能够捕捉复杂的数据模式，在多个领域中表现出卓越的性能。它们不仅能够理解和生成自然语言，还能够处理复杂的视觉和多模态信息，适应各种多变的应用场景，大模型生态架构如图 6-5 所示。

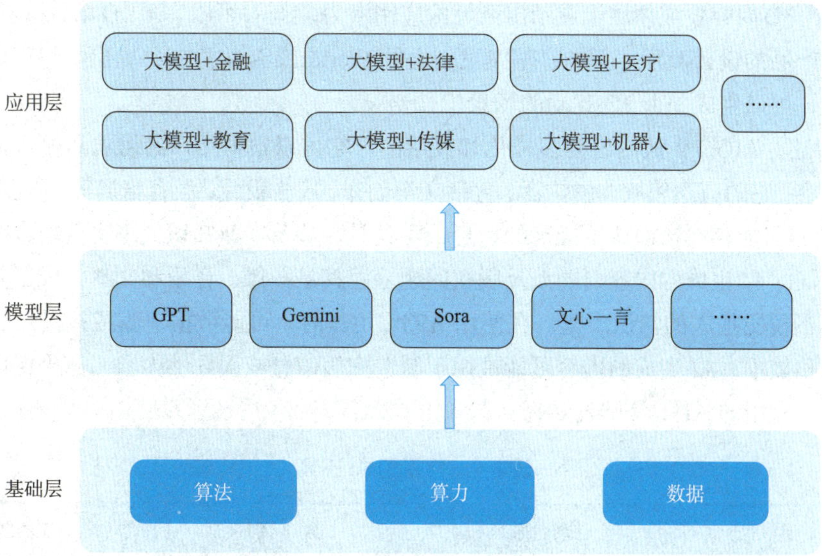

图 6-5　大模型生态架构

4. 人工智能生成内容

人工智能生成内容（artificial intelligence generated content，AIGC）是一种新的 AI 技术，它利用大模型，根据给定的主题、关键词、格式、风格等条件，自动生成各种类型的文本、图像、音频、视频等内容。

文本内容生成是 AIGC 的一个重要应用领域。AIGC 基于强大的人工智能生成技术，能够实现多种文本内容的生成，如对话生成、文章摘要生成等，还能实现机器写作，有效助力文本创作和内容营销。AIGC 能够生成各种类型的文字内容，包括文章、新闻报道、故事、对话等。它可以根据给定的主题或写作风格生成与之相符的文字，并且能够模拟不同的语言风格和写作声音。

AI 生成音频是 AIGC 技术的一项重要应用，指的是 AI 通过对大量音频数据的学习，从而生成相应的音频内容。AI 生成音频技术可以应用于多个领域，包括语音助手、配音等，能够有效提高工作效率。

AI 生成图片可以让许多没有作图、绘画技能的用户能够借助 AIGC 技术，只需要打开 APP 或浏览器便可进行创作。AIGC 可以根据文字描述或简单的指示生成图像内容。它能够生成照片、插图、图表、地图等各种类型的图像，并且可以根据用户需求调整颜色、构图和版式。

视频创作往往十分复杂，涉及视频脚本创作、视频拍摄、视频剪辑等，对用户的专业能力有较高的要求。而 AIGC 技术为用户带来了丰富的智能工具，为用户创作视频提供助力。当前，市场中已经出现了一些短视频制作工具，AIGC 可以生成各种类型的视频内容，包括短片、动画、广告等。它可以将生成的图像、音频和动画效果组合在一起，生成视频片段；也可以根据脚本或指示，控制视频的主题、情节和节奏。

学习笔记

AIGC在3D内容生成领域也展示出巨大的应用潜力。AIGC可以实现3D场景搭建、3D建模，优化场景与产品的设计流程。例如，李飞飞创立的World Labs实验室，提出空间智能模型，上传一张图片，可以生成一个3D互动的场景。

综上所述，AIGC生成内容是多样化和灵活的，它可以根据用户的需求和输入指示生成各种形式的内容。它的应用领域非常广泛，包括文学创作、广告设计、教育培训等。需要注意的是，AI生成的内容可能存在错误或不准确的信息，尤其是在涉及专业知识或事实性内容时，需要人工审核和验证。AI生成的内容可能涉及版权问题，尤其是图像、音乐和文本生成工具，需确保生成的内容不侵犯他人的知识产权。在使用AIGC工具时，可能数据泄露或被滥用，应避免输入敏感或隐私数据；AI生成的内容可能被用于制造虚假信息或误导性内容，需确保内容的真实性和透明度，常用的AI工具见表6-1。

表6-1　常用的AI工具

类　别	工具名称	类　别	工具名称
AI大模型	文心一言	AI视频	度加
	豆包	AI音乐	即梦
	通义千问		天工AI
	DeepSeek		豆包
	智普清言	智能会议纪要	通义听悟
	Kimichat		飞书妙记
AI数据分析	智普清言	AI文档阅读	通义智文
	镝数AI		新华妙笔
AIPPT	AIPPT	AI学术	星火科研助手
AI绘画	讯飞智文	AI论文写作	橙篇
	通义万相	AI照片写真	星绘App
	即梦	AI数字人	闪剪App
	哩布哩布	AI搜索	秘塔AI
AI视频	剪映（数字人）	AI智能体	扣子
	即梦	AI智能体	腾讯元器
	海螺	AI法律	通义法睿

学习笔记

5. 人工智能的应用

2008年，IBM公司首席执行官彭明盛在《智慧地球：下一代领导议程》中，首次提出“智慧地球”概念。“智慧地球”主要内容是把新一代IT技术运用到各行各业中，即把传感器嵌入到电网、交通、建筑、供水、医疗、制造等各种物体中，并且被普遍连接，形成物联网。通过超级计算机和云计算将物联网获得的大数据连接起来，实现人类社会与物理系统的智能管理。现在，人工智能技术已经应用到生活的各个方面，如智慧医疗、智慧交通、智慧安防、智能制造、智慧食品、智慧货币、智慧零售和智慧城市，这使地球变得越来越智能化。随着人工智能技术研究与应用的持续和深入发展，人工智能对传统行业的带动效应已经显现，AI+的系列应用生态正在形成。AI+和互联网+一样，可以和各传统领域结合在一块，使传统领域焕发新生。

人工智能的应用已经渗透到我们生活的方方面面，并在各个领域发挥着重要作用。

在智慧医疗领域，人工智能技术已经逐渐应用于药物研发、医学影像、辅助治疗、健康管理、基因检测、智慧医院等领域。药物研发的市场份额最大，利用人工智能可大幅缩短药物研发周期，降低研发成本。

人工智能在医学影像领域的应用日益广泛，能够对X射线、CT、MRI扫描图像、病理切片以及视网膜照片等进行准确解读。例如，通过对视网膜扫描图像的分析，可以获取关于人体生理的多方面信息，包括血压、血糖控制情况、帕金森病、阿尔茨海默病、肾脏和肝胆疾病的风险，以及心脏病发作和中风的可能性。此外，对肿瘤组织的病理切片进行深度学习分析，可以提供肿瘤起源部位、驱动突变、结构基因组变异和预后等信息。人工智能可以快速准确地分析大量医学影像数据，为医生提供疾病诊断的参考。例如，在小儿外科领域，人工智能在疾病的诊断方面有了新的进展，可应用于小儿外科常见疾病，如先天性畸形、实体肿瘤、炎症和创伤等的诊断。

在智能交通领域，通过安装在道路上的传感器、摄像头等设备收集实时交通流量数据，人工智能算法可以对交通流量进行分析和预测。根据这些数据，智能交通系统能够自动调整交通信号灯的时长，实现交通流量的优化，减少车辆等待时间，缓解拥堵。例如，谷歌的交通流量预测系统利用深度学习算法，结合历史交通数据和实时路况信息，为交通管理部门提供准确的流量预测，帮助他们提前制定交通疏导方案。

人工智能可用于公共交通的调度管理。根据实时的客流数据、车辆位置信息等，智能调度系统能够自动调整公交线路、车辆发车间隔，提高公共交通的运营效率和服务质量。例如，一些城市的公交系统采用了基于人工智能的智能调度算法，根据不同时间段的客流需求，动态调整公交车的发车频率和行驶路线，减少乘客等待时间，提高公交出行的吸引力。

利用计算机视觉和深度学习技术，智能摄像头可以自动识别交通违章行为，如闯红灯、超速、违规停车等。这些系统能够对车辆的行为进行实时监测和分析，自动抓拍违章行为并生成罚单，提高交通执法的效率和准确性。例如，国内许多城市已经广泛应用了智能交通违章监测系统，通过在路口和道路上安装高清摄像头，利用人工智能算法对车辆的行驶行为进行实时监测，有效遏制了交通违章现象。

学习笔记

人工智能是自动驾驶技术的核心，通过激光雷达、摄像头、毫米波雷达等多种传感器获取车辆周围的环境信息，然后利用深度学习算法对这些信息进行处理和分析，实现车辆的自主导航、避障、决策等功能。例如，特斯拉的 Autopilot 自动驾驶系统利用深度学习神经网络，对车辆前方的道路、车辆、行人等进行识别和跟踪，实现自动跟车、车道保持、自动变道等功能。

百度公司从 2013 年开始研究自动驾驶，通过给车辆加装激光雷达和定位设备，有了第一辆自动驾驶车（见图 6-6）。2022 年，在百度世界 2022 大会上，百度创始人、董事长兼首席执行官李彦宏发布了百度第六代量产无人车——ApolloRT6。2023 年，特斯拉已开始向员工推出全自动驾驶（FSD）V12 版本（见图 6-7），这是特斯拉自动驾驶系统最重要的一次升级，实现了人工智能端到端的驾驶控制。FSD V12 首次使用神经网络来控制转向、加速和制动。到目前为止，神经网络仅限于检测物体并确定其属性，但 FSD V12 将是特斯拉首次开始使用神经网络进行车辆控制。

图 6-6　百度无人车

图 6-7　特斯拉无人驾驶

在教育领域，人工智能可以根据学生的学习情况和特点，为每个学生制定个性化的学习计划。通过分析学生的学习数据，如答题情况、学习时间等，人工智能系统可以了解学生的学习进度和薄弱环节，提供针对性的学习资源和辅导。

人工智能驱动的智能辅导系统可以随时回答学生的问题，提供学习建议和反馈，帮助学生更好地掌握知识。

根据学生的兴趣和学习目标，人工智能系统可以推荐适合的教育资源，如书籍、课程、学习网站等，丰富学生的学习体验。

在金融领域，人工智能可以分析大量的金融数据，评估投资风险，为金融机构提供风险预警和管理建议。例如，通过机器学习算法对信用数据进行分析，可以预测借款人的违约风险。人工智能驱动的智能投资顾问可以根据客户的风险偏好、财务状况等因素，为客户提供个性化的投资建议和资产配置方案。利用人工智能技术对金融交易数据进行实时监测，可以及时发现异常交易行为，防范欺诈风险。

操作与实践

任务一　AIGC 生成文本

（1）任务描述

文心一言是百度推出的一个超大规模语言模型，文心一言内置多领域模板，界面十分简洁，操作方便。

本次任务，我们利用文心一言的 AIGC 能力来创作朋友圈文案。

（2）任务实践

第一步，打开文心一言网址，注册并登录后进入文心一言首页，如图 6-8 所示。

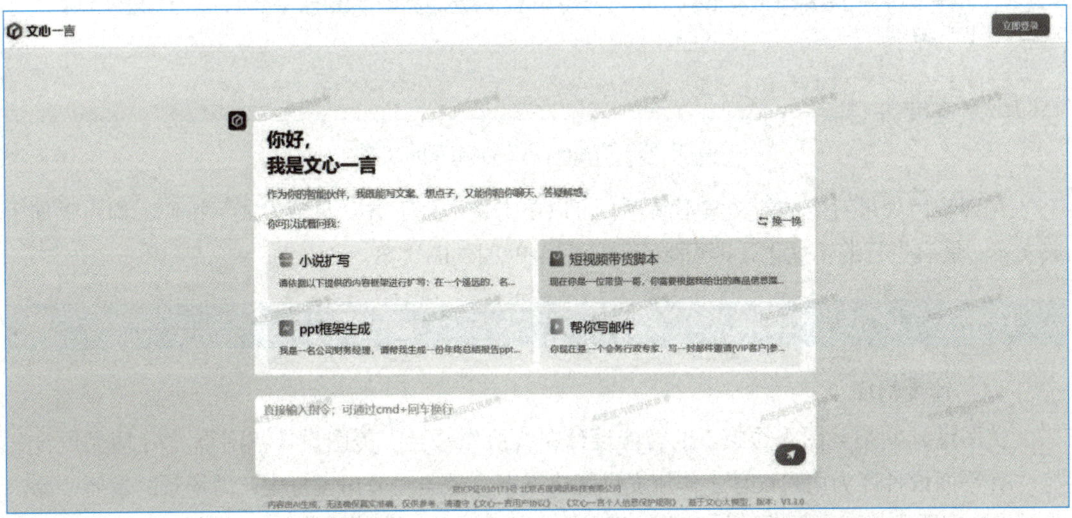

图 6-8　文心一言首页

学习笔记

第二步，在文本框中输入文字指令即可进行创作。需要注意的是，用 AI 工具创作朋友圈文案也是有技巧的。单击用户头像，弹出的菜单中有使用指南选项，可以参考文心一言的《使用指南》。

首先，要赋予 AI 角色，让 AI 知道自己的角色定位，以什么身份来发这条朋友圈。

其次，要明确内容需求，让 AI 知道你心里的想法，明白这条朋友圈的具体内容要发什么。

再次，要赋予场景，让 AI 知道发这条朋友圈的背景，即在什么情况下发出此条朋友圈。

最后，进行优化编辑，自行补充内容。

以发一条关于旅行分享的朋友圈为例，按照上面所说的技巧输入文字指令。输入“你是一名大学生，周末你去了西湖，穿了汉服，坐了西湖游船，还吃了特色糕点，你想要发朋友圈分享你旅行的喜悦。请写一个 100 字左右的朋友圈搞笑风格的文案”，如图 6-9 所示。

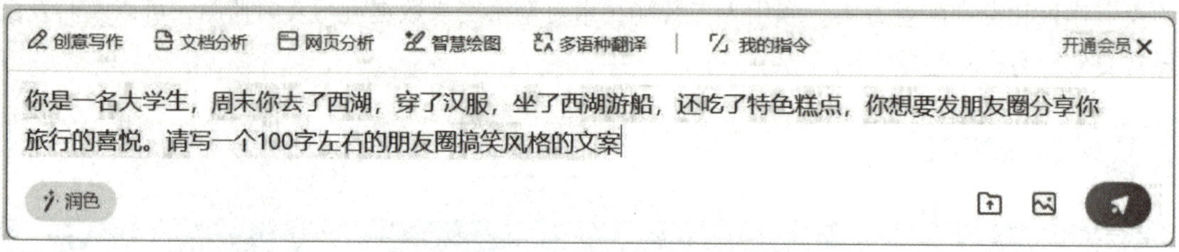

图 6-9　在文心一言中提问

以上文字可以看出“一名大学生”就是赋予AI的角色，“去了西湖，穿了汉服，坐了西湖游船，还吃了特色糕点”这是具体的内容要求；“请写一个 100 字左右的朋友圈搞笑风格的文案”，这是具体的字数和风格要求；“分享你旅行的喜悦”这是具体的情景。

第三步，单击右侧的箭头图标，即可生成朋友圈文案。AI 生成的文案如图 6-10 所示。

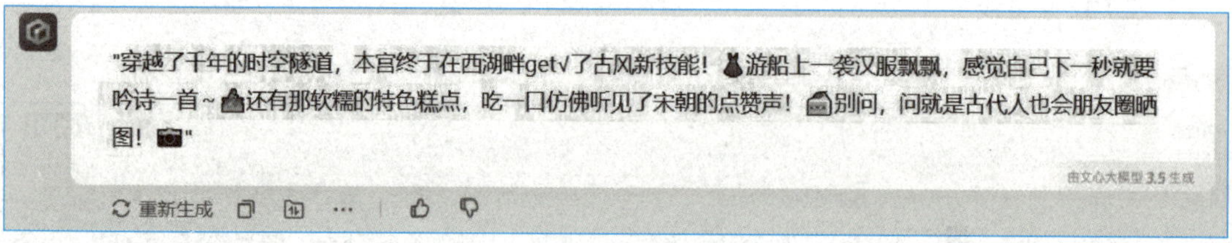

图 6-10　文心一言生成朋友圈文案

第四步，如果对生成的文案不满意，可以单击文本框下方“重新生成”按钮，即可重新生成文案。最后进行编辑优化，即可形成一个完整的朋友圈文案。

任务二　AIGC 生成图片

视频

文生图

（1）任务描述

美图设计室是美图秀秀旗下的智能设计在线协作平台。美图设计室围绕“AI 商品设计”与“AI 平面设计”为用户设计工作流提供解决方案，是美图公司主打生产力场景的重要产品。美图设计室适用于多个领域，如电商、新媒体、行政办公、个体经营等。

本任务利用美图设计室的 AIGC 能力创作一张活动邀请函。

（2）任务实践

第一步，打开美图设计室网址，登录后，单击首页“设计工具”中的“AI 海报”图标，进入如图 6-11 所示的页面。

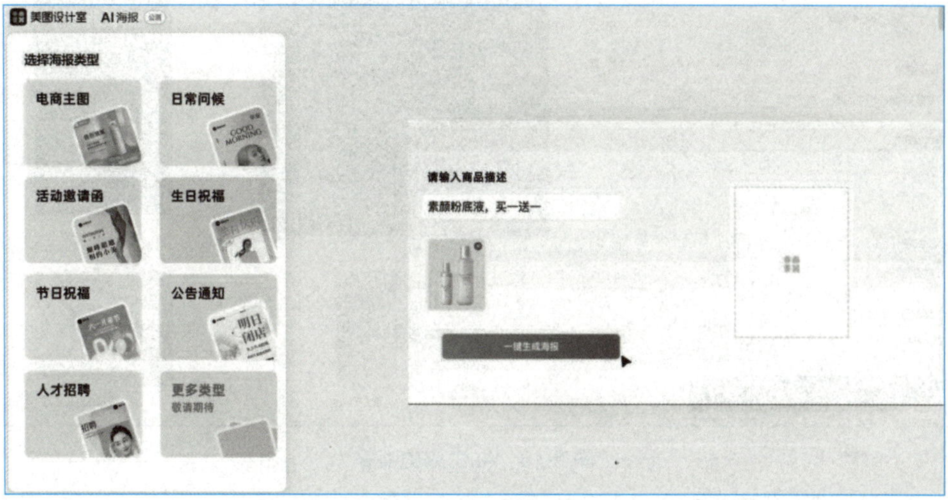

图 6-11　AI 海报设计

第二步，选择海报类型，开始制作海报。目前，美图设计室的“AI 海报”有七种类型，分别为“电商主图”“日常问候”“活动邀请函”“生日祝福”“节日祝福”“公告通知”“人才招聘”。单击“活动邀请函”图标，进入如图 6-12 所示的页面。

图 6-12　活动邀请函编辑

第三步，在左侧编辑区输入“Logo 名称”“活动主题”“活动时间”“活动地点”“邀请函内容”，并上传 Logo 图片和二维码。

学习笔记

第四步，单击“生成”按钮，即可一键生成海报。如果对生成的海报不满意，可单击下方的“生成更多”按钮。AI 生成海报效果如图 6-13 所示。

图 6-13　AI 生成的海报

第五步，选中喜欢的海报，单击“编辑”按钮，进入海报编辑页面，对海报进行编辑优化。例如，调整画布尺寸、调整画布背景颜色和背景图片、对文字排版等。AI 生成海报的最终效果如图 6-14 所示。

图 6-14　编辑后的海报

第六步，单击“下载”按钮，选择“公益用途”即可保存海报。如果是商业用途，需要开通团队版会员。

任务三　文生音乐

（1）任务描述

网易天音是一款一站式AI音乐创作工具，是由知名互联网公司网易提供的服务，它提供AI编曲、AI一键写歌、AI作词的功能，用户通过平台可以创作属于自己的音乐作品，无论是业余爱好者还是专业音乐人，都能够通过网易天音实现自己的音乐创作梦想。

本任务利用网易天音的AIGC能力创作一首歌曲。

（2）任务实践

第一步，打开网易天音网址，注册并登录后，进入网易天音的首页，单击“开始创作”按钮，进入创作页面，如图6-15所示。

图6-15　网易天音AI创作界面

第二步，单击“AI一键写歌”面板中的“开始创作”按钮，弹出“新建歌曲”对话框。用户可以通过“关键词灵感”“写随笔灵感”两种方式，来进行创作，还可以选择作曲、段落结构、音乐类型，填写完成后，单击“开始AI写歌”按钮，进行AI创作，如图6-16所示。

第三步，AI创作完成后，单击“试听”按钮，可以对AI创作的歌曲试听。试听后，可以对AI创作的歌曲进行编辑。例如，选择AI人声、AI伴奏的类型，修改歌词，对某段歌词重新编曲等，如图6-17所示。

第四步，导出音乐。普通用户有三次导出的机会，成为网易音乐人则有更多的导出次数。

学习笔记

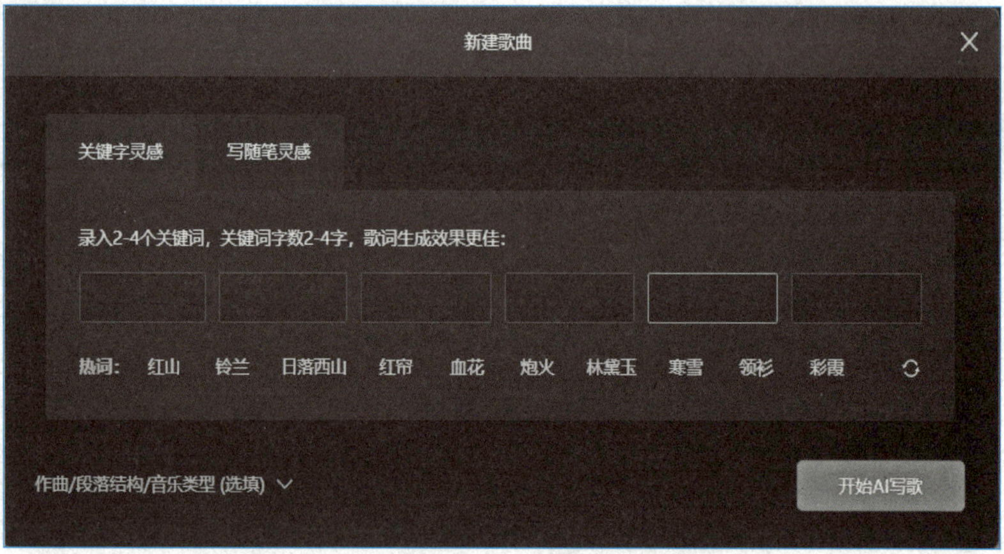

图 6-16　AI 一键写歌

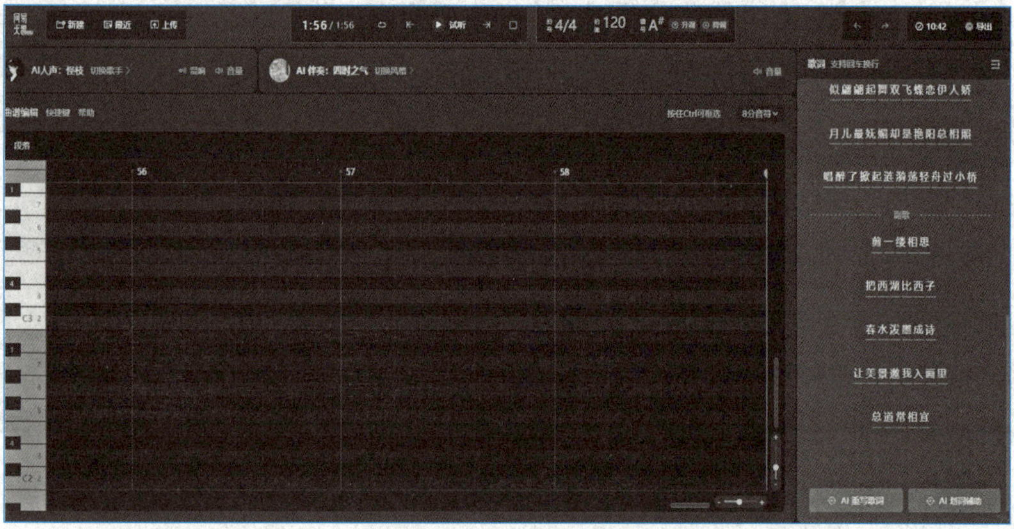

图 6-17　对 AI 创作的歌曲进行编辑

任务四　文生视频

视频

文生视频

（1）任务描述

剪映专业版提供图文成片的功能，可以将文字内容转化为生动的视频，自动生成解说视频、同时添加背景音乐，确保视频制作质量。这项功能既方便又实用，即使没有专业视频编辑经验，也能快速制作出具有文字成片效果的视频。

本任务利用剪映的文字成片功能生成一个视频。

（2）任务实践

第一步，打开剪映专业版，单击“图文成片”图标，进入如图 6-18 所示的窗口，目前图文成片的功能是免费的。

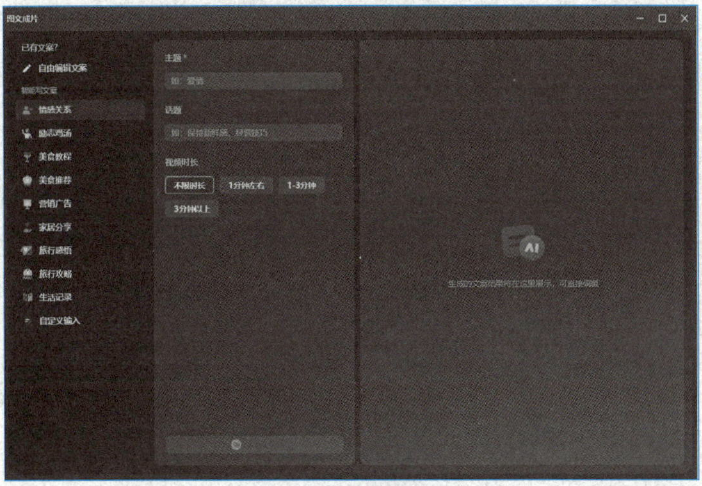

图 6-18　图文成片

第二步，在“智能写文案”列表中选择一种类型，如选择“旅行感悟”，用 AI 智能编写文案，输入“旅行地点”“自然风景”，设置视频时长。单击“生成文案”按钮，AI 工具会根据提示自动生成三个文案，如图 6-19 所示。

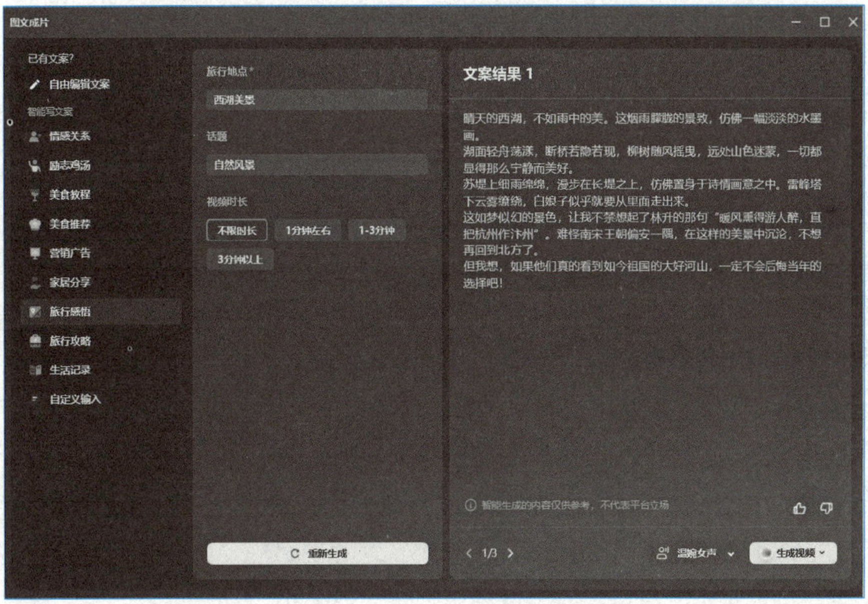

图 6-19　AI 生成文案

第三步，选择一种文案，进行编辑优化。然后选择视频配音，此处选择“温婉女生”。单

学习笔记

击下方的“生成视频”图标，会出现“智能匹配素材”，开始生成视频，视频生成后跳转到视频编辑器界面，如图 6-20 所示。

图 6-20　视频编辑器界面

第四步，在视频编辑器里可以进行二次编辑，由于 AI 生成的视频是从云端素材库中自动选择的，会出现与文案不匹配的情况，需要自行替换素材，对视频进行进一步优化。编辑好新视频后，单击右上角的“导出”按钮即可保存视频。

拓展阅读

国产大模型之光——DeepSeek

在 AI 领域风云变幻的当下，DeepSeek 宛如一颗横空出世的新星，迅速在全球范围内掀起热潮。无论是科技论坛上开发者们热烈的讨论，还是普通用户群体中口口相传的赞誉，DeepSeek 都以惊人的速度闯入大众视野，成为 AI 界炙手可热的焦点。

1. 技术突破重构行业标杆

DeepSeek-R1 架构采用独创的“知识蒸馏 - 强化学习”双引擎驱动模式，在中文语义理解准确率突破 92.7% 的同时，将推理速度提升至国际同类产品的 2.3 倍。其创新的动态注意力机制成功解决了长文本连贯性问题，在代码生成、法律文书处理等专业场景中展现出惊人潜力。尤为值得称道的是，模型在保持 1 750 亿参数规模下，通过混合精度压缩技术将硬件需求降低到 8 张 A100 显卡即可部署，大幅降低了行业应用门槛。

2. 场景落地催生生态裂变

不同于传统大模型的“技术秀场”定位，DeepSeek 构建了覆盖 12 大垂直领域的应用矩阵：在教育领域，其开发的智能备课系统已服务全国 3.2 万所中小学；医疗板块的辅助

学习笔记

诊断模块通过国家药监局三类认证；金融风控模型在反欺诈场景实现99.86%的识别准确率。这种“技术－场景－商业”的闭环转化，使DeepSeek在发布半年内就建立起包含800+合作伙伴的产业生态。

3. 开源战略激活开发者生态

DeepSeek-7B开源模型在GitHub上线首周即收获2.7万星标，其提供的“渐进式微调”工具包彻底改变了开发者工作流程。通过可视化参数调整界面和场景化模板库，即便是初创团队也能在3小时内完成专业领域模型的定制开发。这种开放包容的技术哲学，吸引了全球23个国家开发者共建模型生态，形成了独特的“众智进化”模式。

4. 国产化基因引发价值共鸣

DeepSeek从底层框架到训练数据完全实现自主可控。其研发团队突破技术封锁，开发出兼容国产算力芯片的异构计算框架，在华为昇腾910 B芯片上跑出超越国际竞品的性能表现。这种技术自主性不仅获得国家重大科研专项支持，更在政务、军工等关键领域赢得战略级合作订单。

5. 用户体验颠覆认知边界

当其他大模型还在比拼参数规模时，DeepSeek已实现“思考过程可视化”的重大突破。用户可通过交互式界面实时观察模型推理路径，并能通过自然语言指令随时介入修正。这种透明化AI的理念，配合其特有的"多轮思维链校准"技术，使复杂问题处理准确率提升41%，在心理咨询、创意设计等感性领域展现出类人特质。

这场由DeepSeek引发的AI革命正在重塑产业格局，正如图灵奖得主Yoshua Bengio在最新访谈中所言“DeepSeek的出现，标志着全球AI竞赛进入多极并存的新纪元。”在这股技术浪潮中，中国力量正在书写属于自己的智能时代篇章。

思考和作业

1. 你认为人工智能在现代社会中有哪些重要作用？它对社会和人类有何影响？

2. 人工智能的发展历程是怎样的？它在互联网及各传统行业中的典型应用有哪些？未来的发展趋势是什么？

3. 人工智能技术应用的常用开发平台、框架和工具有哪些？它们的特点和适用范围是什么？

4. 人工智能技术应用的基本流程和步骤是怎样的？你认为学习人工智能技术需要具备哪些基本知识和技能？

5. 人工智能涉及的核心技术及部分算法有哪些？你能使用人工智能相关应用解决实际问题吗？

6. 人工智能在社会应用中面临的伦理、道德和法律问题有哪些？你认为如何解决这些问题？

学习笔记

小　结

本单元主要介绍了人工智能相关的知识，包括人工智能的定义、基本特征和社会价值，人工智能的发展历程，及其在互联网及各传统行业中的典型应用和发展趋势，还介绍了人工智能技术应用的常用开发平台、框架和工具、基本流程和步骤。通过本单元的学习，读者将具备一定的人工智能相关知识和技能，能够应对未来数字化社会的发展趋势和挑战。

单元 7

身临其境的虚拟现实技术

学习目标

◎理解虚拟现实技术的基本概念。

◎了解虚拟现实技术的发展历程、应用场景和未来趋势。

◎了解虚拟现实应用开发的流程和相关工具。

◎能够具备体验感知能力，能够从用户角度出发，优化虚拟现实应用的交互和体验。

学习笔记

相关知识

1. 虚拟现实技术的定义

虚拟现实（virtual reality，VR）技术，是 20 世纪发展起来的一项全新的实用技术，虚拟现实技术囊括计算机、电子信息、仿真技术，其基本实现方式是计算机模拟虚拟环境从而给人以环境沉浸感。随着社会生产力和科学技术的不断发展，各行各业对 VR 技术的需求日益旺盛。

视 频

虚拟现实

虚拟现实是一种可创建和体验虚拟世界的计算机仿真系统，其利用高性能计算机生成一种模拟环境，是一种多源信息融合的、交互式的三维动态视景和实体行为的系统仿真。

虚拟现实具有浸沉感、交互性和构想性三大特点，已广泛应用于娱乐、教育、设计、医学、军事等多个领域。

全世界信息更新速度日益递增，科技日新月异，VR 还未走远，AR 就已来袭，紧随其后的 MR 也在摩拳擦掌，很多人因此困惑，AR 和 VR 有什么关系？还有 MR 又是什么呢？

2. 虚拟现实技术的分类

增强现实（augmented reality，AR）技术，是一种实时地计算摄影机影像的位置及角度并加上相应图像、视频、3D 模型的技术，这种技术的目标是在屏幕上把虚拟世界套在现实世界并进行互动，是在虚拟现实的基础上发展起来的新技术，是真实世界 + 数字化信息。它通过计算机系统提供的信息，增加用户对现实世界感知的技术，能将虚拟的信息应用到真实世界，并将计算机生成的虚拟物体、场景或系统提示信息叠加到真实场景中，从而实现对现实的增强。如果说虚拟现实让用户与现实世界隔离，那么增强现实则是将数字世界与现实世界叠加。

学习笔记

混合现实技术（mixed reality，MR），是真实世界 + 虚拟世界 + 数字化信息的混合，混合现实技术是虚拟现实技术的进一步发展，该技术通过在虚拟环境中引入现实场景信息，在虚拟世界、现实世界和用户之间搭起一个交互反馈的信息回路，以增强用户体验的真实感。

3. 虚拟现实技术的发展

虚拟现实技术的发展和应用基本上可以分为三个阶段：

第一阶段：20 世纪 50 年代到 70 年代，属于准备阶段。

第二阶段：20 世纪 80 年代初到 80 年代，是虚拟现实技术走出实验室，进入实际应用阶段。

第三阶段：从 20 世纪 90 年代初至今，是虚拟现实技术全面发展时期。

纵观 VR 的发展历程，未来 VR 技术的研究仍将延续“低成本、高性能”原则，从软件、硬件两方面展开，发展方向主要有：动态环境建模技术、实时三维图形生成和显示技术、新型交互设备的研制、智能化语音虚拟现实建模、分布式虚拟现实技术的展望、“屏幕”时代的终结。

4. 虚拟现实系统的特征

虚拟现实系统的三个特征是沉浸感（immersion）、交互性（interaction）和想象力（imagination）。

沉浸感：又称临场感，沉浸感是虚拟现实最终实现的目标，其他两者是实现这一目标的基础，三者之间是过程和结果的关系，只需像在现实中那样伸出手来，就可以和游戏世界的物体互动，除了 VR 眼镜外不需要额外配件。

交互性：虚拟现实系统中的人机交互是一种近乎自然的交互，使用者不仅可以利用计算机键盘、鼠标进行交互，而且能够通过特殊头盔、数据手套等传感设备进行交互。

想象力：由于虚拟现实系统中装有视、听、触、动觉的传感及反应装置，因此，使用者在虚拟环境中可获得视觉、听觉、触觉、动觉等多种感知，从而达到身临其境的感受。

5. 虚拟现实系统的组成

虚拟现实系统的基本组成主要包括效果产生器、实景仿真器等，如图 7-1 所示。

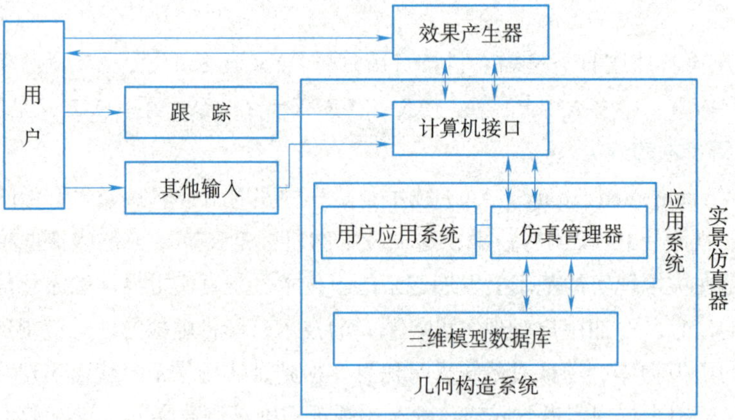

图 7-1　虚拟现实系统的组成图

效果产生器（effects generator）完成人与虚拟环境硬件交互的接口装置，包括能产生沉浸感的各类输出装置，以及能测定视线方向和手指动作的输入装置。

实景仿真器（visual emulator）是虚拟现实系统的核心部分，是 VR 的引擎，由计算机软件、硬件系统、软件配套硬件（如图形加速卡和声卡等）组成，接收（发出）效果产生器所产生（接受）的信号。

应用系统（application）是面向具体问题的软件部分，用以描述仿真的具体内容，包括仿真的动态逻辑、结构及仿真对象之间和仿真对象与用户之间的交互关系。

几何构造系统（geometrical structural system）提供了描述仿真对象的物理特性（外形、颜色、位置）的信息。

虚拟现实技术主要基于以下几种技术实现：基本模型构建技术、空间跟踪技术、声音跟踪技术、视觉跟踪与视点感应技术、计算处理技术。

虚拟现实的核心技术主要包括以下几个方面：环境建模技术、人机交互技术、立体显示和传感器技术、应用系统开发工具、系统集成技术。

虚拟现实系统按其功能不同，可分成四种类型：沉浸式虚拟现实系统、增强现实型的虚拟现实系统、桌面式虚拟现实系统、分布式虚拟现实系统。

6. 虚拟现实系统的应用

由于能够再现真实的环境，并且人们可以介入其中参与交互，使得虚拟现实系统可以在许多方面得到广泛应用。随着各种技术的深度融合、相互促进，虚拟现实技术在教育、军事、工业、艺术与娱乐、医疗、城市仿真、科学计算可视化等领域的应用都有极大的发展。

①教育领域。让学生学习重新回到场景，参与互动。传统的教育方式，学生通过书本上的图文与课堂上多媒体的展示来获取知识，这样学习一会儿就渐显疲惫，学习效果较差，然而游戏为什么如此吸引人，本质就是回到场景，参与其过程。

例如，学生学习某种机械装置时，如水轮发动机的组成、结构、工作原理，用虚拟现实技术可以直观地向学生展示出水轮发动机的复杂结构、工作原理以及工作时各个零件的运行状态，还可以模仿出各部件在出现故障时的表现和原因，提供对虚拟事物进行全面考察、操纵乃至维修的模拟训练机会，从而使教学和实验效果事半功倍。

②军事领域。虚拟现实的最新技术成果往往被率先应用于航天和军事训练，利用虚拟现实技术可以模拟飞机的操纵和训练，以取代危险的实际操作。利用虚拟现实仿真实际环境，可以在虚拟的或者仿真的环境中进行大规模的军事实习的模拟。虚拟现实的模拟场景如同真实战场一样，操作人员可以体验到真实的攻击和被攻击的感觉。这将有利于从虚拟武器及战场顺利地过渡到真实战场环境，这对于各种军事活动的影响将是极为深远的。迄今，虚拟现实技术在军事中发挥着越来越重要的作用。

③工业领域。虚拟现实已大量应用于工业领域，对汽车工业而言，虚拟现实技术既是一个最新的技术开发方法，更是一个复杂的仿真工具，它旨在建立一种人工环境，人们可以在这种环境中以一种自然的方式从事驾驶、操作和设计等实时活动，也可以广泛用于汽车设计、实验

学习笔记

和培训等方面，例如，在产品设计中借助虚拟现实技术建立的三维汽车模型，可显示汽车的悬架、底盘、内饰直至每个焊接点，设计者可确定每个部件的质量，了解各个部件的运行性能。

④艺术与娱乐领域。电影院的观众已经在享受3D电影了，但是有了类似OculusCinema的App，观众可以更加沉浸在电影体验里。他们可以通过VR头显设备投射出的巨大虚拟屏幕看电影，就好像在自己的个人影院里。在图像和声音效果的包围中，他们会觉得自己身临其境。如果你是一个体育爱好者，虚拟现实平台公司LiveLikeVR已经建成了虚拟球场，你可以在舒适的沙发上和朋友体验比赛现场的激情。

⑤医疗行业。医疗保健一直都是虚拟现实技术的主要应用领域。一些机构利用计算机生成的图像来诊断病情，虚拟现实模拟软件公司Surgical Theater and Conquer Mobile，使用CAT扫描或者超声波产生的诊断图像来生成患者解剖结构的3D模型。虚拟模型帮助新的和有经验的外科医生来决定最安全有效的方法定位肿瘤，决定手术切口，或者提前练习复杂的手术。

⑥城市仿真领域。虚拟现实技术是集影视广告、动画、多媒体、网络科技于一身的最新型的城市展示方式，在广州、上海、北京等大城市都非常热门，是当今数字化城市综合实力的象征和标志。

⑦科学计算可视化领域。虚拟现实技术为工程师、科技工作者以及研究人员提供数据分析解决方案，减少市场化的周期及成本，提高工作效率，可进行数值模拟（有限元分析）、流体动力学和流体力学计算、碰撞分析和仿真等。

7. 虚拟现实系统的开发模式

虚拟现实系统中虚拟场景的模型和纹理贴图都来源于真实场景，事先需要通过摄像采集材质纹理贴图和真实场景的平面模型，分析各个模块的功能，通过软件来处理纹理和构建真实场景的三维模型；然后导入到Unity 3D构建虚拟平台，Unity 3D平台通过音效、图形界面、插件、灯光设置渲染、编写交互代码，最后发布设置。因此虚拟现实系统的开发流程一般包括场景采集建模、交互、渲染等几个步骤。

因为虚拟现实系统是将各种硬件设备和软件技术集成在一起的复杂系统，所以从开发模式上来说，可以归纳为三类：

第一类是从底层做起，如利用C或C++等高级语言，采用OpenGL或者DirectX支持的图形库进行编程，这种方式的特点是工作量极大、效率较低，但具有超强的灵活性。

第二类是利用现有成熟、专业的面向对象的虚拟现实开发软件作为开发工具，国内外的虚拟现实引擎已经非常成熟，通用的仿真软件包括Unity 3D、虚幻引擎、VIRGlass、VRP、Quest3D、Patchwork3D、DVS3D、EON Reality、CoCos3D手机游戏引擎、Virtools、Cult3D、Converse3D等，这些开发工具已经为虚拟现实系统开发提供了较为完善的模块化功能，因此开发效率较高，缺点是由于开发工具的非开放性，对于软件尚未提供的功能，制作者没有扩展的余地。

第三类介于这两者之间，利用专业的虚拟现实编程开发库或开发包进行二次开发，如Multigen Vega、Prime OpenGVS、VTree、X3D、Java3D等，与第一种从底层做起的模式相比，由于很多模块的编程代码都已经是现成的不用重新编写，效率提高了很多，但对于没有编程能

学习笔记

力的创作人员而言，仍会十分困难。

8. 虚拟现实系统的分类

从虚拟现实工具软件的功能来分，一般分成五大类：

（1）虚拟现实整合软件及平台

①Unity 3D，不仅是一个开发平台，更是一个独立的游戏引擎，也是目前最专业的、最热门、最具前景的游戏开发工具之一，是一个让开发者轻松创作的多平台的游戏开发工具和全面整合的专业游戏引擎。使用 Unity 3D 可以轻松创建诸如三维视频游戏、建筑可视化、实时三维动画等类型互动内容的多平台的综合型游戏。它整合了之前所有开发工具的优点，从 PC 到 MAC 到 Wii（任天堂公司推出的家用游戏机），甚至再到移动终端，我们都能看见 Unity 3D 的身影。其中，最有力的代表作分别为平板电脑端的《炉石传说》。

② Virtools，由法国达索集团（Dassault Systemes）出品的一套具备丰富互动行为模块的实时 3D 环境编辑软件，可以将现有常用的文件格式整合在一起，如 3D 模型、2D 图形或音效等。普通开发者通过图形用户界面，使用模块化的脚本，就可以开发出高品质的虚拟现实作品；而对于高端开发者，则可利用软件开发包和 Virtools 脚本语言创建自定义的交互行为脚本和应用程序。Virtools 可制作具有沉浸感的虚拟环境，它对参与者生成诸如视觉、听觉、触觉、味觉等各种感官信息，给参与者一种身临其境的感觉，也是最早、被最多人用于制作虚拟现实游戏的开发工具。得益于 Virtools 的便捷性与开放性，很多初学者往往会选择这一平台作为自己在虚拟现实行业中的启蒙导师。它可以将现有常用的档案格式整合在一起，可以制作出许多不同用途的 3D 产品，如网际网络、计算机游戏、多媒体、建筑设计、交互式电视、教育训练、仿真与产品展示等，它的设计演示作品如图 7-2 所示。

图 7-2　Virtools 设计演示

③ Nibiru，如图 7-3 所示，是由睿悦信息研发、国内首家主打虚拟现实游戏的游戏平台，它采用 VR 设备物理的方式，直接利用手机的运算和传感器，也就是说，任何一个智能手机，只要装上 Nibiru 平台同时购买 Nibiru 授权的梦镜系列眼镜，就可以体验沉浸式游戏。

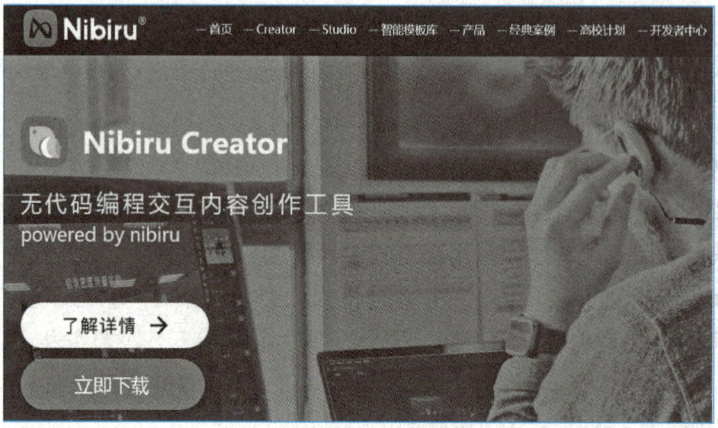

图 7-3　睿悦信息官网

④ Quest3D，是一个快速高效的实时 3D 建构工具，相比于传统的图像编辑工具来说，Quest3D 的颠覆之处在于能在实时编辑环境中与对象互动，它是一个完整的、稳定的、可视化、图形化的编辑软件，Quest3D 可以通过稳定、先进的工作流程，处理所有数字内容的 2D/3D 图形、声音、网络、数据库、互动逻辑，能够以最高的效率完成自己的美工设计，它的作品效果如图 7-4 所示。

图 7-4　Quest3D 作品

⑤ Converse3D，如图 7-5 所示，是由北京中天灏景网络科技有限公司自主研发的具有完全知识产权的一款三维虚拟现实平台软件，可广泛应用于视景仿真、城市规划、室内设计、工业仿真、古迹复原、娱乐、艺术与教育等行业。Converse3D 的核心引擎是整个虚拟现实系统的核心部分，采用 DirectX 9.0 和 C++ 编写，包括场景管理、资源管理、角色动画、Mesh 物体生成、3ds Max 数据导出模块、粒子系统、LOD 地形、UI、服务器模块等。采用多叉树结构组织各种资源节点、动态载人、卸载资源、视见体裁切技术，这为渲染海量三角面而性能不减提供了支持；支持 3ds Max Mesh 物体、角色动画、相机动画、烘焙贴图等各种数据的导出与引用；使用脚

本配置粒子系统和 UI，功能强大而灵活；支持顶点值渲染和像素渲染。

图 7-5　中天灏景官网

⑥ WebMax，如图 7-6 所示，是由上海创图科技有限公司自主研发的虚拟现实软件，轻便、渲染快是它最大的优点，UI 的简洁、流程的简短使之大大减少了虚拟现实游戏开发环节的工作量，它具有独特的压缩技术、真实的画面表现、丰富的互动功能，通过 WebMax 开发的三维网页无须下载，只需输入网址，即可直接在互联网上浏览三维互动内容。

图 7-6　上海创图科技官网

（2）虚拟现实开发引擎类

目前主流的虚拟软件引擎主要是 UE4 引擎和 Unity 3D 引擎。

① Unity 3D，由 Unity Technologies 开发的一个让玩家轻松创建诸如三维视频游戏、建筑可视化、实时三维动画等类型互动内容的多平台的综合型游戏开发工具，主界面如图 7-7 所示。它是一个全面整合的专业游戏引擎，Unity 3D 利用交互的图形化开发环境为首要方式，其编辑器运行在 Windows 和 Mac OS X 下，可发布游戏至 Windows、Mac、Wii、iPhone、Windows 平台，也可以利用 Unity Web Player 插件发布网页游戏，支持 Mac 和 Windows 的网页浏览。它是虚拟

学习笔记

现实游戏开发者的轻量级工具，是当下虚拟现实游戏开发者首选的游戏引擎，特别是它的实时游戏引擎、高保真图像，以及与不同 VR 头盔的大量集成和兼容性，使其成为开发者创建 VR 应用和体验的首选，Unity 3D 游戏引擎提供了一个 VR 模式，当用户设计虚拟环境时，可以在自己的眼镜上预览工作。

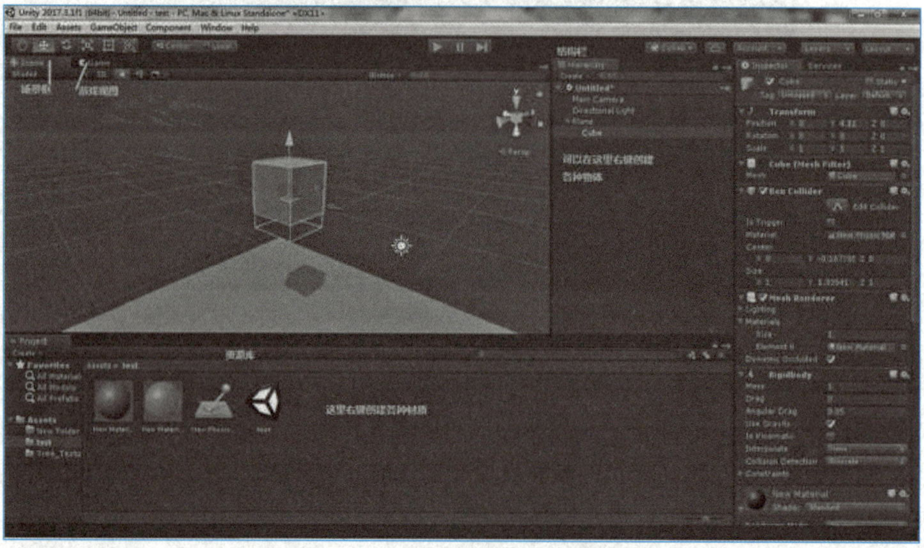

图 7-7　Unity 3D 软件主界面

② Unreal Engine 虚幻引擎，如图 7-8 所示，UE4 是虚幻引擎的第四个版本，是一款有着强大开发功能和开源策划的游戏引擎，是一个面向虚拟现实游戏开发、主机平台游戏开发和 DirectX 11 个人计算机游戏开发的完整开发平台。它提供了游戏开发者需要的大量核心技术、数据生成工具和基础支持，登录设备包括 PC，主机，手机和掌机。作为后起之秀，UE4 在虚拟现实游戏开发者界大出风头，其强大的开发能力和开源策略，瞬间吸引了大量 VR 游戏开发者的目光。

图 7-8　Unreal Engine 虚幻引擎

学习笔记

（3）语言类虚拟现实工具

①高阶着色器语言（high level shader language，HLSL），如图 7-9 所示，是由微软出品，并仅供微软的 Direct3D 使用，HLSL 是微软抗衡 GLSL 的产品，同时不能与 OpenGL 标准兼容，它跟 Nvidia 的 Cg 非常相似。HLSL 的主要作用为将一些复杂的图像处理，快速而有效率地在显卡上完成。

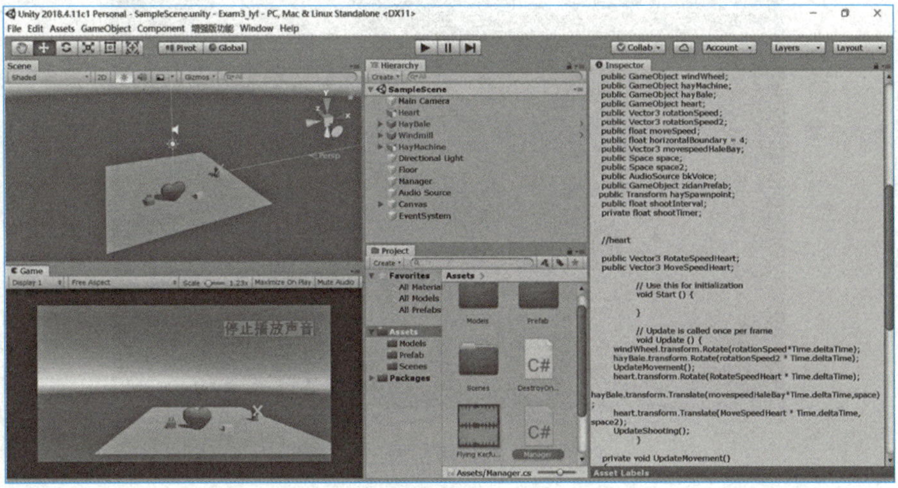

图 7-9　高阶着色器语言软件

②虚拟现实建模语言（virtual reality modeling language，VRML），是一种用于建立真实世界的场景模型或人们虚构的三维世界的场景建模语言，具有平台无关性，是目前 Internet 上基于 WWW 的三维互动网站制作的主流语言，相比于传统的建模语言，VRML 更多被用于建筑设计和模拟场景的还原，如图 7-10 所示。

图 7-10　虚拟现实建模语言

学习笔记

③ X3D，可扩展三维语言，如图 7-11 所示，是由 Web3D 联盟设计的，是 VRML 的升级版本。相比于同类语言，X3D 的最大优势在于能够跟随显卡硬件的发展而升级，并支持硬件的渲染，与 Web3D 引擎相比较，X3D 的市场占有率并不高。

图 7-11　X3D 可扩展三维语言

（4）视觉类虚拟现实工具

① Flash 3D，Flash 3D 是网页 Flash 播放器播放实时三维画面 / 三维游戏的程序的总称，与传统 3D 引擎不同的是，Flash 3D 基于 Flash 软件，并有商用和免费 / 开源和非开源多种版本，它的效果如图 7-12 所示。

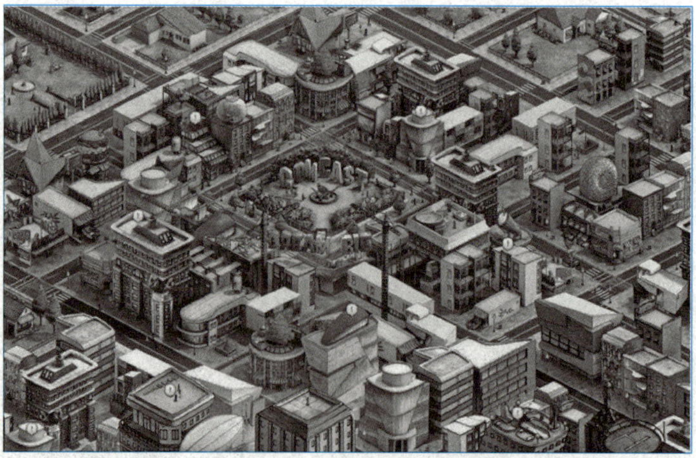

图 7-12　Flash 3D

②暴风魔镜，是暴风影音正式发布的第一款硬件产品，暴风魔镜是一款虚拟现实眼镜，在使用时需要配合暴风影音开发的专属魔镜 App，在手机上实现 IMAX 效果，普通的电影即可实现影院观影效果，如图 7-13 所示。

学习笔记

图 7-13　暴风魔镜

③ 3D 播播是一款为手机眼镜量身打造的 3D 视频播放器，如图 7-14 所示，3D 播播适配市面上绝大部分手机，以及虚拟现实体验设备。它聚合了大量高清 3D 内容，支持 1 080 P 高清视频，能让用户大视野体验超五星院线的 IMAX 3D 影效。值得一提的是，3D 播播还独家支持语音、体感控制、智能使用场景识别，自动判断 3D 内容格式。

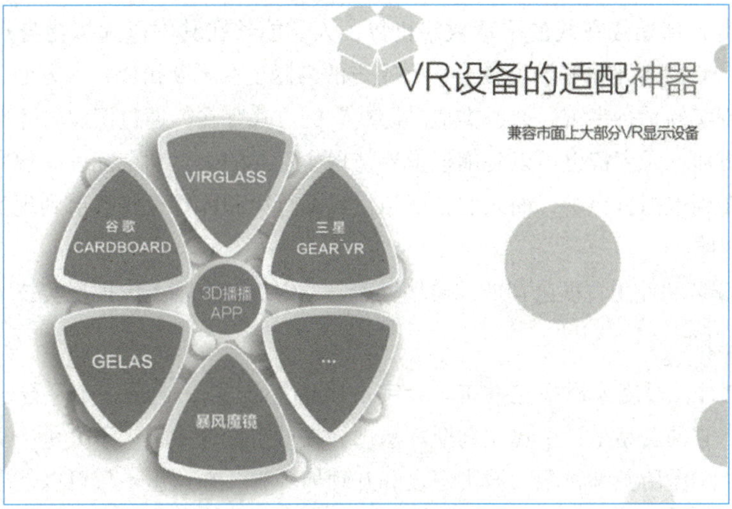

图 7-14　3D 播播

（5）触觉类虚拟现实工具

Haptics 的发音是 HAP-tiks，是触觉学科的一种，是指通过与计算机进行互动实现虚拟触觉。Haptics 一词源于古希腊的“haptein”（捆绑）。利用特殊的计算机输入 / 输出设备（游戏手柄、数码手套或者其他设备），用户可以通过与计算机程序交互来获得真实的触觉感受，如图 7-15 所示。结合虚拟视觉，Haptics 技术可以用来训练人的手眼协调能力，比如，宇航员可以采用这种方式进行训练。另外还可以将这两种技术用在计算机游戏上，比如，可以在一个虚拟世界里

学习笔记

打乒乓球，既能看到球的运动，还能通过 Haptic 设备，在挥拍击球时感觉到球的撞击。很多大学都在研究 Haptics 技术，Immersion 公司制造出一种游戏手柄，可以用在实验室中，或者用来模拟游戏。Haptics 技术为虚拟现实或三维环境提供了一种新的发展方向。

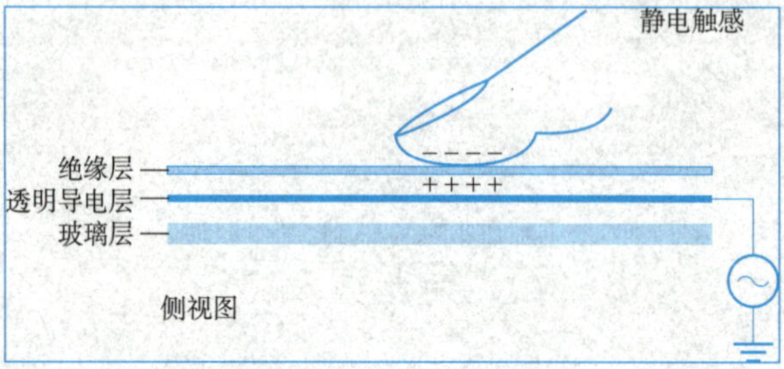

图 7-15　Haptics 技术

操作与实践

任务　基于虚拟现实技术的会议系统

（1）任务描述

元宇宙这一概念最早出自一本 1992 年出版的科幻小说《雪崩》。小说里的元宇宙是一个脱离于现实世界，却始终在线的平行数字世界，人们能够在其中以虚拟化身自由生活。随着 VR、AR、AI、5G 等技术水平不断提升，元宇宙的内涵也在不断拓展，一方面，元宇宙既可以是完全独立于现实的平行宇宙，或以类似“游戏”的方式存在，通过沉浸式体验愉悦人们的精神生活；另一方面，元宇宙也可以是虚拟世界与现实世界的融合和交互——现实世界发生的一切事件都会同步到虚拟世界中，而人们在虚拟世界的行为和体验也将投射到现实世界中，并对现实世界产生影响。

本任务是安装和使用百度公司的“希壤”产品，组织一个基于虚拟现实技术的会议。

（2）任务实践

2021 年 12 月，百度公司率先发布了元宇宙产品“希壤”，这是一个平行于物理世界的沉浸式虚拟空间，它的造型是一个莫比乌斯环星球，在城市设计中融入了大量中国元素，中国山水、中国文化、中国历史都将融入城市建设和互动体验中，在这里不仅可以偶遇擎天柱、大黄蜂，还可以寻访千年古刹少林寺，与三宝和尚切磋武艺；也可以探索三星堆、挖掘千年国宝；探访三体博物馆，看三体舰队在头顶来往穿梭。“希壤”这座虚拟城市，承载着“打通现实与虚拟，连接现代与未来”的美好愿景。

“希壤”世界可以通过网址访问，还可以用智能手机、桌面计算机系统或者智能头盔等 VR 设备访问，戴上 VR 设备或打开应用，即可进入“希壤”世界。所有的“希壤”世界用户，都会率先出现在一个“出生地”，随后，每位用户都可以自行在“希壤”世界里探索。在“希壤”世界里，有两种方式前行：一种是通过引导线一步一步地选择远方的景点；另一种是通过手柄推动，直接前行，这样可以体验到更强的临场感。“希壤”世界中不仅有各种各样的高楼大

学习笔记

厦的城市景观。而且还有不少像草地、落叶林、湖等自然景观。如果想要参观不同的大厦，你可以通过“电梯”上到不同楼层，在第二层里，可以看到中国传统文化的“少林寺”和“三星堆”，甚至还找到了“哪吒”。“希壤”世界拥有地图导航以及社交、语音对话等功能，还可以支持不同场景的面对面语音互动，也支持与朋友之间的远程语音通信，甚至支持一些肢体的交互。

2022年1月，“希壤”主要开放的功能包括三个方向：第一是提供虚拟空间的定制，合作伙伴根据自己的想象力，可打造专属于自己的个人空间和品牌世界；第二是全真的人机互动，希壤为每个用户定制专属于自己的Avatar的3D形象，可以更直观地与伙伴和客户进行实时的语音和互动的交流；第三是实现多人同时在线，让元宇宙空间成为一个可拓展的平台，让展览、会议、商户洽谈等活动可以快速、便捷地展开，效果如图7-16、图7-17所示。

图7-16 百度“希壤”世界（1）

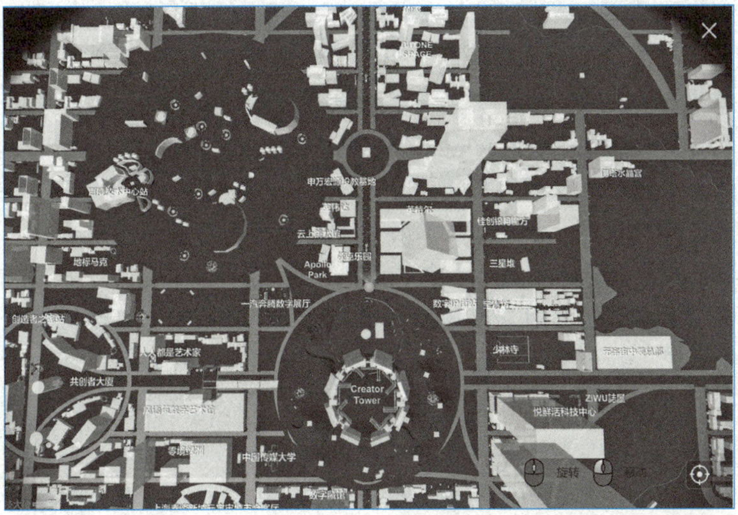

图7-17 百度“希壤”世界（2）

学习笔记

除“希壤”世界外，网易公司的伏羲旗下也推出了网易瑶台，它是一个在线沉浸式虚拟活动平台，区别于传统视频会议的单一，瑶台可以按照需求设置多种风格的活动场所，并且能高度还原真实的会议场景，提供PPT共享、同声翻译等全面的会务活动。为增加参与感和真实性，参与者还可以通过上传照片等形式，打造专属的虚拟形象，效果如图7-18所示。

图7-18　网易瑶台沉浸式虚拟活动平台

拓展阅读

虚拟现实技术

虚拟现实技术在十年内会成为我们生活的一部分，虽然未必能够让嗅觉、味觉和触觉全然拟真，但是家用级设备势必可以制造出足以“欺骗”视觉和听觉的虚拟世界。

当我们沉浸于一个人工制造的虚拟世界中时，世界的存在方式就发生了巨大的改变；当这些巨大的幻想包围着我们时，我们自己的真实也就随之消失，宛若真实的媒体技术历史不长，人类大脑还没办法分辨出真实和虚拟现实。

这些虚拟体验将会影响我们的想法、情绪和欲望，改变我们的记忆、经验和自我认知，打破真实和幻想之间的界限，让我们生活的各个方面都和从前截然不同——工作、生活、娱乐、社交、教育，甚至是我们看待生命的方式。

从好的一方面来看，虚拟现实提供了一个新机会，让我们可以脱离现实世界的限制，重新审视和改变自己。我们可以生活在接近完美的世界中，可以与他人更充分地沟通，可以更高效地学习和工作，可以让自己更接近理想。这是从来没有过的机会，是只有这种技术才能带来的奇迹。

与所有的技术一样，它只不过是我们可以选择的工具，是达到目标的手段而非目标本身。如何利用这种强大的工具，完全取决于我们在充分衡量之后所做出的选择。这是我们最强大的力量，也是唯一不变的真实。

即将来临的沉浸式数字技术的爆发，加上最近对大脑工作方式的研究突破，将会很快让我们的生活演进到过去只有科幻小说中才能想象的程度。

思考和作业

1. 你认为虚拟现实技术的应用场景有哪些？它对现代社会有何意义？

2. 虚拟现实技术的发展历程是怎样的？未来的发展趋势是什么？

3. 虚拟现实应用开发的流程和相关工具有哪些？它们的特点和适用范围是什么？

4. 如何从用户角度出发，优化虚拟现实应用的交互和体验？你认为在虚拟现实应用开发中需要注意哪些问题？

5. 利用1~2款三维全景虚拟现实平台软件，使用高性能计算机完成场景的实践体验。

小　结

本单元主要介绍了虚拟现实技术相关的知识，包括虚拟现实技术的基本概念、虚拟现实技术的分类和发展。此外，也介绍了虚拟现实系统的组成和特征、常见虚拟现实系统的应用和开发模式。

单元 8 渗入生活的物联网技术

学习笔记

学习目标

◎了解物联网的概念、应用领域和发展趋势。

◎熟悉物联网感知层、网络层和应用层的三层体系结构，了解每层在物联网中的作用。

◎熟悉物联网感知层关键技术，包括传感器、自动识别、智能设备等。

◎熟悉物联网网络层关键技术，包括无线通信网络、互联网、卫星通信网等。

◎熟悉物联网应用层关键技术，包括云计算、中间件、应用系统等。

◎熟悉典型物联网应用系统的安装与配置。

◎能够具备物联网应用的安全意识，能够识别物联网应用的安全威胁。

相关知识

视 频

物联网技术

1. 物联网技术的定义

物联网技术是通过射频识别（RFID）、红外感应器、全球定位系统、激光扫描器等信息传感设备，按约定的协议，将任何物品与互联网相连接，进行信息交换和通信，以实现智能化识别、定位、追踪、监控和管理的一种网络技术。

我国对物联网的定义：物联网是将无处不在的末端设备和设施，包括具备“内在智能”的传感器、移动终端、工业系统、楼控系统、家庭智能设施、视频监控系统等和“外在使能”的各种资产、个人与车辆等的“智能化物件或动物通过各种网络实现互联互通（M2M）的 SaaS 运营等模式。

物联网是继计算机、互联网和移动通信之后的新一轮信息技术革命。

物之间以及物与人要沟通交流，物联网之所以说是网，是必须要相互连接和通信的，即相互交互数据。物与物之间要相互沟通，相互协作，人与物之间也要相互沟通，相互协作。要实现沟通，必须先接入同一个网络，这个网络就是互联网的扩展，底层用的仍然是目前互联网的基础设施，比如网络拓扑结构、连接介质（各种线缆）、各种通信连接协议（近距离的蓝牙、Wi-Fi、ZigBee 等，远距离的 NB-Iot、LoRa 等）以及数据转换协议（把物产生的数据统一转换，方便传输、查看和分析）。

物要有唯一的识别标志，既然要沟通，肯定要识别身份。和人的身份证、护照一样，每个

“物”需要一个唯一的识别码，这个码就是这个“物”在这个世界上唯一的证明。

物联网的核心和基础仍然是互联网，物联网是互联网发展到一定程度自然而然的扩展。所以现在很多的技术都是在协调互联网现有的基础和物联网新的需求在发展着。

2. 物联网体系结构

物联网技术体系结构分为三层，如图 8-1 所示，自下向上依次是：感知层、网络层、应用层。

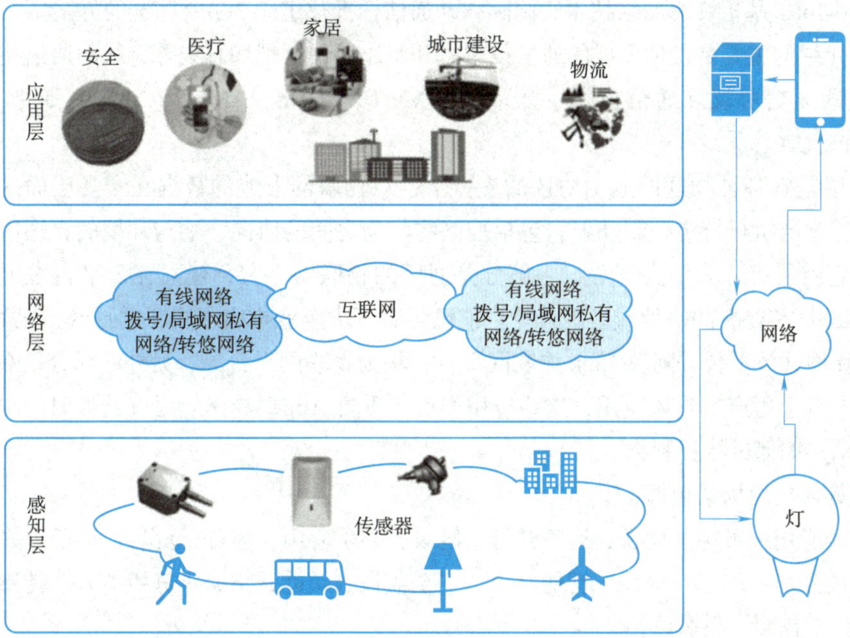

图 8-1　物联网技术体系结构

感知层是物联网的“皮肤”和“五官”，用于识别物体、感知物体、采集信息、自动控制，比如装在空调上的温度传感器识别到了室内温度高于 30 ℃，把这个信息收集后，自动打开空调进行制冷，这就涉及各种识别技术、信息采集技术、控制技术。这些技术是交叉使用的，各种感知有些是单一的，有些则是综合的，比如机器人就是整合了各种感知系统。这一层最常见的就是各种传感器，用于替代或者延展人类的感官完成对物理世界的感知，也包括企业信息化过程中用到的 RFID 以及二维码技术。

网络层主要实现信息的传递、路由（决定信息传递的途径）和控制（控制信息如何传递），分为两大部分，一部分是物联网的通信技术，一部分是物联网的通信协议，通信技术负责把物与物从物理上连接起来，可以进行通信，通信协议则负责建立通信的规则和统一格式。网络层就相当于人的大脑和神经中枢，主要负责传递和处理感知层获取的信息。通信技术从介质上分为有线的网络和无线的网络，根据通信距离则可分为超短距、近距离、中长距离、超远距离。有些通信技术我们已经在互联网中使用，有些则是根据物联网新创建的。这些通信技术包括如下：

①蓝牙（适用于短距离通信），比如蓝牙耳机、蓝牙音箱、各种可穿戴设备。

② ZigBee，适用于工业环境。

学习笔记

③ Wi-Fi，在家庭和许多企业中使用的最常见的 Wi-Fi 标准是 802.11n，功耗大。

④ NFC，特别适用于智能手机，适合特别近距离。

⑤ Sigfox，它的范围在 Wi-Fi 和蜂窝之间，30 ~ 50 km（农村环境），3 ~ 10 km（城市环境）。

⑥ LoRa，LoRaWAN 针对广域网（WAN）应用，旨在为具有特定功能的低功率 WAN 提供支持。

⑦ NB-Iot，基于蜂窝网络技术，国际移动通信标准化组织 3GPP 筛选的方案。

上面介绍的主要是各种无线的通信技术，其实还要包括现场总线等有线的通信技术。

物联网通信协议和通信技术一样多，如 MQTT、DDS、AMQP、XMPP、JMS、REST、CoAP、OPC UA。

应用层是在各种物联网通信协议的支持下，对物联网形成的数据在宏观层面进行分析，并反馈到感知层执行特定控制功能，包括控制物与物之间的协同、物与环境的自适应、人与物的协作。应用层可分为两大部分，一部分是通用的物联网平台，建立在云平台之上，可以是 IAAS、PASS、SAAS 的一种或者混合。目前已经有不少企业推出了物联网平台，比如腾讯 QQ 物联智能硬件开放平台、阿里 Link 物联网平台、华为物联网平台等，另外一部分是在这个通用的物联网平台上再产生具体应用，这些应用类似于手机 App，具体应用就是如何控制这些物如何收集信息、如何进行控制物。

这些具体应用场景包括：

①个人应用：可穿戴设备、运动健身、健康、娱乐应用、体育、玩具、亲子、关爱老人。

②智能家居：家庭自动化、智能路由、安全监控、智能厨房、家庭机器人、传感检测、智能宠物、智能花园、跟踪设备。

③智能交通：车联网、智能自行车 / 摩托车（头盔设备）、无人驾驶、无人机、太空探索。

④企业应用：医疗保健、零售、支付 / 信用卡、智能办公室、现代农业、建筑施工。

⑤工业互联网：智能制造、能源工业、供应链、工业机器人、工业可穿戴设备等。

从应用层面可以看出，物联网无处不用，无处不在。物联网的最终目标是实现任何物体在任何时间、任何地点的连接，帮助人类对物理世界具有“全面的感知能力、透彻的认知能力和智慧的处理能力”。

3. 物联网的关键技术

物联网技术的三个层次还包括各自的关键技术：

感知层位于物联网三层结构中的最底层，其功能为“感知”，即通过传感网络获取环境信息。感知层是物联网的核心，是信息采集的关键部分。感知层技术包括二维码标签和识读器、RFID 标签和读写器、摄像头、GPS、传感器、M2M 终端、传感器网关等。对人类而言，使用五官和皮肤，通过视觉、味觉、嗅觉、听觉和触觉感知外部世界，而感知层就是物联网的五官和皮肤，用于识别外界物体和采集信息。感知层解决的是人类世界和物理世界的数据获取问题。它首先通过传感器、数码相机等设备，采集外部物理世界的数据，然后通过 RFID、条码、工业现场总线、蓝牙、红外等短距离传输技术传递数据。

如果说感知层是物联网的“感觉器官”，那么网络层就是物联网的“大脑”。物联网网络层中存在着各种“神经中枢”，用于信息的传输、处理以及利用等。通信网络、信息中心、融合网络、网络管理中心等共同构成了物联网的网络层。要实现网络层的数据传输，可以利用多种形式的网络类型，比如人们既可以利用小型局域网、家庭网络、企业内部专网等各类专网进行数据传输，也可以利用互联网、移动通信网等大型公共网络进行信息传输。事实上，如果能将电视网络和互联网相互融合，那么这两种网络融合后的有线电视网也可以成为物联网网络层的一部分，这种网络能与其他网络配合，共同承担起物联网网络层的多种功能。随着多种应用网络的融合，物联网的进程将不断加快。物联网网络层具有多种关键性技术，比如互联网、移动通信网以及无线传感器网络。

应用层位于物联网三层结构中的最顶层，其功能为“处理”，即通过云计算平台进行信息处理。应用层与最低端的感知层一起，是物联网的显著特征和核心所在，应用层可以对感知层采集数据进行计算、处理和知识挖掘，从而实现对物理世界的实时控制、精确管理和科学决策。应用基础设施 / 中间件为物联网应用提供信息处理、计算等通用基础服务设施、能力及资源调用接口，以此为基础实现物联网在众多领域的各种应用。应用层包括应用基础设施 / 中间件和各种物联网应用。

4. 物联网技术应用场景

目前，手机支付已经成为日常行为，刷脸支付也开始推广；在杭州，城市大脑正给我们带来便利的出行；当你到一个陌生的地方，智能导航取代了纸质地图为你指路；城市里的灯光秀；无人机集群表演；能够追溯的商品。这一切都是物联网的应用场景，物联网已经深入到我们工作生活的方方面面，如图 8-2 所示，我们的生活已经被物联网所包围。

图 8-2　被物联网包围的数字化生活

学习笔记

操作与实践

任务一　智能手机中的物联网传感器体验

（1）任务描述

物联网从提出到发展已经很多年了，从零星的设备访问到现在的万物互联网，这种发展也让我们体会到了物联网给我们生活带来的便利，尤其是近年无人零售行业和汽车联网的应用，将物联网的发展推向了另一个高潮。在我们现在的生活中，物联网应用场景处处可见，包括网络购物的智慧物流、基于人脸识别技术的智能安全，以及智慧家居中的智能音箱等多个领域。在我们身边的智能手机中，就有至少七种传感器，有的手机可以高达十几种传感器，集成在里面，为我们的生活带来了许多的便利，这些传感器包括：

①光线传感器（ambient light sensor），光线传感器类似于手机的眼睛，人类的眼睛能在不同光线的环境下，调整进入眼睛的光线，例如进入电影院，瞳孔会放大来让更多光线进入眼睛。光线传感器则可以让手机感测环境光线的强度，用来调节手机屏幕的亮度，因为屏幕通常是手机最耗电的部分，因此运用光线传感器来协助调整屏幕亮度，能进一步达到延长电池寿命的作用，光线传感器还可以搭配其他传感器一同来侦测手机是否被放置在口袋中，以防止误触。

②距离传感器（proximity sensor），透过红外线 LED 灯发射红外线，被物体反射后由红外线探测器接收，根据接收到红外线的强度来判断距离，有效距离大约在 10 m，它可以感知手机是不是被贴在耳朵上讲电话，如果是，则会关闭屏幕省电，距离传感器也可以运用在部分手机支持的手套模式中，用来解锁或锁定手机。

③重力传感器，透过压电效应来实现，重力传感器内部有一块重物与压电片整合在一起，透过正交两个方向产生的电压大小，来计算出水平的方向。运用在手机中时，可用来切换横屏与直屏方向，运用在赛车游戏中时，则可透过水平方向的感应，将数据运用在游戏里，来转动行车方向。

④加速度传感器（accelerometer sensor），作用原理与重力传感器相同，但透过三个维度来确定加速度方向，功耗小精度低，运用在手机中可用来计步、判断手机朝向的方向。

⑤磁（场）传感器（magnetism sensor），测量电阻变化来确定磁场强度，使用时需要摇晃手机才能准确判断，大多运用在指南针、地图导航当中。

⑥陀螺仪（gyroscope），能够测量沿一个轴或几个轴动作的角速度，是补充加速度传感器功能的理想技术。事实上，如果结合加速度计和陀螺仪这两种传感器，系统设计人员可以跟踪并捕捉三维空间的完整动作，为终端用户提供更真实的用户体验、精确的导航系统及其他功能，手机中的“摇一摇”功能、体感技术，还有 VR 视角的调整与侦测，都是运用到陀螺仪的作用。

⑦ GPS（全球定位系统）或我国的北斗定位系统，在地球上方特定轨道上运行着 24 颗

GPS 卫星，它们会不停向全世界各地广播自己的位置坐标与时间戳，手机中的 GPS 模块透过卫星的瞬间位置来起算，以卫星发射坐标的时间戳与接收时的时间差来计算出手机与卫星之间的距离，可运用于定位、测速、测量距离与导航等。

北斗卫星导航系统是我国自行研制的全球卫星导航系统，也是继 GPS、GLONASS 之后的第三个成熟的卫星导航系统，可在全球范围内全天候、全天时为各类用户提供高精度、高可靠定位、导航、授时服务，并且具备短报文通信能力，已经初步具备区域导航、定位和授时能力，定位精度为分米、厘米级别，测速精度为 0.2 m/s，授时精度 10 ns，华为、小米等智能手机均已支持北斗系统。

⑧指纹传感器，目前主流的技术是电容式指纹传感器，电容式指纹传感器作用时，手指是电容的一极，另一极则是硅芯片数组，透过人体带有的微电场与电容传感器之间产生的微电流，指纹的波峰波谷与传感器之间的距离形成电容高低差，来描绘出指纹的图形，运用在手机中可用来解锁、加密、支付等。

⑨霍尔传感器（Hall sensor），作用原理是霍尔磁电效应，当电流通过一个位于磁场中的导体时，磁场会对导体中的电子产生一个垂直于电子运动方向上的作用力，从而在导体的两端产生电势差，主要运用在翻盖解锁、合盖锁定屏幕等功能当中，多个品牌的官方手机配件，都运用了这项技术。

⑩气压传感器（barometer），将薄膜与变阻器或电容连接在一起，当气压产生变化时，会导致电阻或电容数值发生变化，测量气压的数据。GPS 也可用来测量海拔高度，但会有 10 m 左右的误差，若是搭载气压传感器，则可以将误差校正到 1 m 左右；气压传感器也可用来辅助 GPS 定位，来确认所在楼层位置等信息。

⑪心率传感器，透过高亮度的 LED 灯照射手指，因心脏将血液压送到毛细血管时，亮度（红光的深度）会呈现周期性的变化，再透过摄影机捕捉这一些规律性的变化，并将数据传送到手机中进行运算，进而判断心脏的收缩频率，得出每分钟的心跳数，一部分高端智能手机配置了该传感器。

其他的还包括血氧传感器、紫外线传感器等广泛应用于运动和健康领域的物联网传感设备。

本任务，我们体验加速度传感器的使用，很多网民都很喜欢微信的“摇一摇”服务，它是一种微信随机交友应用，通过摇手机或单击按钮模拟摇一摇，可以匹配到同一时段触发该功能的微信用户，从而增加用户间的互动，目前还新增加了传图和搜歌的功能。

（2）任务实践

微信“摇一摇”功能，主要用到的就是加速度传感器，当传感器检测到手机正在摇动，就会向附近的通信基站发出请求，附近信号最好的通信基站接收到请求，该基站所处的位置会发送到微信后台，如果微信后台经过复杂的算法判断后，再推送相应的用户或信息给到正在摇动的手机，这就是微信“摇一摇”功能的工作原理。

具体的使用方法是：

①单击“微信”打开软件。

②进入到微信聊天界面后，单击右下角的“我的”。

③在“我的”界面中单击“设置”一栏。

④找到“通用”设置，单击进入。

⑤单击界面中的“发现页管理”。

⑥单击“摇一摇”功能。

另外，可以实践交友、传图以及搜歌的功能。

任务二 物联网仿真软件——Packet Tracer 模拟器实践

（1）任务描述

物联网是同时由软件和硬件驱动的，两者同样重要，相互依赖，但硬件开发和生产比软件通常需要更长的时间。因此，在物联网应用开发中，使用仿真软件可以为开发过程节省大量的人力、物力资源。仿真软件或模拟器可以在硬件设备不存在的情况下，将硬件设备需要执行的任务，如测量、收集和传输数据的过程，用模拟的方式生成，并且软件系统不会感到有任何区别。仿真和模拟可以更有效率地实现物联网应用的快速原型，缩短上市时间，降低部署成本。

物联网仿真软件可以模拟各种物联网感知设备，通过拓扑的方式，自由组成各种应用。仿真设备支持串口及 Socket 方式连接，数据接口与实际硬件设备完全一致，在仿真环境下开发的应用能够直接连接实际硬件运行，能够直接观察到上位机与仿真平台的交互信息及内部存储信息，方便掌握相应的基本原理，同时环境模拟器可以为各种传感器提供指定的数据输入，方便应用的调试。

Packet Tracer 早期是由美国思科公司发布的一个辅助学习工具，为学习思科网络课程的初学者去设计、配置、排除网络故障提供的网络模拟环境，用户可以在软件的图形用户界面上直接使用拖动方法建立网络拓扑，并可提供数据包在网络中进行详细的处理过程，观察网络实时运行情况。

Packet Tracer 的物联网功能涉及的设备丰富，不仅包括传统的网络互联设备，还有各种 IoT 传感设备，可以有效地监测各设备终端的状态和工作结果，它可以在没有专用设备的情况下完成复杂物联网系统的建模。

（2）任务实践

Packet Tracer 软件，如图 8-3 所示，除了提供 Windows、Linux 桌面版应用之外还发行了适用于移动设备的 Android 及 iOS 版本。用户可以在官网选择合适的版本进行下载安装，安装完成后的首次打开需要登录，如果只使用来宾用户登录，将只能保存不超过十个的项目。打开软件后，可以看到软件主界面，如图 8-4 所示，由下方的设备栏、右侧工具栏、顶部菜单栏及工作区构成。

学习笔记

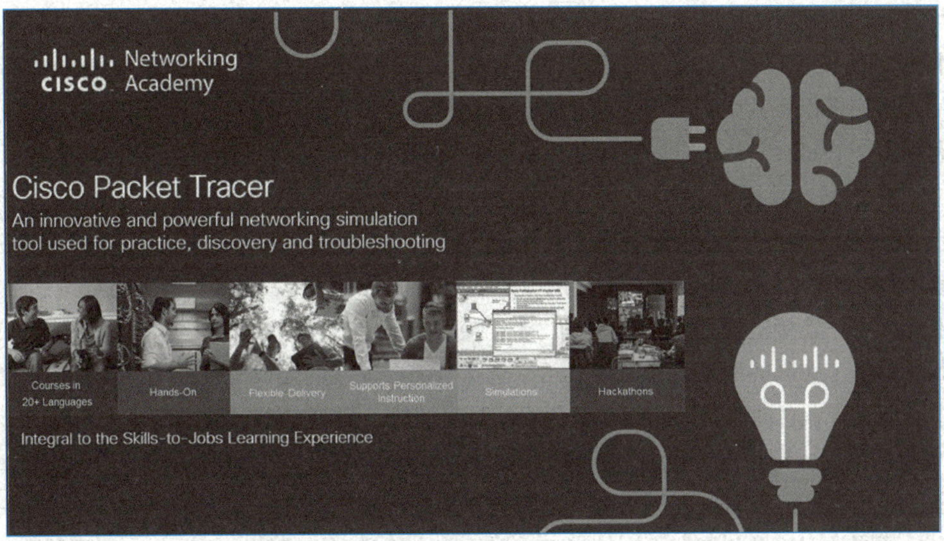

图 8-3　Packet Tracer 软件

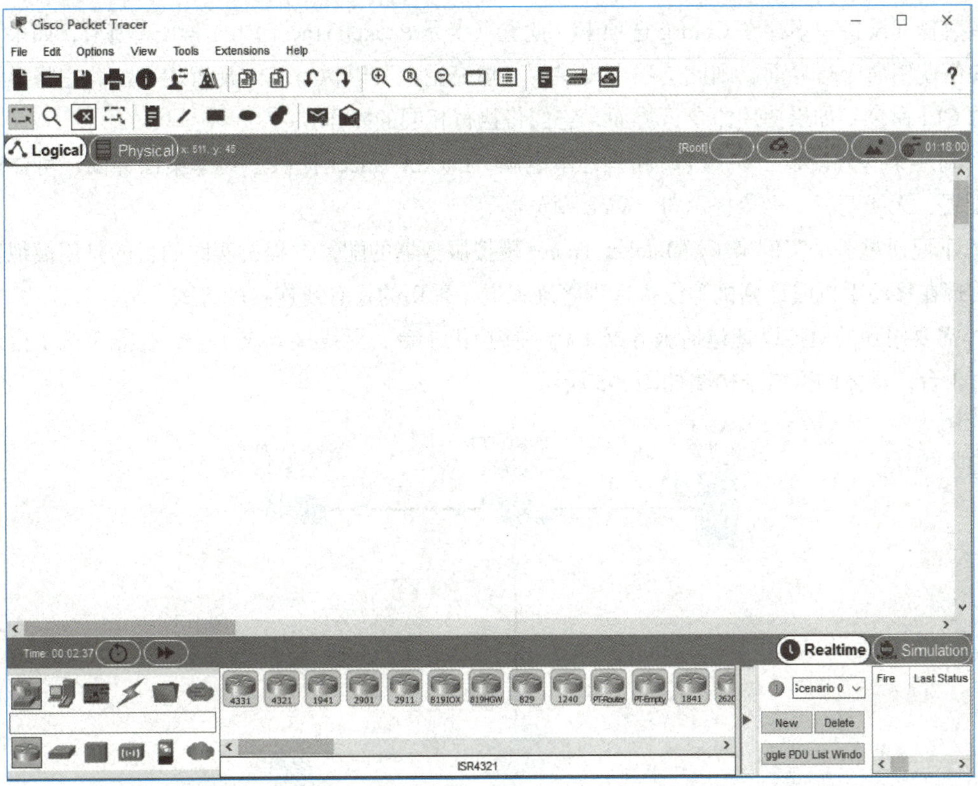

图 8-4　Packet Tracer 主界面

设备栏是最常使用的栏目之一，设备栏从上到下，从左到右分别是类别、子类别、设备。类别有网络设备、终端设备、组件、连接、杂项和多用户连接六大项，子类别则有路由器、交换机、集线器、无线设备、安全设备、终端设备等，另外 Packet Tracer 还有一个名为 Home 的子类别。

学习笔记

我们可以看到物联网的传感设备，如烟雾探测器、风扇、智能门和车库门传感器以及灯具。

除了网络设备和终端设备，还有组件，在这可以通过小型计算机系统和 Arduino 板一起发挥作用，用户可以在其中部署板、执行器，甚至传感器。在左下角，有多用户连接，通过这个可以利用多个 Packet Tracer 应用程序使用真实的物理网络连接在一起创建更大的实验室项目。

要使用设备，直接单击类别、子类别后找到需要的设备，然后将其拖进工作区里，例如想要一台服务器，可以单击终端设备后在默认的子类别里找到名为 Generic，形状类似台式机的设备，拖入工作区后，将会被自动命名为 Server0。在设备添加完成后可能需要通过电缆连接设备，可以在连接——连接里找到想要的电缆。要连接设备请单击合适的线缆，你会发现光标变为电缆形状，单击工作区的网络设备图标就可以选择所需要连接的接口，电缆中闪电标志是自动匹配线缆类型，青蓝色曲线是控制线、黑色直线是直通线、黑色虚线是交叉线。

创建网络后，即可配置设备和组件，Packet Tracer 能够配置组成网络的不同中间设备和终端设备，要访问任何设备的配置界面，请首先单击要配置的设备，弹出一个窗口，显示一系列选项卡，不同类型的设备具有不同的接口。对于路由器和交换机等中间设备，有两种配置方法可供选择，可以通过 Config 选项卡（GUI 界面），还可以通过命令行界面（CLI）配置或查询设备。大多数物理设备中不存在 Config 选项卡，此选项卡是 Packet Tracer 中的学习选项卡，如果不知道如何使用命令行界面，则此选项卡提供了“填充空白”以执行基本配置的方法，它将显示相同的 CLI 命令，如果使用命令行界面，它们将执行相同的操作。

对于某些终端设备，如 PC 和笔记本电脑，Packet Tracer 提供了一个桌面界面，可让访问 IP 配置、无线配置、命令提示符、Web 浏览器等。

下面通过一个实例来了解 Packet Tracer 模拟服务器的配置过程，实践的目的是用模拟器软件实现在移动手机或计算机等设备远程管理家电，采用的是有线连接的方式。

需要用到的模拟设备包括服务器 1 台、交换机 1 台、无线接入点 1 个、智能手机 1 台以及台灯 1 台，具体的网络结构图如图 8-5 所示。

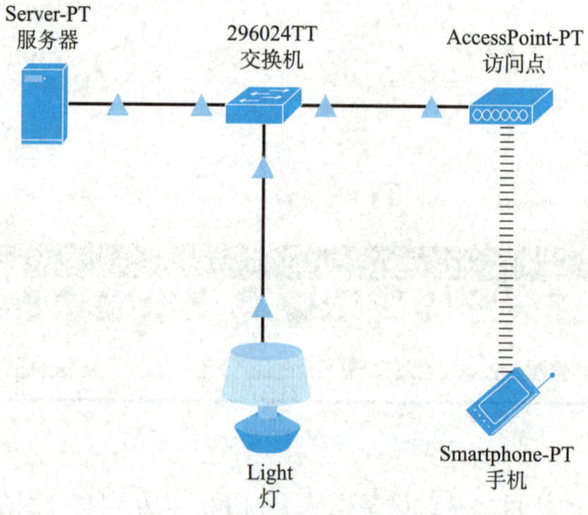

图 8-5　Packet Tracer 网络结构图

第一步，使用软件相关资源完成拓扑结构搭建，所有的线都与交换机的 FastEthernet 接口连接，顺序任意，完成搭建后，等待一段时间，图标自动变绿。

单击“服务器”→“服务”→DHCP 选项，勾选服务，配置默认网关与 DNS 服务器，设置起始 IP 地址、子网掩码、最大用户数量等，单击“保存”按钮，如图 8-6 所示。

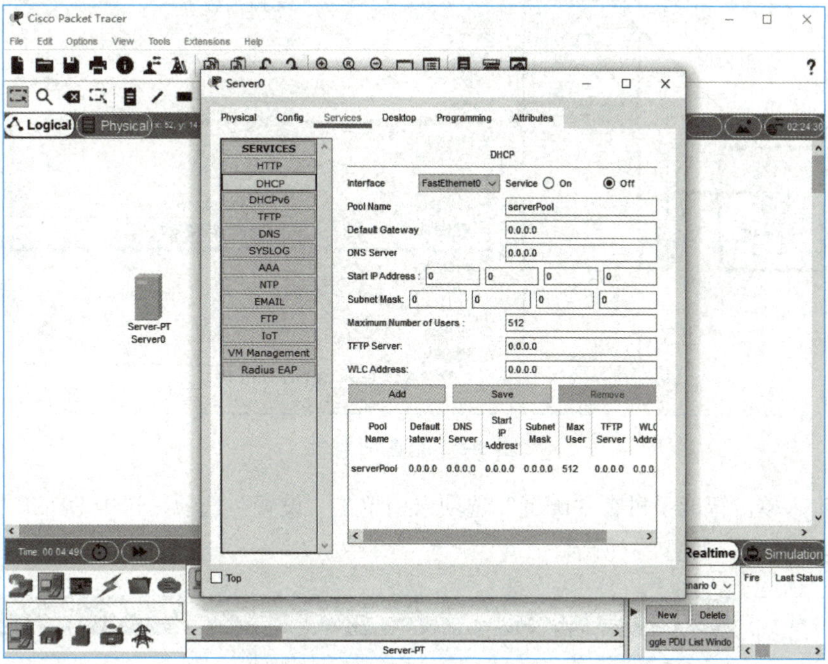

图 8-6　服务器配置

第二步，单击“物联网”选项，打开注册服务器，如图 8-7 所示。

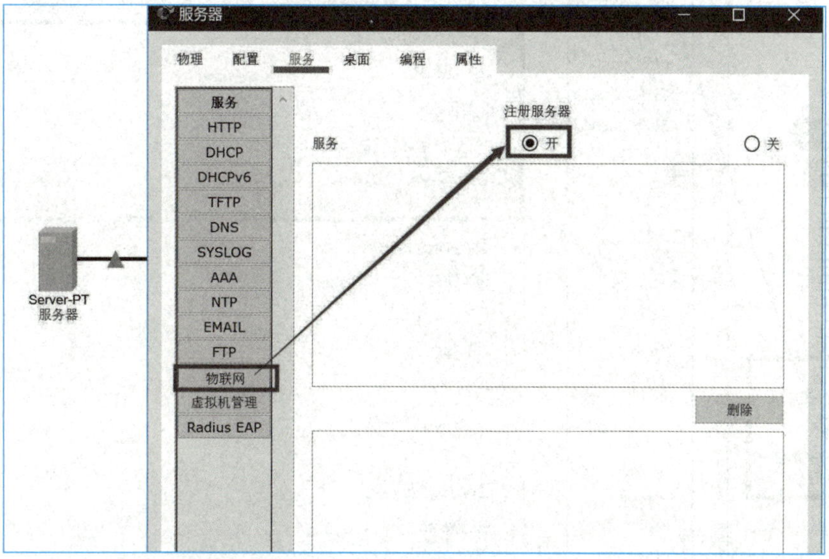

图 8-7　注册服务器

第三步，在“配置”选项卡中单击 FastEthernet0 选项，配置静态 IP 地址与子网掩码，如

学习笔记

图 8-8 所示。

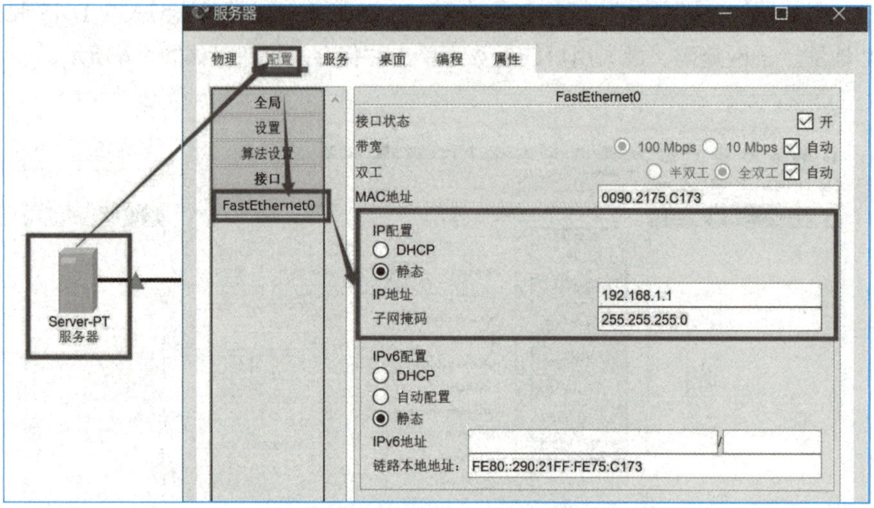

图 8-8　配置 IP 地址

第四步，单击智能手机在“配置”选项卡中单击“设置”选项，选中 DHCP 单选按钮，等待连接至服务器，如图 8-9 所示。

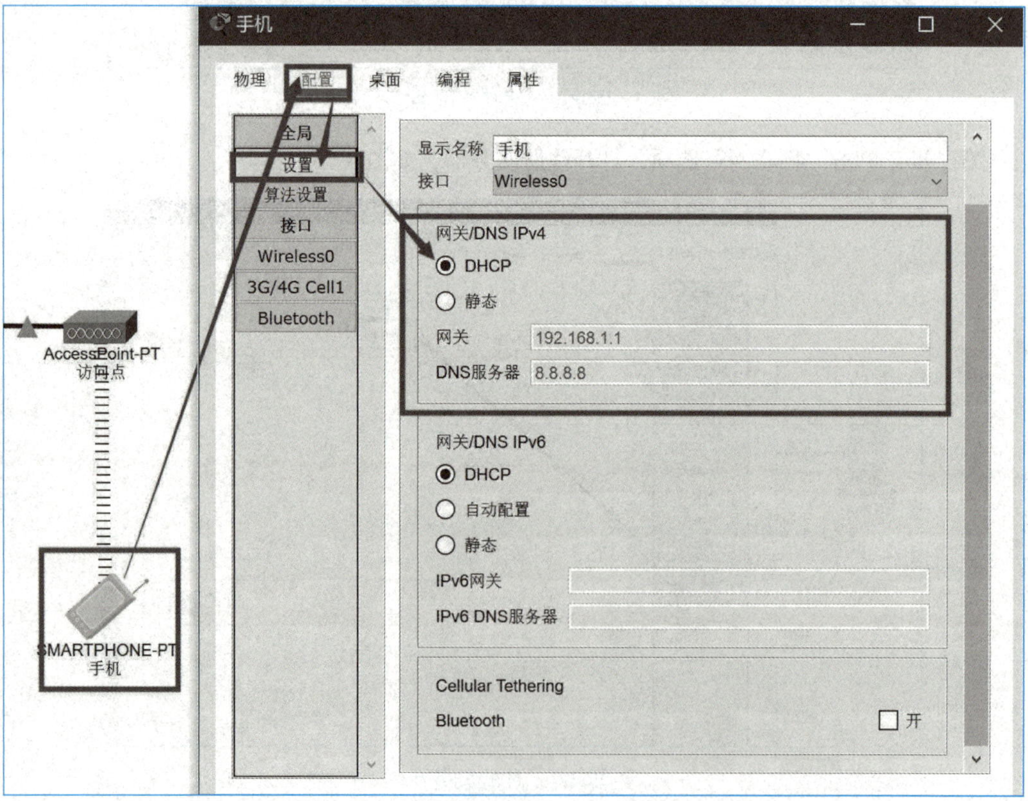

图 8-9　设置连接服务器

学习笔记

第五步，连接成功后进入手机桌面单击“网页浏览器”选项，如图 8-10 所示。

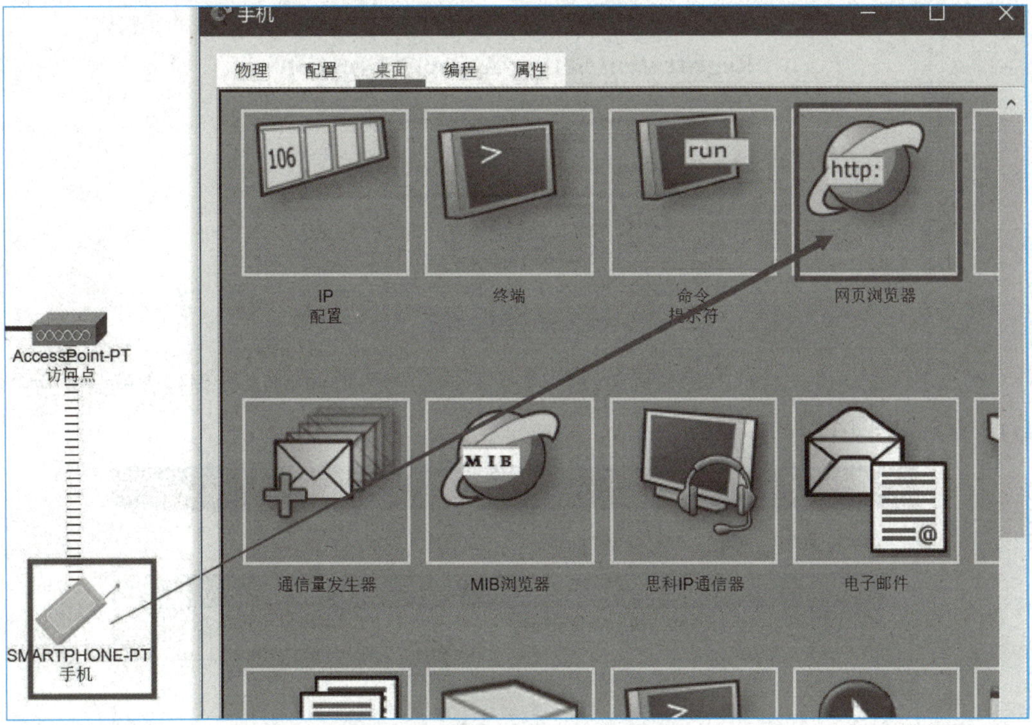

图 8-10　配置手机访问桌面

第六步，输入网址单击“前往”按钮，如图 8-11 所示。

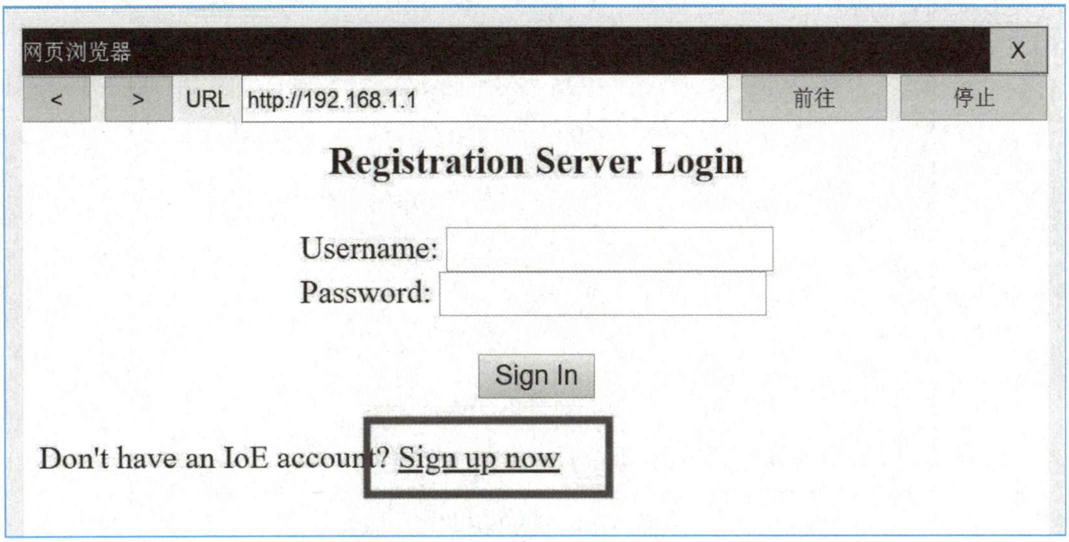

图 8-11　登录网页

第七步，创建账号密码，Username 和 Password 都设为 admin，单击 Create 按钮，如图 8-12 所示。

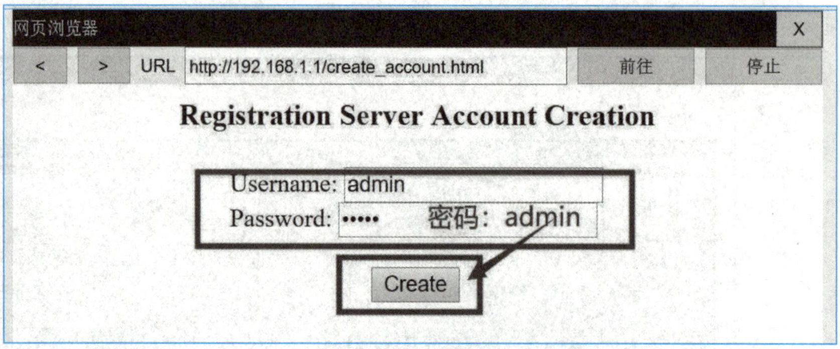

图 8-12　用户登录

第八步，成功进入后可以看到目前设备列表是空的，要将台灯加入管理列表就需要为台灯进行配置，如图 8-13 所示。

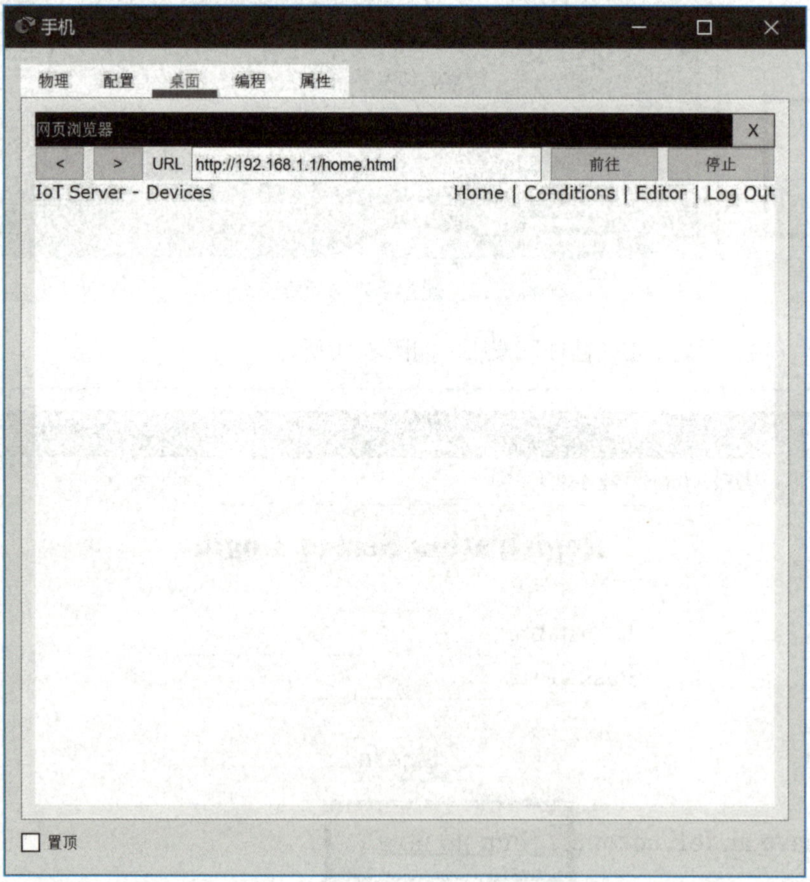

图 8-13　设备列表增加

第九步，单击台灯，在“配置”选项卡下单击“设置”选项，勾选 DHCP 单选按钮，等待获取到网关与 DNS 服务器后单击下方“远程服务器”单选按钮，输入服务器地址账号和密码，单击“连接”按钮，如图 8-14 所示。

学习笔记

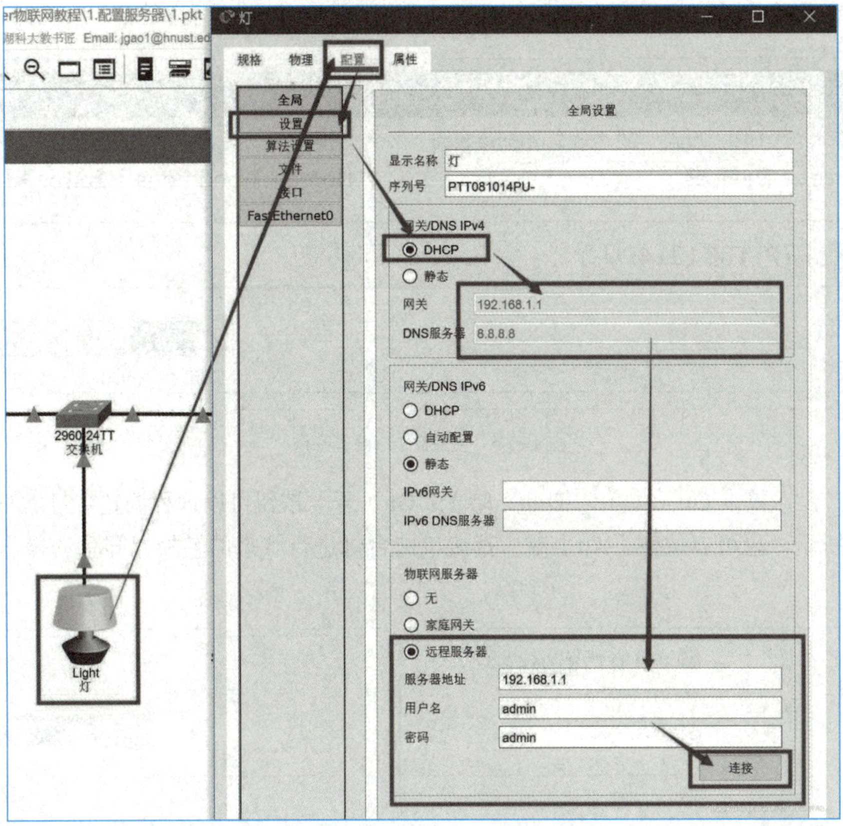

图 8-14　设备连接

第十步，再次进入手机浏览器进行登录，如图 8-15 所示。

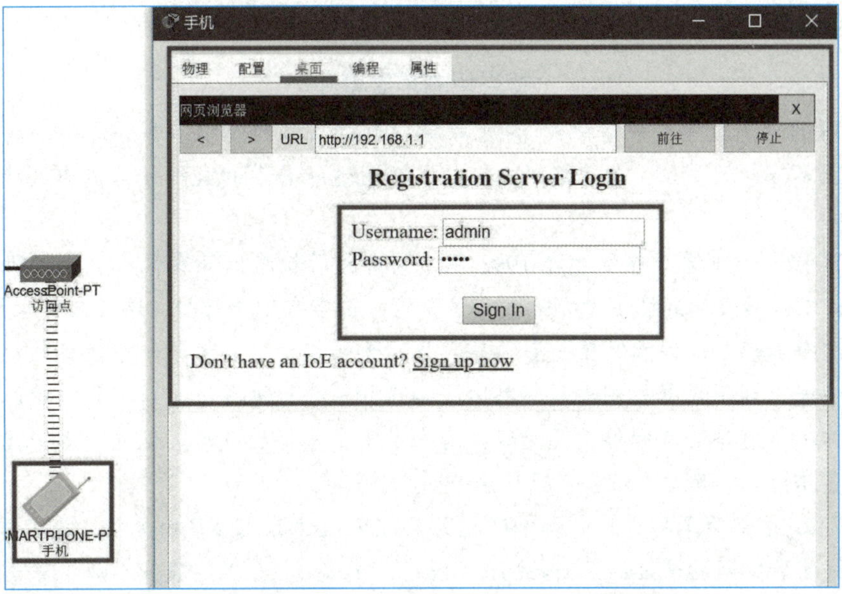

图 8-15　设备重新登录

第十一步，可以看到台灯已经成功加入，如图 8-16 所示。

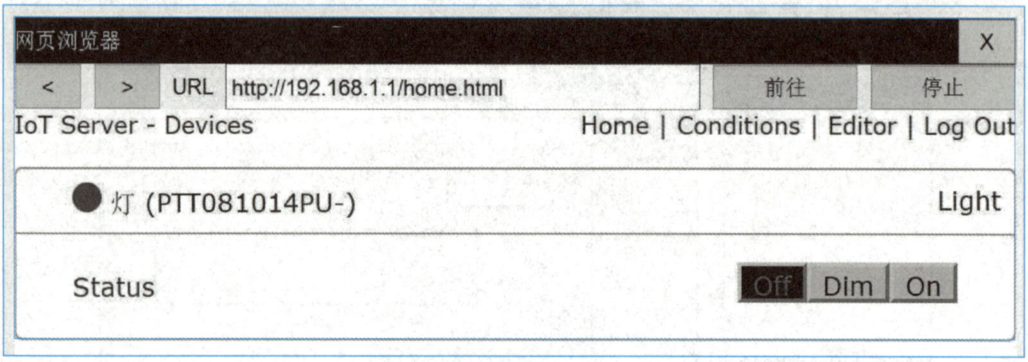

图 8-16　更新后的设备列表

第十二步，单击 Off（关）、Dim（暗）、On（开）按钮可以远程调整台灯的三种状态，如图 8-17 所示。也可以按住【Alt】键，直接单击台灯进行状态的转换，即手动操作而不是远程操作。

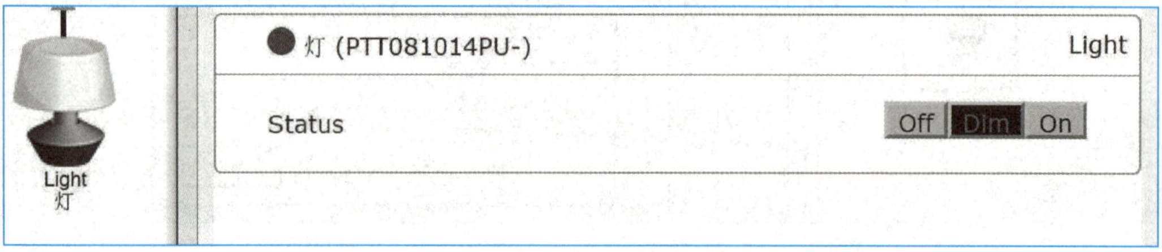

图 8-17　设备状态控制

拓展阅读

特洛伊咖啡壶事件

物联网的理念最早可以追溯到 1991 年英国剑桥大学的咖啡壶事件。小小的咖啡壶竟然能吸引上百万人的关注，这可能吗？可能。实现这一壮举的就是一只名为“特洛伊”的咖啡壶。

“特洛伊”咖啡壶事件发生在 1991 年。剑桥大学特洛伊计算机实验室的科学家们在工作时，要下两层楼梯到楼下看咖啡煮好了没有，但常常空手而归，这让工作人员很烦恼。为了解决这个麻烦，他们编写了一套程序，并在咖啡壶旁边安装了一个便携式摄像机，镜头对准咖啡壶，利用计算机图像捕捉技术，以 3 帧 / 秒的速率传递到实验室的计算机上，以方便工作人员随时查看咖啡是否煮好，省去了上下楼梯的麻烦。这样，他们就可以随时了解咖啡煮沸情况，咖啡煮好之后再下去拿。

1993 年，这套简单的本地“咖啡观测”系统又经过其他同事的更新，更是以 1 帧 / 秒的速率通过实验室网站连接到了因特网上。没想到的是，仅仅为了窥探“咖啡煮好了没有”，全世界因特网用户蜂拥而至，近 240 万人单击过这个名噪一时的“咖啡壶”网站。就网络数字摄像机而言，确切地说：其市场开发、技术应用以及日后的种种网络扩展都是源于这个世界上最负盛名的“特洛伊咖啡壶”。

此外，还有数以万计的电子邮件涌入剑桥大学旅游办公室，希望能有机会亲眼看看这个神奇的咖啡壶。具有戏剧效果的是，这只被全世界关注的咖啡壶因为网络而闻名，最终也通过网络找到了归宿：数字世界最著名的咖啡壶在 eBay 拍卖网站以 7 300 美元的价格卖出！时间大约在 2001 年 8 月。一个不经意的发明，居然在全世界引起了如此大的轰动。

至于是谁最先想到这个发明的，剑桥大学的科学家们显然不愿意归功于个人。高登是 1991 年参与建立这个系统的成员之一，他说：“没有人确定到底是谁的主意。我们一致认为这是个好想法，于是就把它编到我们的内部系统里去了。”

思考和作业

1. 你认为物联网的应用领域有哪些？它对现代社会有何意义？

2. 物联网感知层、网络层和应用层的三层体系结构在物联网中的作用是什么？它们之间的关系是怎样的？

3. 物联网关键技术包括哪些？它们的特点和适用范围是什么？

4. 物联网应用的安全威胁有哪些？如何识别和防范这些威胁？

小　结

本单元主要介绍了物联网相关的知识，主要包括物联网的概念、应用领域和发展趋势，从物联网感知层、网络层和应用层的三层体系结构讲述了每层在物联网中的作用，另外，还介绍了物联网应用的安全威胁。通过本单元的学习，读者将具备一定的物联网相关知识和技能，能够应对未来数字化社会的发展趋势和挑战。

单元 9 决策分析优化的大数据技术

学习笔记

学习目标

◎了解大数据的时代背景、应用场景和发展趋势。

◎了解大数据分析算法模式，初步建立数据分析概念。

◎了解基本的数据挖掘算法，熟悉大数据处理的基本流程。

◎熟悉大数据在获取、存储和管理方面的技术架构，熟悉大数据系统架构基础知识。

◎掌握大数据工具与传统数据库工具在应用场景上的区别。

◎熟悉典型的大数据可视化工具。

◎了解大数据应用中面临的常见安全问题和风险，以及大数据安全防护的基本方法，自觉遵守和维护相关法律法规。

相关知识

1. 大数据技术的定义

视频 大数据技术

大数据是指无法在一定时间范围内用常规软件工具获取、存储、管理和处理的数据集合，具有数据规模大、数据变化快、数据类型多样和价值密度低四大特征。熟悉和掌握大数据相关技能，将会更有力地推动国家数字经济建设。

狭义上的大数据指的是用现有的一般技术难以管理的大量数据的集合。

现在的大数据和过去相比，主要有三点区别：

①随着社交媒体和传感器网络等技术的发展，正产生出大量的、多样的、丰富的数据。

②随着硬件和软件技术的发展，数据的存储和处理成本正在大幅下降。

③随着云计算等技术的出现，大数据的存储、处理和可视化有了更多的用法。

多大的数据集才能被认为是大数据，是一个可变的定义。因为随着技术的不断发展，符合大数据标准的数据集容量也会增长，并且定义随不同的行业也有变化，这依赖于在一个特定行业通常使用何种软件和数据集有多大。

2. 大数据技术的发展

在大数据时代，传统的软件已经无法处理和挖掘大量数据中的信息，我们一般认为大数据的发展经历了三个阶段：

（1）大数据理论雏形阶段（1980年—2006年）

1980年，美国著名的未来学家阿尔文·托夫勒在《第三次浪潮》书中，提出“大数据”的基本概念。1997年，美国宇航局研究员迈克尔·考克斯首次使用“大数据”这一术语，指超级计算机生成大量的信息，不能被处理和可视化；数据集规模之大，超出了主存储器、本地磁盘，甚至远程磁盘的承载能力。

（2）大数据概念发展阶段（2007年—2012年）

2007年，社交网络，视频网站导致大量非结构化数据的出现。2010年以来，智能手机和购物App等的应用，数据海量化、碎片化和分布式特征更加明显，移动数据急剧增长。2011年，麦肯锡正式定义了大数据的概念。

（3）大数据实践应用阶段（2013年至今）

2015年，国务院印发了《促进大数据发展行动纲要》。2015年贵州省首个大数据综合试验区，阿里云、腾讯数据中心、苹果公司等入驻亚洲数据中心。

3. 大数据技术的特点

大数据具有5V的特点，即volume（海量）、velocity（高速）、variety（多样）、value（低价值密度）、veracity（真实性）。

① volume（海量）：“数据爆炸”的时代，数据增长速度急剧加快。社交信息等这种非结构数据急速增长，比结构化数据增长快10倍到50倍。一般来讲，超过10 TB规模的数据量才能称得上是大数据，可能很快需要100 TB规模以上的数据量。

② velocity（高速）：即数据的生成、流动的速度非常快。比如对10 TB的数据，能够1秒就可以实现分析和处理，这就是高速。很多数据是有时效性的，用户对数据的利用要求快速，比如搜索引擎要求能够快速地从海量的数据中搜索出想要的信息。

③ variety（多样）：大数据包括结构化、半结构化和非结构化的数据。社交媒体、视频信息和传感数据，涵盖图片、声音、视频和传感等各类数据。

④ value（低价值密度）：虽然大数据的规模巨大，但是有价值的信息比较少。需要通过数据分析才能将大数据中的海量价值密度低的数据，抽取出少量有价值的信息。

⑤ veracity（真实性）：网络中存在大量虚假的、错误的数据，需要找到真实可靠的数据。

4. 大数据技术体系

大数据技术体系庞大且复杂，基础的技术包含数据的采集、数据预处理、分布式存储、NoSQL数据库、数据仓库、机器学习、并行计算、可视化等各种技术范畴和不同的技术层面。

首先给出一个通用的大数据处理框架，主要分为以下几个方面：数据采集与预处理、数据存储、数据清洗、数据查询分析和数据可视化。从大数据的生命周期来看，大数据采集、大数据预处理、大数据存储、大数据分析，共同组成了大数据生命周期里最核心的技术。

（1）大数据采集

大数据采集，即对各种来源的结构化和非结构化海量数据所进行的采集。主要有Sqoop和ETL，传统的关系型数据库MySQL和Oracle也依然充当着许多企业的数据存储方式。部分开

学习笔记

源项目如 Kettle 和 Talend 也集成了大数据采集功能，可实现 HDFS、Hbase 和主流 NoSQL 数据库之间的数据同步和集成，还可以使用网络数据采集（一种借助网络爬虫或网站公开 API，从网页获取非结构化或半结构化数据，并将其统一结构为本地数据的数据采集方式）和文件采集（包括实时文件采集和处理技术 Flume、基于 ELK 的日志采集和增量采集）等方法。

（2）大数据处理

大数据预处理，指的是在进行数据分析之前，先对采集到的原始数据所进行的诸如“清洗、填补、平滑、合并、规格化、一致性检验”等一系列操作，旨在提高数据质量，为后期分析工作奠定基础。数据预处理主要包括四个部分：数据清理、数据集成、数据转换、数据规约。

①数据清理：指利用 ETL 等清洗工具，对有遗漏数据（缺少感兴趣的属性）、噪声数据（数据中存在着错误或偏离期望值的数据）、不一致数据进行处理。

②数据集成：指将不同数据源中的数据，合并存放到统一数据库的存储方法。着重解决三个问题：模式匹配、数据冗余、数据值冲突检测与处理。

③数据转换：指对所抽取出来的数据中存在的不一致进行处理的过程。它同时包含了数据清洗的工作，即根据业务规则对异常数据进行清洗，以保证后续分析结果准确性。

④数据规约：指在最大限度保持数据原貌的基础上，最大限度精简数据量，以得到较小数据集的操作，包括数据方聚集、维规约、数据压缩、数值规约、概念分层等。

（3）大数据存储

大数据存储，指用存储器以数据库的形式，存储采集到的数据的过程，包含三种典型路线：

①基于 MPP 架构的新型数据库集群，采用 Shared Nothing 架构，结合 MPP 架构的高效分布式计算模式，通过列存储、粗粒度索引等多项大数据处理技术，重点面向行业大数据所展开的数据存储方式。它具有低成本、高性能、高扩展性等特点，在企业分析类应用领域有着广泛的应用。较之传统数据库，其基于 MPP 产品的 PB 级数据分析能力，有着显著的优越性。自然，MPP 数据库，也成为企业新一代数据仓库的最佳选择。

②基于 Hadoop 的技术扩展和封装，是针对传统关系型数据库难以处理的数据和场景（针对非结构化数据的存储和计算等），利用 Hadoop 开源优势及相关特性（善于处理非结构、半结构化数据，复杂的 ETL 流程，复杂的数据挖掘和计算模型等），衍生出相关大数据技术的过程。伴随着技术进步，其应用场景也将逐步扩大，目前最为典型的应用场景：通过扩展和封装 Hadoop 来实现对互联网大数据存储、分析的支撑，其中涉及了几十种 NoSQL 技术。

③大数据一体机，这是一种专为大数据的分析处理而设计的软、硬件结合的产品。它由一组集成的服务器、存储设备、操作系统、数据库管理系统，以及为数据查询、处理、分析而预安装和优化的软件组成，具有良好的稳定性和纵向扩展性。

（4）大数据分析

大数据分析，从可视化分析、数据挖掘算法、预测性分析、语义引擎、数据质量管理等方面，对杂乱无章的数据，进行萃取、提炼和分析的过程。

①可视化分析，指借助图形化手段，清晰并有效传达与沟通信息的分析手段。主要应用于

海量数据关联分析，即借助可视化数据分析平台，对分散异构数据进行关联分析，并做出完整分析图表的过程，具有简单明了、清晰直观、易于接受的特点。

②数据挖掘算法，即通过创建数据挖掘模型，而对数据进行试探和计算的数据分析手段。它是大数据分析的理论核心。数据挖掘算法多种多样，且不同算法因基于不同的数据类型和格式，会呈现出不同的数据特点。但一般来讲，创建模型的过程却是相似的，即首先分析用户提供的数据，然后针对特定类型的模式和趋势进行查找，并用分析结果定义创建挖掘模型的最佳参数，并将这些参数应用于整个数据集，以提取可行模式和详细统计信息。

③预测性分析，是大数据分析最重要的应用领域之一，通过结合多种高级分析功能（特别统计分析、预测建模、数据挖掘、文本分析、实体分析、优化、实时评分、机器学习等），达到预测不确定事件的目的。帮助用户分析结构化和非结构化数据中的趋势、模式和关系，并运用这些指标来预测将来事件，为采取措施提供依据。

④语义引擎，指通过为已有数据添加语义的操作，提高用户互联网搜索体验。

⑤数据质量管理，指对数据全生命周期的每个阶段（计划、获取、存储、共享、维护、应用、消亡等）中可能引发的各类数据质量问题，进行识别、度量、监控、预警等操作，以提高数据质量的一系列管理活动。

大数据的出现简单地讲是海量数据同完美计算能力结合的结果，是移动互联网、物联网产生了海量的数据，大数据计算技术完美地解决了海量数据的收集、存储、计算、分析的问题。

当我们最初谈大数据的时候，谈得最多的可能是用户行为分析，即通过各种用户行为，包括浏览记录、消费记录、交往和购物娱乐、行动轨迹等各种用户行为产生的数据。由于这些数据本身符合海量、异构的特征，同时通过分析这些数据之间的关联性容易匹配某些结果现象。既有一堆的行为因子，同时又有一堆的结果构成，我们找寻到了某种相关性，有利于我们调整后续的各种策略。

5. 大数据的应用场景

对于大数据的应用场景，包括各行各业对大数据处理和分析的应用，最核心的还是用户需求，大数据无处不在，广泛应用于各个行业。

（1）医疗大数据看病更高效

除了较早前就开始利用大数据的互联网公司，医疗行业是让大数据分析最先发扬光大的传统行业之一。医疗行业拥有大量的病例、病理报告、治愈方案、药物报告等。如果这些数据可以被整理和应用将会极大地帮助医生和病人。在未来，借助于大数据平台我们可以收集不同病例和治疗方案，以及病人的基本特征，可以建立针对疾病特点的数据库。如果未来基因技术发展成熟，可以根据病人的基因序列特点进行分类，建立医疗行业的病人分类数据库。在医生诊断病人时可以参考病人的疾病特征、化验报告和检测报告，参考疾病数据库来快速帮助病人确诊，明确定位疾病。在制定治疗方案时，医生可以依据病人的基因特点，调取相似基因、年龄、身体情况相同的有效治疗方案，制定出适合病人的治疗方案，帮助更多人及时进行治疗。同时这些数据也有利于医药行业开发出更加有效的药物和医疗器械。

学习笔记

（2）生物大数据改良基因

自人类基因组计划完成以来，世界主要发达国家纷纷启动了生命科学基础研究计划，如国际千人基因组计划、DNA 百科全书计划、英国十万人基因组计划等。这些计划引领生物数据呈爆炸式增长。目前每年全球产生的生物数据总量已达 EB 级，生命科学领域正在爆发一次数据革命，生命科学某种程度上已经成为大数据科学。

（3）金融大数据理财利器

大数据在金融行业应用范围较广，典型的案例有招商银行利用客户刷卡、存取款、电子银行转账、微信评论等行为数据进行分析，每周给客户发送针对性广告信息，里面有顾客可能感兴趣的产品和优惠信息。可见，大数据在金融行业的应用可以总结为以下五个方面：

①精准营销：依据客户消费习惯、地理位置、消费时间进行推荐。

②风险管控：依据客户消费和现金流提供信用评级或融资支持，利用客户社交行为记录实施信用卡反欺诈。

③决策支持：利用决策树技术进行抵押贷款管理，利用数据分析报告实施产业信贷风险控制。

④效率提升：利用金融行业全局数据了解业务运营薄弱点，利用大数据技术加快内部数据处理速度。

⑤产品设计：利用大数据计算技术为财富客户推荐产品，利用客户行为数据设计满足客户需求的金融产品。

（4）零售大数据最懂消费者

零售行业大数据应用有两个层面：一个层面是零售行业可以了解客户消费喜好和趋势，进行商品的精准营销，降低营销成本；另一层面是依据客户购买产品，为客户提供可能购买的其他产品，扩大销售额，也属于精准营销范畴。另外零售行业可以通过大数据掌握未来消费趋势，有利于热销商品的进货管理和过季商品的处理。零售行业的数据对于产品生产厂家是非常宝贵的，零售商的数据信息将会有助于资源的有效利用，降低产能过剩，厂商依据零售商的信息按实际需求进行生产，减少不必要的生产浪费。

（5）电商大数据精准营销法宝

电商是最早利用大数据进行精准营销的行业，除了精准营销，电商可以依据客户消费习惯来提前为客户备货，并利用便利店作为货物中转点，在客户下单 15 min 内将货物送上门，提高客户体验。菜鸟网络宣称 24 h 完成在中国境内的送货，以及未来京东将在 15 min 完成送货上门都是基于客户消费习惯的大数据分析和预测。

电商可以利用其交易数据和现金流数据，为其生态圈内的商户提供基于现金流的小额贷款，电商业也可以将此数据提供给银行，同银行合作为中小企业提供信贷支持。由于电商的数据较为集中，数据量足够大，数据种类较多，因此未来电商数据应用将会有更多的想象空间，包括预测流行趋势，消费趋势、地域消费特点、客户消费习惯、各种消费行为的相关度、消费热点、影响消费的重要因素等。依托大数据分析，电商的消费报告将有利于品牌公司产品设计、生产企业的库存管理和计划生产、物流企业的资源配置、生产资料提供方产能安排等等，有利于精细化、社会化大生产，有利于精细化社会的出现。

（6）农牧大数据量化生产

大数据在农业应用主要是指依据未来商业需求的预测来进行农牧产品生产，降低菜贱伤农的概率。同时大数据的分析将会更加精确预测未来的天气，帮助农牧民做好自然灾害的预防工作。大数据同时也会帮助农民依据消费者消费习惯决定来增加哪些品种的种植，减少哪些农作物的生产，提高单位种植面积的产值，同时有助于快速销售农产品，完成资金回流。牧民可以通过大数据分析来安排放牧范围，有效利用牧场。渔民可以利用大数据安排休渔期、定位捕鱼范围等。

由于农产品不容易保存，因此合理种植和养殖农产品十分重要。借助于大数据提供的消费趋势报告和消费习惯报告，政府将为农牧业生产提供合理引导，建议依据需求进行生产，避免产能过剩，造成不必要的资源和社会财富浪费。农业关乎国计民生，科学的规划将有助于社会整体效率提升。大数据技术可以帮助政府实现农业的精细化管理，实现科学决策。在数据驱动下，结合无人机技术，农民可以采集农产品生长信息、病虫害信息。相对于过去雇佣飞机成本将大大降低，同时精度也将大大提高。

（7）交通大数据畅通出行

交通作为人类行为的重要组成和重要条件之一，对于大数据的感知也是最急迫的。近年来，我国的智能交通已实现了快速发展，许多技术手段都达到了国际领先水平。但是，问题和困境也非常突出，从各个城市的发展状况来看，智能交通的潜在价值还没有得到有效挖掘：对交通信息的感知和收集有限，对存在于各个管理系统中的海量的数据无法共享运用、有效分析；对交通态势的研判预测乏力，对公众的交通信息服务很难满足需求。这虽然有各地在建设理念、投入上的差异，但是整体上智能交通的现状是效率不高，智能化程度不够，使得很多先进技术设备发挥不了应有的作用，也造成了大量投入上的资金浪费。

尽管现在已经基本实现了数字化，但是数字化和数据化还不是一回事，只是局部提高了采集、存储和应用的效率，本质上并没有太大的改变。而大数据时代的到来必然带来破解难题的重大机遇。大数据必然要求我们改变小数据条件下一味地精确计算，而是更好地面对混杂，把握宏观态势；大数据必然要求我们不再热衷因果关系而是相关关系，使得处理海量非结构化数据成为可能，也必然促使我们努力把一切事物数据化，最终实现管理的便捷高效。

目前，交通的大数据应用主要在两个方面：一方面可以利用大数据传感器数据来了解车辆通行密度，合理进行道路规划，包括单行线路规划；另一方面可以利用大数据来实现即时信号灯调度，提高已有线路运行能力。科学安排信号灯是一个复杂的系统工程，必须利用大数据计算平台才能计算出一个较为合理的方案。科学的信号灯安排将会提高30%左右已有道路的通行能力。铁路利用大数据可以有效安排客运和货运列车，提高效率、降低成本。

（8）教育大数据因材施教

随着技术的发展，信息技术已在教育领域有了越来越广泛的应用。考试、课堂、师生互动、校园设备使用、家校关系……只要技术到达的地方，各个环节都被数据包裹。

在课堂上，数据不仅可以改善教育，在重大教育决策制定和教育改革方面，大数据更有用

学习笔记

武之地。举一个比较有趣的例子，教师的高考成绩和所教学生的成绩有关吗？某公立中小学的数据分析显示，在语文成绩上，教师高考分数和学生成绩呈现显著的正相关。也就是说，教师的高考成绩与他们现在所教语文课上的学生学习成绩有很明显的关系，教师的高考成绩越好，学生的语文成绩也越好。这个关系让我们进一步探讨其背后真正的原因。其实，教师高考成绩高低某种程度上是教师的某个特点在起作用，而正是这个特点对教好学生起着至关重要的作用，教师的高考分数可以作为挑选教师的一个指标。如果有了充分的数据，便可以发掘更多的教师特征和学生成绩之间的关系，从而为挑选教师提供更好的参考。

大数据还可以帮助家长和教师甄别出孩子的学习差距和有效的学习方法。比如，美国的麦格劳 - 希尔教育出版集团就开发出了一种预测评估工具，帮助学生评估他们已有的知识和达标测验所需程度的差距，进而指出学生有待提高的地方。评估工具可以让教师跟踪学生学习情况，从而找到学生的学习特点和方法。有些学生适合按部就班，有些则适合图式信息和整合信息的非线性学习。这些都可以通过大数据搜集和分析很快识别出来，从而为教育教学提供坚实的依据。

在国内尤其是北京、上海、广东等城市，大数据在教育领域就已有了非常多的应用，譬如慕课、在线课程、翻转课堂等，其中就应用了大量的大数据工具。

毫无疑问，在不远的将来，无论是针对教育管理部门，还是校长、教师，以及学生和家长，都可以得到针对不同应用的个性化分析报告。通过大数据的分析来优化教育机制，也可以做出更科学的决策，这将带来潜在的教育革命。不久的将来，个性化学习终端，将会更多地融入学习资源云平台，根据每个学生的不同兴趣爱好和特长，推送相关领域的前沿技术、资讯、资源乃至未来职业发展方向，等等，并贯穿每个人终身学习的全过程。

（9）体育大数据夺冠精灵

大数据对于体育的改变可以说是方方面面，从运动员本身来讲，可穿戴设备收集的数据可以让自己更了解身体状况。媒体评论员，通过大数据提供的数据更好地解说比赛、分析比赛。数据已经通过大数据分析转化成了洞察力，为体育竞技中的胜利增加筹码，也为身处世界各地的体育爱好者随时随地观赏比赛提供了个性化的体验。

有教练表示：“在球场上，比赛的输赢取决于比赛策略和战术，以及赛场上连续对打期间的快速反应和决策，但这些细节转瞬即逝，所以数据分析成为一场比赛最关键的部分。对于那些拥护并利用大数据进行决策的选手而言，他们毋庸置疑地将赢得足够竞争优势。”

操作与实践

任务一　大数据采集和预处理之网络数据采集

（1）任务描述

百度指数，如图 9-1 所示，是以百度海量网民行为数据为基础的数据分析平台，是当前互联网乃至整个数据时代最重要的统计分析平台之一，百度指数能够告诉用户：某个关键词在百度的搜索规模有多大，一段时间内的涨跌态势以及相关的新闻舆论变化，关注这些词的网民是什么样的，分布在哪里，同时还搜了哪些相关的词，帮助用户优化数字营销活动方案。主要功能模块有：基于单个词的趋势研究（包含整体趋势、PC 趋势和移动趋势）、需求图谱、舆情管家、人群画像；基于行业的整体趋势、地域分布、人群属性、搜索时间特征。

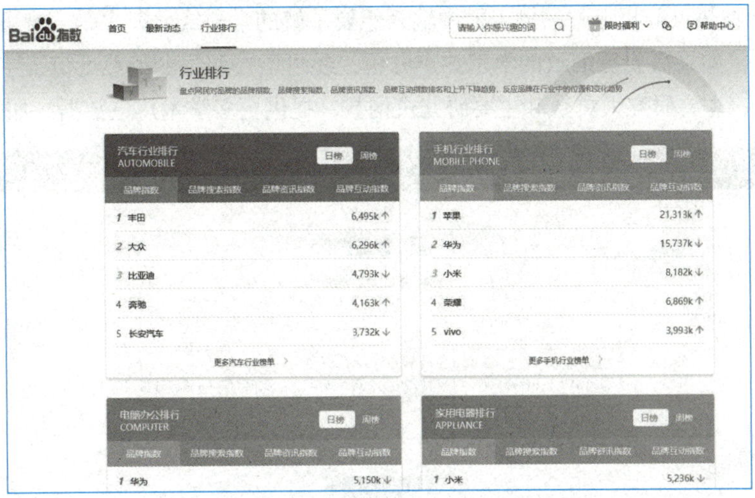

图 9-1　网络数据采集之百度指数

飞瓜数据，如图 9-2 所示，是一款短视频及直播数据查询、运营及广告投放效果监控的专业工具，提供短视频达人查询等数据服务，并提供多维度的抖音、快手达人榜单排名、电商数据、直播推广等实用功能，包括行业排行榜、涨粉排行榜、成长排行榜、地区排行榜、蓝 V 排行榜等，快速寻找抖音优质活跃账号，了解不同领域 KOL 的详情信息，明确账号定位、受众喜好、内容方向。

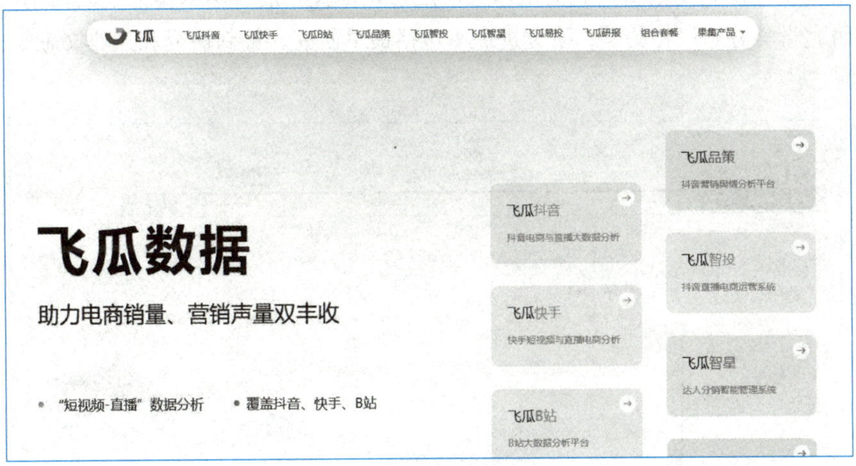

图 9-2　网络数据采集之飞瓜数据

CNKI 中国知网是知识大数据的分析平台，本任务是使用中国知网的热点领域大数据分析，进行学术热点分析和学术指数检索。

学习笔记

（2）任务实践

学术热点分析位于中国知网首页的 AI 研究助手。

第一步，单击“学术趋势”。

第二步，在热点分析下方的输入框中输入想要了解的学科或研究主题，就可以自由检索该学科学术热点，如果需要更细致的学术热点分析，还可以按照主题的热度值、主要文献数、相关国家课题数、主要研究人员数和主要研究机构数，提供更多学术热点数据，如图 9-3 所示。

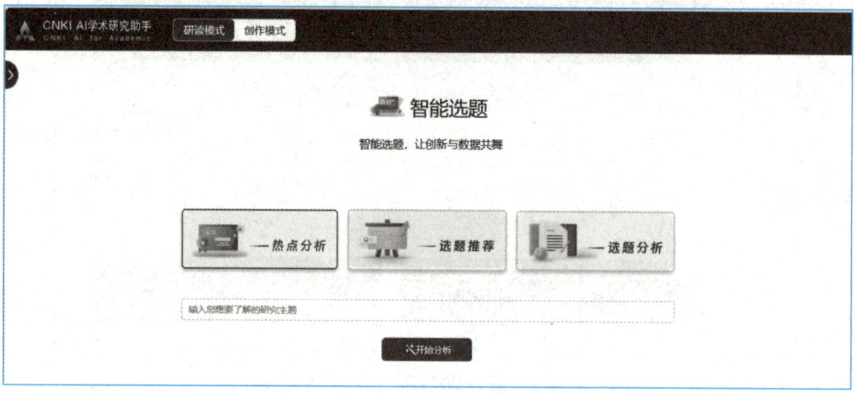

图 9-3　网络数据采集之知网学术热点分析

学术指数检索位于中国知网首页的原知识元检索位置，其专用 URL 如下：https://kns.cnki.net/kns/?classid=XJ79AGG8

第一步，单击“指数”。

第二步，输入检索的关键词，如“先进制造业”，我们可以试着检索它的学术指数，检索结果就会出现研究伊始到最新研究的学术关注度、媒体关注度、学术传播度以及用户关注度，后面还有研究学科分布、相关词，研究进展（包括最早研究、最新研究和经典文献），如图 9-4 所示。

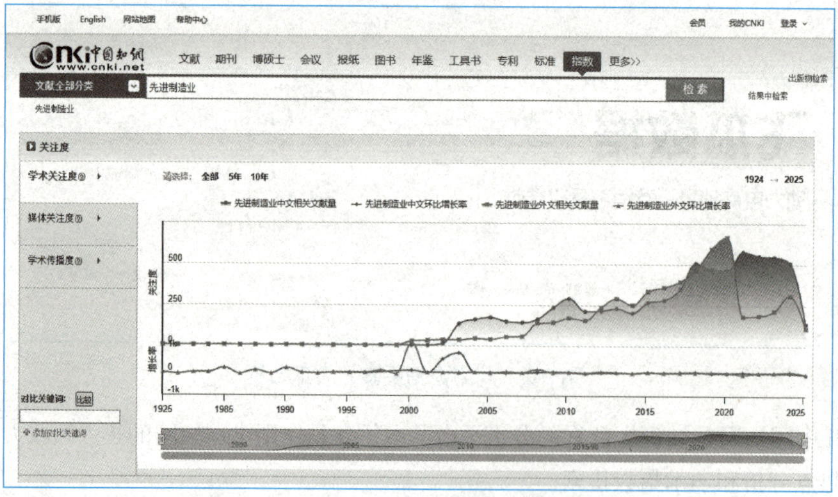

图 9-4　网络数据采集之知网学术指数检索

任务二　大数据分析挖掘之数据可视化

学习笔记

数据可视化技术，是运用计算机图形学和图像处理等技术，以图表、地图、动画或其他使内容更容易理解的图形方式来表示数据，使数据所表达的内容更容易被处理。它的基本思想，是将数据库中每一个数据项作为单个图元元素表示，大量的数据集构成数据图像，同时将数据的各个属性值以多维数据的形式表示，可以从不同的维度观察数据，从而对数据进行更深入的观察和分析。给人们提供一个直觉的、交互的和反应灵敏的可视化环境。

不论是国内还是国外，都有很多优秀的数据可视化工具，从数据信息安全等多角度考虑，推荐国内的数据可视化工具或产品，这些工具或产品主要包括数据可视化库类、报表和 BI 类、大屏投放类以及专业（地图、科学计算、机器学习等）类等几个大类。

1. 阿里云数据可视化平台——DataV

DataV 是阿里云一款数据可视化应用搭建工具，旨在让更多的人看到数据可视化的魅力，帮助非专业的工程师通过图形化的界面轻松搭建专业水准的可视化应用，满足会议展览、业务监控、风险预警、地理信息分析等多种业务的展示需求。应用实例：天猫双 11，杭州城市大脑。

2. 百度公司数据可视化平台——Sugar

Sugar 是百度云推出的敏捷 BI 和数据可视化平台，目标是解决报表和大屏的数据 BI 分析和可视化问题，解放数据可视化系统的开发人力。Sugar 提供界面优美、体验良好的交互设计，通过拖动图表组件可实现 5 min 搭建数据可视化页面，并对数据进行快速的分析。通过可视化图表及强大的交互分析能力，企业可使用 Sugar 有效助力自己的业务决策。平台支持直连多种数据源（Excel/CSV、MySQL、SQL Server、PostgreSQL、Oracle、GreenPlum、Kylin、Hive、Spark SQL、Impala、Presto、Vertica 等），还可以通过 API、静态 JSON 方式绑定可视化图表的数据，简单灵活。大屏与报表的图表数据源可以复用，用户可以方便地为同一套数据搭建不同的展示形式。

3. 帆软公司数据可视化平台

帆软公司是中国专业的大数据 BI 和分析平台提供商，专注商业智能和数据分析领域，公司主打产品 FineReport 支持主流的图表类型和样式，如柱形图、折线图、条形图、饼图、面积图、XY 散点图、气泡图、雷达图、股价图、仪表盘、全距图、组合图、地图、甘特图等，满足中国式复杂报表和数据分析的需求。

4. 网易有数

作为敏捷 BI 产品，网易有数提供可视化的操作方式，让用户可以灵活地构建数据模型，敏捷地进行多维分析，随时随地阅览实时报表。网易有数支持 Excel 文件、传统数据库和大数据存储系统的数据源，支持数据行列级别权限控制、亿级数据秒级响应，这让不同业务人员可以灵活地进行多维分析，快速地发现数据中的规律。

学习笔记

拓展阅读

数据，正在成为这个世界最重要的土壤和基础

若要穿越时空纵观历史，不必去寻找时空隧道，不必去造时光机，只需让历史数据呈现出来。遇到困难若要寻求答案找解决办法，不必手忙脚乱，只需让历史数据呈现出来。数据的呈现才能引领时代的飞跃。

人类能繁荣昌盛的发展到今天，离不开的是数据。以前对于数据很模糊，我管它叫作经验。经验的积累离不开的时间的磨砺，而人相对于时间磨砺经验，人很渺小。时间太短，一个真相数据的积累需要几代人甚至十几代人的磨砺。没有这些数据的积累，可以说人类只能停留在茹毛饮血的时代，而不会有今天的文明。

当翻开《数据之巅》这本书时，仿佛打开了一扇通往过去的大门。本书主要以三个事例来阐述数据的厉害之处，由小到大，细致的分析，构思精妙，环环相扣，令人深省。不由得感叹数据的积累运用超乎认知，从个人的衣食住行，到群体的行为，再到社会的流行趋势、发展动向等。掌握了数据，你就掌握了一切。数据收集得越多，未来就会越清晰，看得就越透彻。

人工智能收集你的各种信息，你的生活习惯，你的表达方式。当你在使用的时候就会发现竟会如此神奇，什么它都知道。这就是大数据。

我们不能未卜先知，但是我们根据数据可以分析未来会是个什么样子，我们可以有根据地猜测它是个什么样子。一件事情会朝着那个方向发展，我们不清楚，但是我们清楚已经发生了的事情，我们可以根据已经发生了的数据去分析那些没有发生的事情，像天气预报一样。未来是大数据的天下，谁掌握了大数据，谁能正确分析大数据，谁就能未卜先知。

思考和作业

1. 你认为大数据的应用场景有哪些？它对现代社会有何意义？

2. 大数据的基本概念、结构类型和核心特征是什么？它们的关系是怎样的？

3. 大数据获取、存储和管理方面的技术架构是怎样的？大数据工具与传统数据库工具在应用场景上的区别是什么？

4. 大数据分析算法模式有哪些？你认为在大数据处理中需要注意哪些问题？大数据可视化工具的特点和适用范围是什么？大数据应用中面临的常见安全问题和风险有哪些？如何防范这些问题和风险？

学习笔记

小　结

本单元主要介绍了大数据技术的相关知识，主要包括大数据的基本概念、结构类型和核心特征，以及大数据在获取、存储和管理方面的技术架构，大数据工具与传统数据库工具在应用场景上的区别。通过本单元的学习，读者将具备一定的大数据相关知识和技能，能够应对未来数字化社会的发展趋势和挑战。

单元 10 让信任更简单的区块链技术

学习笔记

学习目标

◎了解区块链技术的特征、分类以及应用。

◎了解区块链技术在我国的应用情况以及我国数字货币的发展现状。

◎熟悉区块链技术的发展历程。

◎了解国内常用数字加密货币市场。

◎能够具备一定的金融知识，能够理解和应用数字货币的概念、原理和交易规则。

相关知识

1. 区块链技术的定义

区块链技术（blockchain technology）是一种基于分布式账本、密码学算法和共识机制的新型数据存储与传输技术。其核心思想是通过去中心化的方式，将数据以“区块”的形式按时间顺序链接成不可篡改的链式结构，实现数据的安全存储、透明共享和可追溯验证。区块链最初作为比特币的底层技术被提出，但因其独特的信任机制和安全性，现已广泛应用于金融、供应链、医疗、物联网等多个领域。

区块链技术由区块、链、分布式网络、加密算法等技术组成，其中：

（1）区块

区块（block）是区块链的基本数据单元，包含以下核心内容：

区块头：包含了前一个区块的哈希值（用于链接）、时间戳、随机数（nonce）等元数据。前一区块的哈希值确保了区块链的连续性，使得任何对历史数据的篡改都会被立即发现。时间戳则记录了该区块创建的确切时间，保证了交易的时间顺序不可篡改。随机数是矿工在挖矿过程中寻找的一个数值，目的是找到符合网络难度要求的哈希值，从而完成新区块的添加。

交易数据：记录了具体的交易信息，包括发送方、接收方以及交易金额等详细内容。

本区块哈希值：通过加密算法生成的唯一标识符，基于区块头中的所有信息计算得出。这个哈希值不仅确保了单个区块的数据完整性，也是连接前后区块的关键纽带。一旦区块内的任何信息发生变化，其哈希值也会随之改变，进而破坏整个链条的一致性。

（2）链

每个新区块通过哈希值与前一个区块链接，形成一条按时间顺序排列的链式结构。任何对历史区块的篡改都会导致后续所有区块的哈希值失效，从而实现防篡改特性。链（chain）将各个区块按照时间顺序相连形成的结构，构成了区块链的基础框架。

（3）分布式网络

区块链网络由多个节点（计算机）组成，每个节点存储完整的账本副本，并通过共识机制（如工作量证明、权益证明）达成数据一致性。根据功能不同，节点可以分为全节点、轻量级节点等。全节点保存了区块链的全部历史记录，能够独立验证每一笔交易的有效性；而轻量级节点则只需要下载部分数据即可参与网络活动。为了达成数据一致性，区块链采用了一系列复杂的共识机制。工作量证明是最著名的共识算法之一，它要求节点解决复杂的数学问题以获得记账权。相比之下，权益证明则是根据节点持有的代币数量及其持有时间来选择记账者，旨在减少能源消耗。此外，还有委托权益证明等多种变体，适用于不同的应用场景。

（4）加密算法

加密算法是区块链安全性的基石，主要包括非对称加密技术和哈希函数两大类。非对称加密技术使用一对密钥——公钥和私钥来进行数据加密和解密。用户用公钥加密信息，只有拥有对应私钥的人才能解密阅读。这种方式非常适合保障用户身份的安全性，尤其是在数字签名场景下，发送者可以用自己的私钥对消息进行签名，接收者则可通过发送者的公钥验证签名的真实性。哈希函数用于生成固定长度的输出值，无论输入数据大小如何。这一特性使得哈希函数非常适合用来创建区块哈希值，确保即使是很小的数据改动也能导致完全不同的哈希结果，从而增强了数据的不可逆性和防篡改能力。

2. 区块链技术的特征

区块链技术之所以引发全球关注，核心在于其独特的运行机制和技术特性。以下从技术原理和实际应用角度，深入解析区块链的三大核心特征：公开透明、不可篡改、去中心化。

①公开透明，区块链的公开透明性源于其分布式账本的设计。所有节点存储完整的交易历史记录，任何参与者均可通过公开接口查询链上数据。每笔交易均通过哈希值关联到前序交易，形成完整的溯源链条。这种设计不仅确保了交易的可追溯性，还使得整个网络的数据保持高度一致。

②不可篡改，区块链的不可篡改特性依赖于哈希链式结构和共识机制保护。每个区块包含前一区块的哈希值，这要求修改任一区块时必须重新计算后续所有区块的哈希，成本极高。此外，工作量证明等共识算法进一步增强了这一特性，使得攻击者需要控制超过 51% 的算力才能篡改历史数据，这对于大型网络来说几乎是不可能完成的任务。

③去中心化，区块链技术消除了对中心服务器的需求，允许每个节点参与交易验证与记账过程，并通过共识决策机制避免单一实体控制网络。在传统的系统中，通常依赖于一个或多个中心服务器来存储数据、验证交易并维护整个网络的运行，这种集中式的管理方式容易形成单点故障，并且存在被恶意攻击的风险。

3. 区块链技术的分类

区块链按公开程度和是否有准入制（许可制）可以分为三种类型的区块链：公有链、私有链和联盟链。

学习笔记

公有区块链（public block chains）：完全公开，世界上任何个人和团队都可以访问区块链，都可以发送交易，且交易能够获得该区块链的有效确认，任何人都可以参与节点竞争出块权（即写入区块），没有准入机制，即不需要任何机构组织或个人的批准都能参与该区块链，对于所有人来说，区块链上的所有数据都是公开透明的，甚至包括源代码都是开源的，去中心化程度最高。公有区块链是最早的区块链，也是目前应用最广泛的区域链，网络上的虚拟数字货币都是基于公有区块链，世界上有且仅有一条该币种对应的区块链，如以太坊等。

私有区块链（private block chains）：非完全公开，一般访问许可限制在一个比较小的范围内，如一个部门或公司，有准入机制，规定谁可以查看和写入区块链，而不是所有人都能访问和参与，仅仅使用区块链的总账技术进行记账，可以是一个公司，也可以是个人，独享该区块链的写入权限，本链与其他的分布式存储方案没有太大区别，所以只是针对访问许可范围内的小范围内的机构或个人是公开透明的，去中心化程度最低。

联盟（行业）区块链（consortium block chains）：联盟区块链是介于公有链和私有链之间的，非完全公开，一般访问许可限制在一个比较小的范围内，如一个机构或组织，范围要比私有链大一点。也有准入机制，规定谁可以查看和写入区块链，而不是所有人都能访问和参与。所以也只是针对访问许可范围内的人来说是公开透明的，由某个群体内部指定多个预选的节点为记账人，每个块的生成由所有的预选节点共同决定，其他接入节点可以参与交易，但不过问记账过程，其他任何人可以通过该区块链开放的 API 进行限定查询。比较常见的联盟链，例如：各国央行基于区块链技术发行的数字货币，本质上也是在联盟链上发行的。

区块链技术自诞生之时起，就获得了以互联网为客体的关联主体的接受与大范围推广，就全球的区块链技术基本发展历程看，虽然只有短短 10 年的时间，但在研究与应用方面，已经实现了跨学科、跨专业、跨技术、跨行业、跨地区的综合式推进，目前以“技术变革”与“产业革命”为主要特征跻身于各个国家，很多国家也因其虚拟货币的价值特性，正在研发国家数字货币，已经成为各个国家进一步推动总体经济转型发展的必要手段与主要技术工具。

现在区域链的概念也发展到了 3.0，广泛地应用于金融服务、医疗健康、文化娱乐、社会管理、共享经济、技术开发、艺术和法律等多个行业。

4. 区块链技术在我国的发展

2019 年以来，区块链技术已被作为我国的国家战略技术，企业和研究机构在区块链技术研发方面投入巨大，涌现出一批具有国际竞争力的企业和技术解决方案。例如，蚂蚁集团旗下的蚂蚁链专注于为企业提供安全可靠的区块链基础设施，推动了区块链技术在供应链金融、版权保护等多个领域的实际应用。同时，高校和科研机构也在积极开展区块链相关的基础理论研究和技术攻关，努力突破关键技术瓶颈。在中国，区块链技术已应用于众多领域，包括但不限于：

（1）金融服务

中国人民银行推出的数字人民币（DCEP）是全球范围内领先的央行数字货币项目之一。DCEP 不仅旨在提升支付系统的效率和安全性，还致力于解决传统金融体系中存在的问题，如现金管理成本高、跨境支付不便等。通过试点项目，DCEP 已经在多个城市进行了测试，涵盖了零售支付、公共交通等多个场景，展示了其在促进经济活动中的潜力。

（2）智慧城市

我国的智慧城市建设正快速推进，其中区块链技术与物联网、大数据等前沿技术的结合成为一大亮点。这种多技术融合的方式为城市管理带来了革命性的变化。在交通管理方面，区块链可以用于记录车辆行驶数据、事故报告以及违章行为，确保这些信息的真实性和不可篡改性。这有助于建立更加公平合理的交通规则体系，并为自动驾驶技术的发展提供可靠的数据支持。

（3）政务服务

利用区块链技术改进政府服务流程，特别是在电子证照、不动产登记等领域取得了显著成效。传统的纸质证件容易丢失或损坏，且在不同部门之间的验证过程烦琐耗时。区块链技术的应用使得电子证照得以安全存储并便捷验证，极大地简化了行政手续。例如，公民的身份证明、学历证书等重要文件都可以通过区块链平台进行数字化管理，任何单位或个人都可以在线查询其真实性，无须担心伪造风险。对于不动产登记而言，区块链技术同样展现出了巨大价值。以往，由于土地所有权和使用权涉及复杂的法律关系，登记过程中可能存在重复抵押、产权纠纷等问题。现在，借助区块链技术，所有的产权变更记录都可以被永久保存并公开查询，增强了市场的透明度，同时也保护了权利人的合法权益。此外，智能合约还可以用来自动化处理某些特定类型的不动产交易，进一步提升了办事效率和服务质量，增强了公众对政府服务的信任度。

操作与实践

任务　数字人民币的使用

（1）任务描述

我国的数字人民币，是由中国人民银行发行的数字形式的法定货币，由指定运营机构参与运营并向公众兑换，以广义账户体系为基础，支持银行账户松耦合功能，与纸钞硬币等价，具有价值特征和法偿性，支持可控匿名。

中国人民银行推出数字人民币试点银行和试点地区后，许多人对数字人民币的发行十分感兴趣，但是却有很多疑惑不解的问题，有的将数字人民币与微信、支付宝混为一谈，有的疑惑手机里的数字人民币从何而来，是如何进入手机数字钱包的？

我国的数字人民币可以通过两种方式使用：第一种是数字人民币硬件钱包，硬件钱包是基于安全芯片的实体介质，就是将银行卡（账户）内的人民币充值到实体介质之内，类似于公交卡等电子介质一样，数字人民币硬钱包只能到银行柜台申领，目前，只有中国银行在很小的范围内可以办理。第二种，也是应用最为广泛的是数字人民币 App，它是数字人民币专属 App 消费，登录“数字人民币”App，单击“个人数字钱包”，单击右上角“扫码付”，即可扫描商户收款码付款，单击“个人数字钱包”，单击“上滑付款”，即可显示向商家付款，用户第一次使用付款码向商家付款时，可选择开启或不开启小额免密，用户若选择“开启小额免密”，则输入钱包支付密码后，显示付款码。若选择“不开启小额免密”，直接显示付款码。

本任务是通过安装和使用“数字人民币”App，来了解数字人民币的用法。

学习笔记

（2）任务实践

第一步，下载“数字人民币”App，在智能手机的应用商店搜索“数字人民币”，即可进行下载安装。

第二步，安装并打开，单击“开通或添加数字钱包”选项。

第三步，选择一家试点的商业银行，如图 10-1 所示，单击进入，按提示开通数字人民币钱包，并给钱包取一个名字。

图 10-1　数字人民币 App

第四步，给钱包充值，一般来说，可以通过两个渠道给钱包充值：第一是从手机银行转入，通过手机银行充值不用实名认证和绑定银行卡，只要支持使用数字人民币的银行，并已开通了手机银行都可以给钱包充值；第二是选择用银行卡充钱，必须将钱包升级为“二类钱包”，可以选择任意一张银行卡（借记卡）与数字人民币钱包绑定并实名认证。

第五步，使用数字人民币收付款，目前“数字人民币”App 已上线了许多商户，包括京东、美团、饿了么、天猫超市、顺丰速运、中石化等支付场景，数字钱包用户可在“数字人民币”App 首页单击“扫一扫”，扫描商户（或个人）收款二维码就可以支付数字人民币；如果要接收数字人民币，可以在数字钱包页面下滑，即可显示收钱码，他人可通过扫描页面出现的二维码向数字钱包持有人付款。

最后，如果不想使用数字人民币钱包，也可以单击“钱包管理”，找到“注销钱包”选项，注销钱包需要满足没有余额、没有处理中的交易、子钱包已经移除等条件。

目前，国内两大在线支付领域的支付宝和微信，也都以网商银行和微众银行为依托，开通了数字人民币渠道，极大地降低了广大网民使用数字人民币的门槛。

拓展阅读

为了进一步深化对区块链技术及其应用的理解，以下是一些推荐的拓展阅读材料和资源，旨在帮助同学们从不同的角度探索这一前沿领域：

1. 基础理论与技术原理

（1）《区块链：从数字货币到信用社会》：这本书深入浅出地介绍了区块链的基本概念、工作原理以及它如何改变我们的经济和社会。对于想要深入了解区块链背后的技术细节及其潜在影响的同学来说，是一个很好的起点。

（2）比特币白皮书（Satoshi Nakamoto）：作为区块链技术的起源，阅读比特币的原始白皮书可以帮助理解这项技术最初的设计理念和目标。

2. 加密算法与安全机制

（1）《密码学原理与实践》：了解非对称加密技术和哈希函数的工作原理是掌握区块链技术的关键。这本书详细讲解了现代密码学的基础知识，包括各种加密算法的应用场景和安全性分析。

（2）在线课程：MOOC 上的“密码学”专项课程通过实际案例学习密码学的基本概念和技术，特别是那些在区块链中广泛使用的部分。

3. 区块链的应用与发展

（1）《区块链革命：比特币底层技术如何改变货币、商业和世界》：探讨了区块链技术超越加密货币之外的应用，如供应链管理、医疗保健、政府服务等领域的变革潜力。

（2）研究论文与行业报告：如蚂蚁链发布的年度报告或相关学术期刊上的最新研究成果，可以获取区块链技术最新发展动态和未来趋势的信息。

4. 动手实践

开发区块链应用，尝试使用像以太坊这样的平台来开发简单的去中心化应用，这是将理论知识转化为实践经验的好方法。

通过这些资源的学习，不仅能够加深对区块链技术的理解，还能够激发创新思维，探索更多可能的应用场景和技术突破。希望每位同学都能找到自己感兴趣的领域，并在未来的学习与工作中加以应用和发展。

思考和作业

1. 你认为区块链技术的应用场景有哪些？它对现代社会有何意义？
2. 区块链技术的特征、分类以及应用是什么？它们之间的关系是怎样的？
3. 区块链技术在我国的应用情况和数字货币的发展现状是怎样的？你认为我国数字货币的

学习笔记

未来发展趋势是什么？

4.数字货币的概念、原理和交易规则是什么？你认为数字货币的优势和劣势是什么？在数字货币交易过程中需要注意哪些问题？

小　结

本单元主要介绍了区块链技术和数字货币相关的知识，包括区块链技术的基本概念，区块链技术的特征、分类以及应用，通过数字人民币相关知识简要介绍了区块链技术在我国的应用情况以及我国数字货币的发展现状。通过本单元的学习，读者将具备一定的区块链技术和数字货币相关的知识和技能，能够应对未来数字化金融领域的发展趋势和挑战。

单元 11 像水电一样使用的云计算技术

学习目标

学习笔记

◎了解什么是云计算，云计算有哪些关键技术。

◎了解云计算的具体实现形式有哪几种。

◎熟悉云计算的应用场景，了解它的发展前景。

◎熟悉云计算技术的使用。

◎能够不断学习和掌握新的云计算技术和应用，以便跟上技术的发展和变化。

相关知识

1. 云计算技术的定义

云计算（cloud computing）是一项正在兴起中的技术。它的出现，有可能完全改变用户现有的以桌面为核心的使用习惯，而转移到以 Web 为核心，使用 Web 上的存储与服务，人类有可能因此迎来一个新的信息化时代。云计算是网格计算（grid computing）、分布式计算（distributed computing）、并行计算（parallel computing）、效用计算（utility computing）、网络存储技术（network storage technologies）、虚拟化（virtualization）、负载均衡（load balance）等传统计算机和网络技术发展融合的产物，是一种基于互联网的计算方式，通过这种方式，共享的软硬件资源和信息可以按需提供给计算机和其他设备。

视 频

云计算技术

这里的云其实是网络、互联网的一种比喻说法，云计算的核心思想，是将大量用网络连接的计算资源统一管理和调度，构成一个计算资源池向用户提供按需服务。提供资源的网络被称为“云”。狭义云计算指 IT 基础设施的交付和使用模式，指通过网络以按需、易扩展的方式获得所需资源；广义云计算指服务的交付和使用模式，指通过网络以按需、易扩展的方式获得所需服务。这种服务可以是 IT 和软件、互联网相关，也可是其他服务。

2. 云计算的关键技术

①数据存储技术。为保证高可用、高可靠和经济性，云计算采用分布式存储的方式来存储数据，采用冗余存储的方式来保证存储数据的可靠性，即为同一份数据存储多个副本。另外，云计算系统需要同时满足大量用户的需求，并行地为大量用户提供服务。因此，云计算的数据存储技术必须具有高吞吐率和高传输率的特点。目前各 IT 厂商多采用 GFS 或 HDFS 的数据存储技术。

②数据管理技术。云计算系统对大数据集进行处理、分析向用户提供高效的服务。因此，

学习笔记

数据管理技术必须能够高效管理大数据集。其次，如何在规模巨大的数据中找到特定的数据，也是云计算数据管理技术所必须解决的问题。云计算的特点是对海量的数据存储、读取后进行大量的分析，数据的读操作频率远大于数据的更新频率，云中的数据管理是一种读优化的数据管理。因此，云系统的数据管理往往采用数据库领域中列存储的数据管理模式。将表按列划分后存储。

③编程模式。为了使用户能更轻松地享受云计算带来的服务，让用户能利用该编程模型编写简单的程序来实现特定的目的，云计算上的编程模型必须十分简单。必须保证后台复杂的并行执行和任务调度向用户和编程人员透明。云计算采用类似 MAP-Reduce 的编程模式。现在所有 IT 厂商提出的“云”计划中采用的编程模型，都是基于 MAP-Reduce 的思想开发的编程工具。按需部署是云计算的核心。要解决按需部署，必须解决资源的动态可重构、监控和自动化部署等，而这些又需要以虚拟化、高性能存储、处理器、高速互联网等技术为基础。所以云计算除了需要仔细研究其体系结构外，还要特别注意研究资源的动态可重构、自动化部署、资源监控、虚拟化、高性能存储、处理器等关键技术。

3. 云计算的原理

云计算的基本原理是，通过使计算分布在大量的分布式计算机上，而非本地计算机或远程服务器中，企业数据中心的运行将更与互联网相似。这使得企业能够将资源切换到需要的应用上，根据需求访问计算机和存储系统。

4. 云计算实现形式

① SaaS（软件即服务）。这种类型的云计算通过浏览器把程序传给成千上万的用户。在用户眼中看来，这样会省去在服务器和软件授权上的开支；从供应商角度而言，只需要维持一个程序即可，这样能够减少成本。Salesforce 是迄今为止这类服务最为著名的公司，SaaS 在人力资源管理程序和 ERP 中比较常用，Google Apps 也是类似的服务。

②实用计算（utility computing）。这种云计算是为 IT 行业创造虚拟的数据中心使得其能够把内存、I/O 设备、存储和计算能力集中起来，成为一个虚拟的资源池为整个网络提供服务。

③网络服务。同 SaaS 关系密切，网络服务提供者们提供 API，让开发者能够开发更多基于互联网的应用，而不是单机程序。

④平台即服务。另一种 SaaS，这种形式的云计算，是把开发环境作为一种服务来提供。可以使用中间商的设备开发自己的程序，并通过互联网和其服务器传输到用户手中。

⑤ MSP（管理服务提供商）是最古老的云计算运用之一。这种应用更多的是面向 IT 行业而不是终端用户，常用于邮件病毒扫描、程序监控等。

⑥商业服务平台。SaaS 和 MSP 的混合应用，该类云计算为用户和提供商之间的互动提供了一个平台。比如用户个人开支管理系统，能够根据用户的设置来管理其开支并协调其订购的各种服务。

⑦互联网整合。将互联网上提供类似服务的公司整合起来，以便用户能够更方便地比较和选择自己的服务供应商。

5. 当今云计算的应用

如今，Amazon、Google、IBM、微软和 Yahoo 等公司是云计算的先行者。云计算领域的众多成功公司还包括 Salesforce、Facebook、Youtube、Myspace 等。

Amazon 使用弹性计算云（EC2）和简单存储服务（S3）为企业提供计算和存储服务。收费的服务项目包括存储服务器、带宽、CPU 资源以及月租费。

Google 当数最大的云计算的使用者。Google 搜索引擎就建立在分布在 200 多个地点、超过 100 万台服务器的支撑之上，这些设施的数量正在迅猛增长。Google 地球、地图、Gmail、Docs 等也同样使用了这些基础设施。

IBM 在 2007 年 11 月推出了“改变游戏规则”的“蓝云”计算平台，为用户带来即买即用的云计算平台。它包括一系列的自动化、自我管理和自我修复的虚拟化云计算软件，使来自全球的应用可以访问分布式的大型服务器池。使得数据中心在类似于互联网的环境下运行计算。

微软紧跟云计算步伐，于 2008 年 10 月推出了 Windows Azure 操作系统。Azure（译为“蓝天”）是继 Windows 取代 DOS 之后，微软的又一次颠覆性转型——通过在互联网架构上打造新云计算平台，让 Windows 真正由 PC 延伸到“蓝天”上。

6. 云计算的发展趋势

云计算目前仍处于起步阶段，在云计算技术的发展趋势方面，Google 公司认为对云计算的应用意味着未来是数据跟着用户走。云计算未来主要朝以下三个方向发展：

①手机上的云计算。云计算技术提出后，对客户终端的要求大大降低，瘦客户机将成为今后计算机的发展趋势。瘦客户机通过云计算系统可以实现目前超级计算机的功能，而手机就是一种典型的瘦客户机，云计算技术和手机的结合将实现随时、随地、随身的高性能计算。

②云计算时代资源的融合。云计算最重要的创新是将软件、硬件和服务共同纳入资源池，三者紧密地结合起来融合为一个不可分割的整体，并通过网络向用户提供恰当的服务。网络带宽的提高为这种资源融合的应用方式提供了可能。

③云计算的商业发展。最终人们可能会像缴水电费那样去为自己得到的计算机服务缴费。这种使用计算机的方式对于诸如软件开发企业、服务外包企业、科研单位等对大数据量计算存在需求的用户来说无疑具有相当大的诱惑力。

操作与实践

任务一　一台计算机当作多台计算机的虚拟机技术

（1）任务描述

虚拟化技术是云计算的重要技术，主要用于物理资源的池化。池化是计算机领域的专业术语，是把单个的物理资源统合起来看待，就像存储在一个水池里，然后，根据需要取出对应数量的资源，再弹性地分配给用户，这些物理资源包括中央处理器、内存、磁盘和网络等。我们可以把多台物理的计算机虚拟化成一台计算机，也可以在一台物理的计算机中虚拟出多台虚拟的技术。本任务就是用一台物理的、真实存在的计算机，虚拟出一台 Linux 操作系统的服务器计算机，再虚拟出一台智能手机安卓操作系统的平板电脑计算机。目前，能实现这个目标的厂商和软件系统包括 VMware Workstation Player、微软的 Hyper-v 以及 Oracel 的 VirtualBOX 等，本任务是使用开

学习笔记

源虚拟机软件 VirtualBOX 来实现，在一台计算机上虚拟出一个深度 Linux 操作系统。

（2）任务实践

本次实践的软硬件环境建议是八代处理器，8 GB 及以上的内存，64 GB 以上的存储空间，安装微软的 Windows 10 及以上的操作系统，VirtualBOX 软件可以从微信的应用商店下载获得，也可以直接访问官网下载最新版本的虚拟机工具软件，再从武汉深之度科技有限公司的官网获取最新的深度 Linux 安装 ISO 镜像文件，即可开始操作实践。

第一步，打开虚拟机工具软件 VirtualBOX，在虚拟机主面板中单击“创建”按钮，如图 11-1 所示。

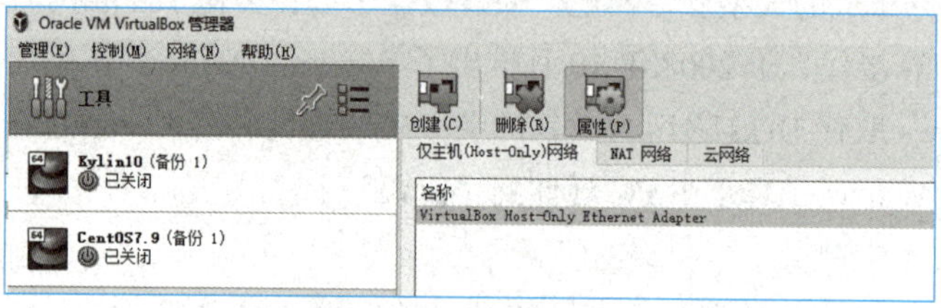

图 11-1　创建虚拟机

在这里需要设置一些内容，比如名称，可以自己定义安装路径，也就是虚拟机准备放到哪个磁盘的目录下；然后，选择操作系统的类型，一般深度系统是归属于 Linux 操作系统的，具体的版本，选择 Debian 类型，内存建议 4 GB 及以上，然后单击“创建”按钮，就可以进入下一步，如图 11-2 所示。

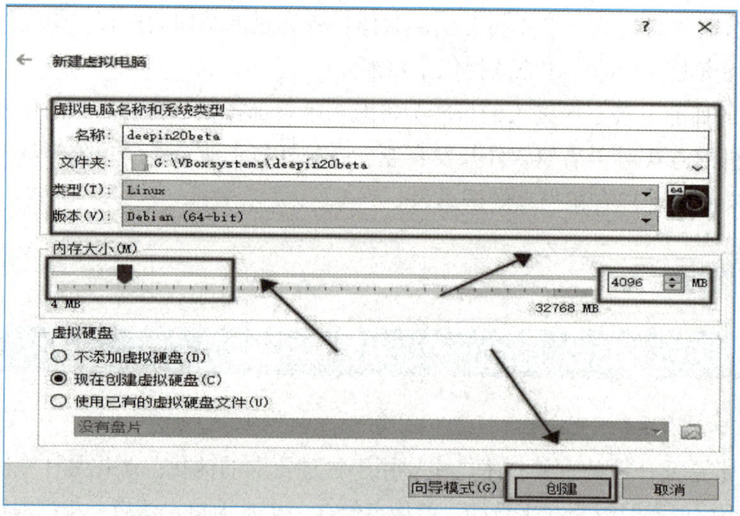

图 11-2　新建虚拟机

第二步，还需要创建虚拟硬盘，文件的位置会根据上一步的操作自动生成，文件大小指的是虚拟机操作系统所拥有的虚拟硬盘的大小，深度系统一般默认需要 64 GB 的大小，小于 64 GB 的容量是无法安装深度系统的，但要特别说明的是，默认情况下，存储在物理硬盘上的这个虚拟硬盘采用的是动态分配大小的方式，也就是说这个虚拟硬盘的大小，不需要物理计算机拥有这么大的空闲容量。它指的是深度系统最大会用到这些空间，一般刚刚安装好的深度系统不会超过 20 GB 的磁盘空间，至于其他的选项，默认即可，如图 11-3 所示，然后单击“创建”按钮，进入下一步。

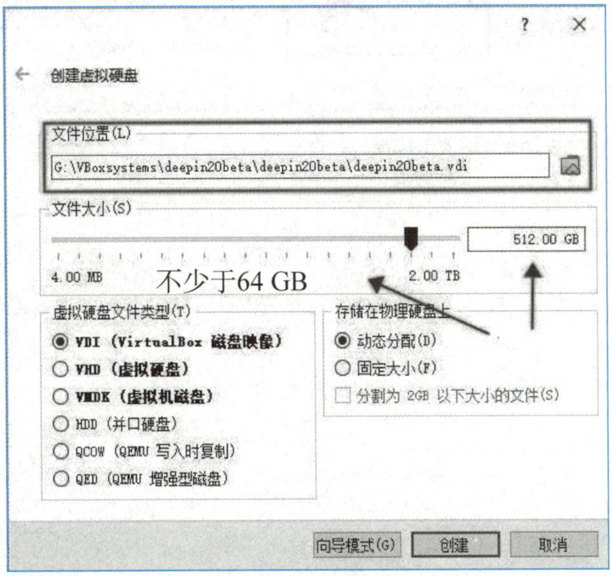

图 11-3　创建磁盘

第三步，需要设置分配给虚拟机操作系统的中央处理器，也就是俗称的 CPU 的数量以及相关的一些信息，如图 11-4 和图 11-5 所示。演示环境使用的 CPU 是英特尔公司的 I7 8700 k，该中央处理器制作工艺为 14 nm，主频是 3.7 GHz，最大睿频为 4.7 GHz，并且不锁倍频，也就是说这款中央处理器支持超频使用，可以完全满足虚拟化技术的使用，完成中央处理器的设置后，单击 OK 按钮，可进入下一步。

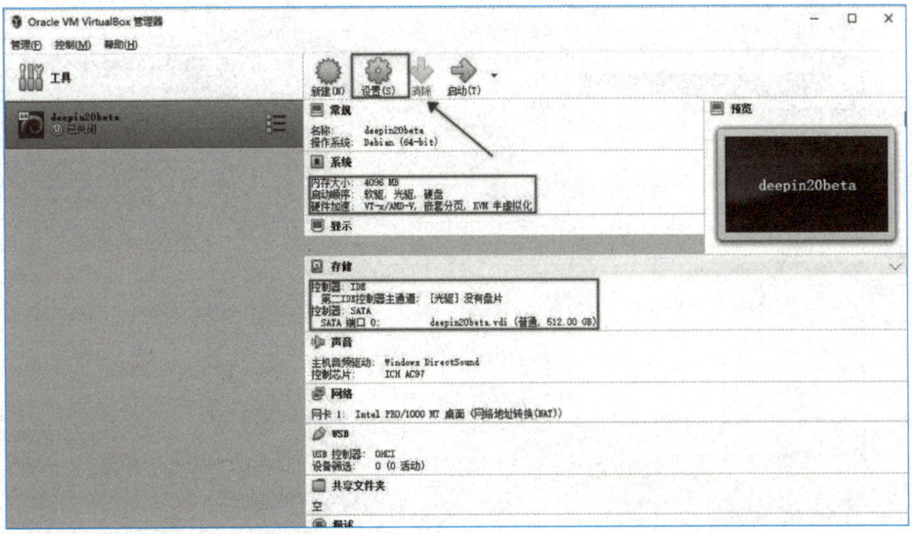

图 11-4　CPU 设置（1）

学习笔记

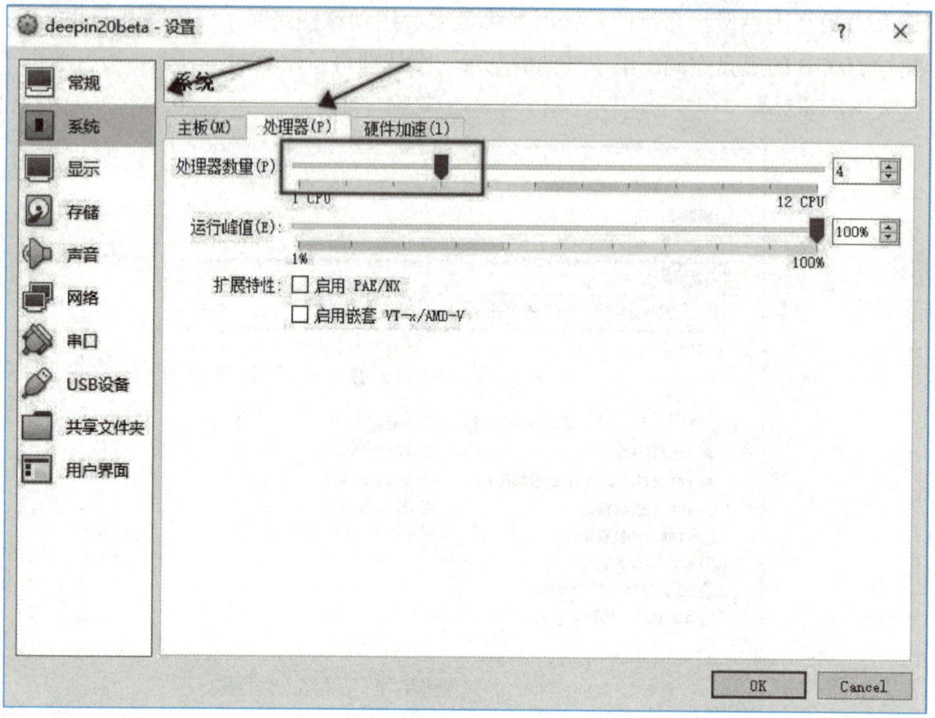

图 11-5　CPU 配置（2）

第四步，设置和加载下载好的深度系统的安装文件，如图 11-6 所示，它是一个 ISO 扩展名的镜像文件，相当于是以前传统的一张安装光盘，加载完成后，继续单击 OK 按钮，进入下一步。

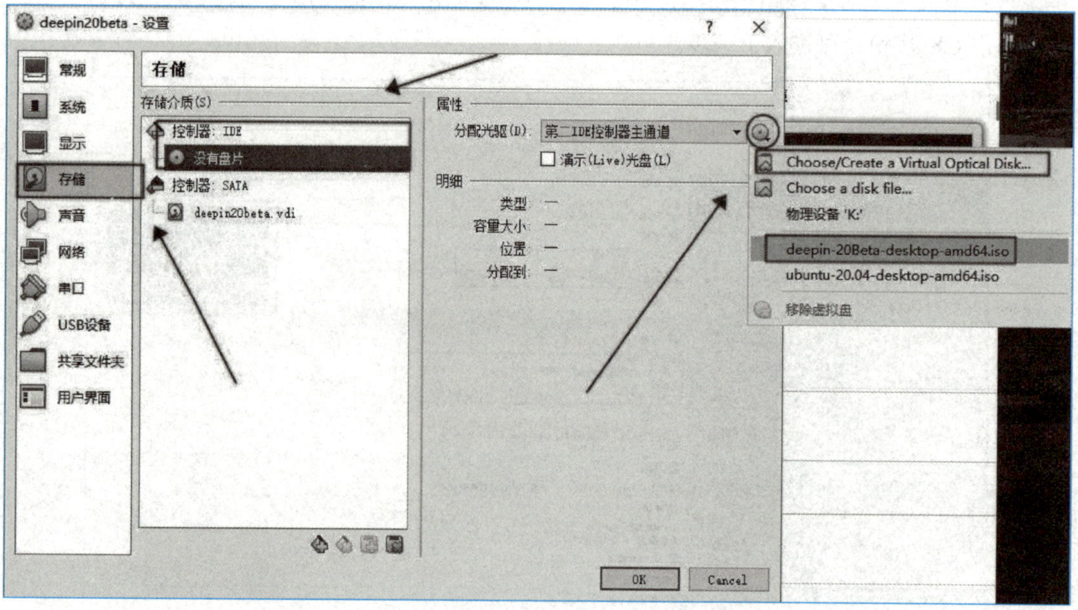

图 11-6　加载安装盘文件

学习笔记

第五步，在主控制面板，启动虚拟机，如图 11-7 所示，就可以进入深度系统的安装界面，如图 11-8～图 11-10 所示。

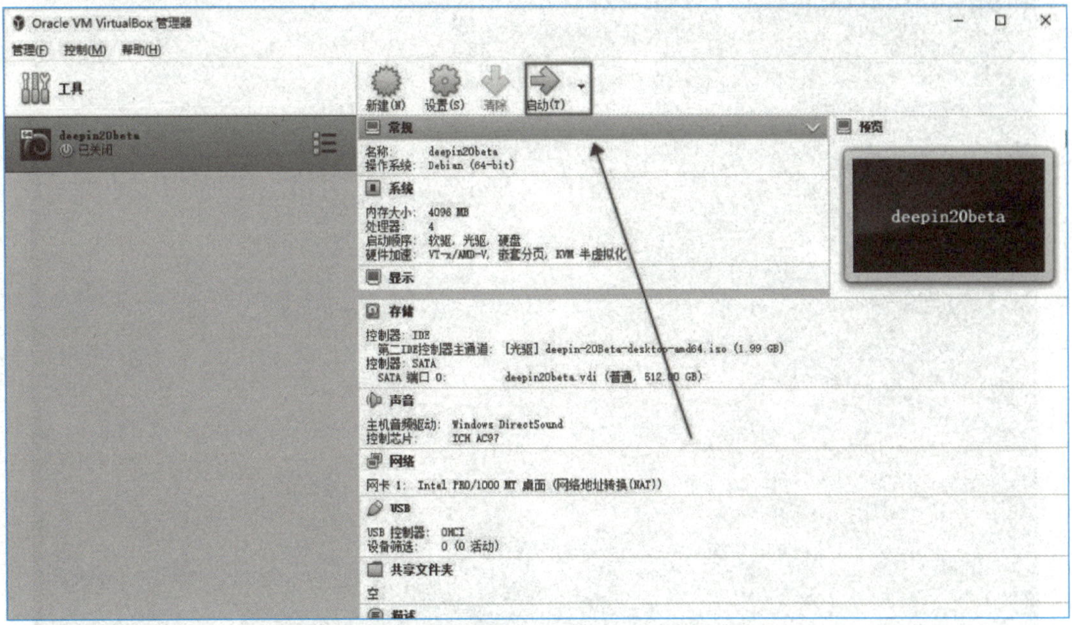

图 11-7　虚拟机安装操作系统启动

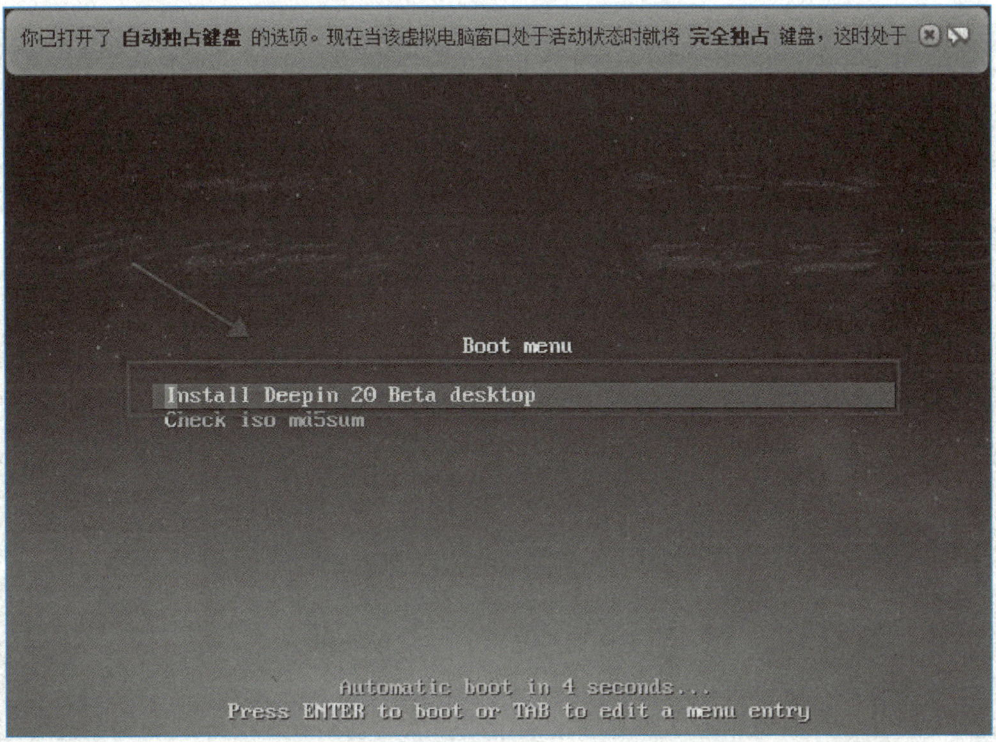

图 11-8　虚拟机安装操作系统界面（1）

学习笔记

图 11-9　虚拟机安装操作系统界面（2）

图 11-10　虚拟机安装操作系统界面（3）

第五步，安装好的深度系统是一个基于 Debian 的 Linux 操作系统，使用界面如图 11-11 所示，它专注于使用者对日常办公、学习、生活和娱乐的操作体验的极致，适合笔记本、桌面计算机和一体机，是我国第一个具备国际影响力的 Linux 发行版本，除传统办公软件外，还支持从应用商店安装安卓应用，满足日常办公、上网的需求。

图 11-11　虚拟机运行的主界面

除了 Linux 系统外，虚拟机软件还可以在单一的实体机器上虚拟出苹果的 Mac OS 系统，让我们能够体验到界面优雅且功能完备的苹果笔记本电脑操作系统。此类虚拟机软件甚至能够模拟出原生的安卓系统，让我们可以在普通的计算机上感受到平板电脑的体验。

任务二　基于云计算技术的网络磁盘

（1）任务描述

网盘是一些网络公司推出的在线网络存储服务，主要向用户提供文件的存储、访问、备份、共享等文件管理功能，使用起来十分方便，如国内比较知名的百度网盘、阿里云盘等，都是利用了云计算里的云存储技术。云计算的核心技术之一就是虚拟化，把存储、计算、网络资源进行虚拟化，因此，现在的云存储都是建立在存储虚拟化技术的基础上的，通常对存储资源的虚拟化就称为云存储技术，云存储技术主要分为三种类型：

①存储域网络（storage area network，SAN）是通过光纤通道连接到一群计算机上，建立专用于数据存储的区域网络，在 SAN 的环境中，可以把一组硬盘（或者这组硬盘的一部分）组成具有逻辑性的单元（logic unit，LUN），LUN 就像一块硬盘。一般常见的 SAN 协议是 iSCSI 和 FC。LUN 是管理 SAN 的主要单位，与 DAS 的磁盘是一样的，LUN 也只能连接一台主机，也就是说，是不可以多台主机同时访问一个 LUN，这就不利于文件共享，为了解决文件共享的问题，之后又提出了 NAS 的技术。

②网络附属存储（network attached storage，NAS）：NAS 是一种专用数据存储服务器，

学习笔记

包括存储器件和内嵌系统软件，NAS 可以实现跨平台文件共享功能，NAS 也可以允许分配一部分存储空间组成一个文件系统类型。

③直连存储（direct attached storage，DAS）：相对来讲这是最简单的存储类型，个人计算机都属于这种，就是磁盘（或磁盘阵列 RAID）直接接在主机的总线上。磁盘阵列是由很多价格较便宜的磁盘，组合成一个容量巨大的磁盘组。采用这种技术是将数据切割成许多区段，分别存放在各个硬盘上，不仅可以提高存取效率，还可以通过冗余来提高系统可用性。

首先，网络磁盘具有数据安全的优点；其次，网络磁盘不需要通过媒介（如 U 盘、TF 卡等）来传送文件，当需要储存资料时，只需简单地传到网上，提取时，直接从其他设备中下载，这样便完成了一次文件的备份和传送，因此，具有传送便捷的优点；最后，网络磁盘不同于传统的媒介（如移动硬盘、U 盘），都需要占据一定的体积且需要妥善保存，而网络磁盘只需要有网络就可以，因此，还具有节省空间资源的优点。当然，网络磁盘最大的不足是对网络的速度有一定的要求，相信随着宽带网络技术的发展，在数字时代，网络磁盘将得到更广泛的应用。

目前比较知名的网盘主要有：百度网盘、阿里云盘、腾讯微云网盘以及众多中小型网盘服务商等，网络磁盘的数据很重要，因此需要尽量找稳定可靠的网络磁盘。本任务是安装和使用阿里云盘作为日常生活的网络磁盘，体验云计算存储的优良性能和便捷服务。

（2）任务实践

阿里云盘是阿里巴巴团队开发的一款网络磁盘，下载不限速、不打扰、够安全、易于分享等特点，可以为用户提供云端存储、数据备份及智能相册等服务的网盘产品，拥有网页版、桌面版和手机 App 等不同数字设备终端产品，为用户提供全方位的大文件、视频、文件、图片等智能云存储产品，为个人用户提供个人云服务。阿里云盘于 2021 年 3 月开始正式启动公测，可以通过官网下载，如图 11-12 所示，注册登录后使用。

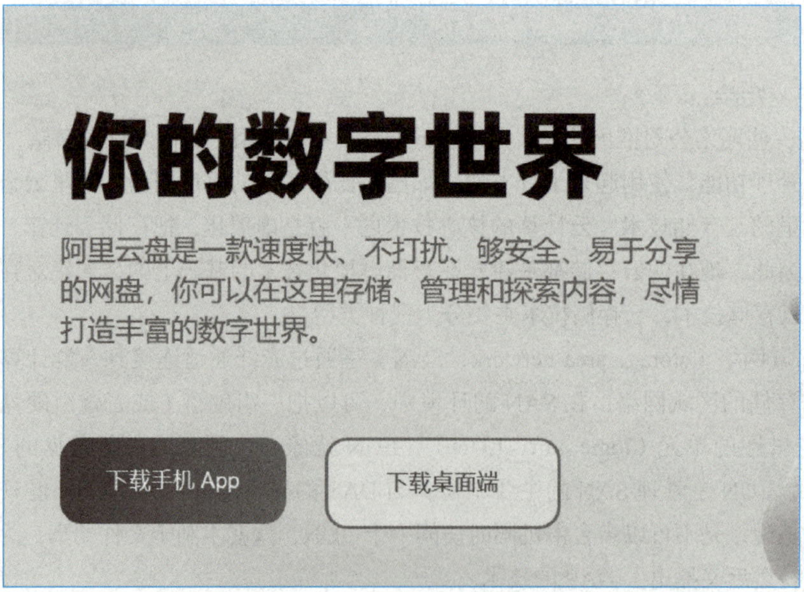

图 11-12　阿里云盘网站

学习笔记

阿里云盘可以通过安卓手机、苹果手机、网页版、PC 客户端、MAC 客户端、平板客户端、微信小程序等多种方式访问，支持文件极速上传下载，支持最高 1 TB 的单个超大文件上传和批量上传，可以在智能手机上一键开启自动备份手机相册，灵活设置分享有效期和密码，可以查看共享文件被浏览和下载的次数。阿里云盘还支持多媒体文件的在线浏览、播放和编辑，可实现原画质播放和逐帧预览，支持常见压缩文件的在线解压和办公文档的在线编辑。为提升用户体验，提供安全可靠的存储空间，阿里云盘没有任何广告干扰，最大程度地保障了个人数据资产的隐私和安全。

如图 11-13 所示，从外观设计上看，阿里云盘客户端的界面相当简洁。阿里云盘的功能已经比较完整，在文件页面，可以完成文件上传、文件管理、文件预览等功能。在相册页面，可以看到本地及云端的图片、视频，可以一键上传备份。至于收藏夹、回收站等低频功能则一律被收纳在侧边栏，随时可以滑开使用。

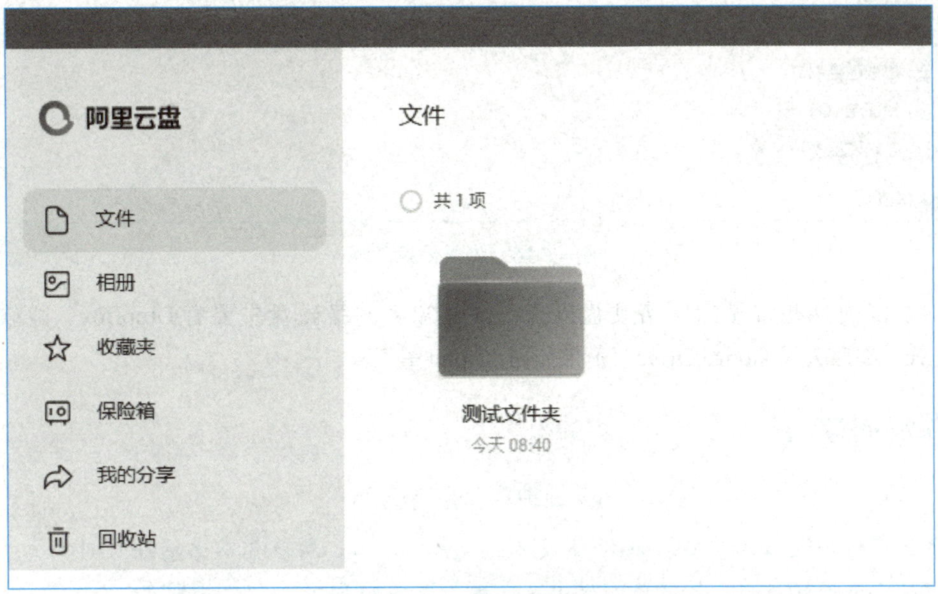

图 11-13　阿里云盘客户端

在用户隐私方面，阿里云盘提供了文件保险箱、回收站等安全功能，用户上传到文件保险箱的数据，需要通过密码才能进行查阅，此外，阿里云盘采用分布式存储法，从根本上降低安全问题。简单地说，用户上传的文件会被哈希加密打散，分布到阿里云对象存储、表格存储当中，在下载时，通过多达五层的数据一致性校验、多地就近存储等能力毫秒级合成，相比一般网络硬盘，这种分布式架构更能避免数据丢失、泄露风险。

为更加方便地使用阿里云盘，除了开通超级会员，使用阿里云盘自带的挂载盘外，还可以利用 CloudDrive 工具把阿里云盘，变成计算机的本地硬件使用，如图 11-14 所示。CloudDrive 是一款由第三方开发网盘挂载工具，它支持将阿里云盘等网盘以及 WebDAV（一种基于 HTTP 1.1 协议的通信协议）映射变成为计算机的“本地硬盘”。用户可以直接在计算机上对 CloudDrive 挂载的“硬盘”随意地复制、剪切、移动、删除、重命名、查看文件夹大小，还能直接用本机

学习笔记

的播放器播放视频文件、编辑器修改文档等操作，甚至还可以安装一些电影管理软件，将网盘变成本地影视库。网络磁盘映射的硬盘，用起来时就像本机硬盘一样，“硬盘”的读写速度，则完全取决于宽带访问网盘的网络速度，以及网盘本身有没有做限速，目前阿里云盘不限速，因此使用起来体验很好。

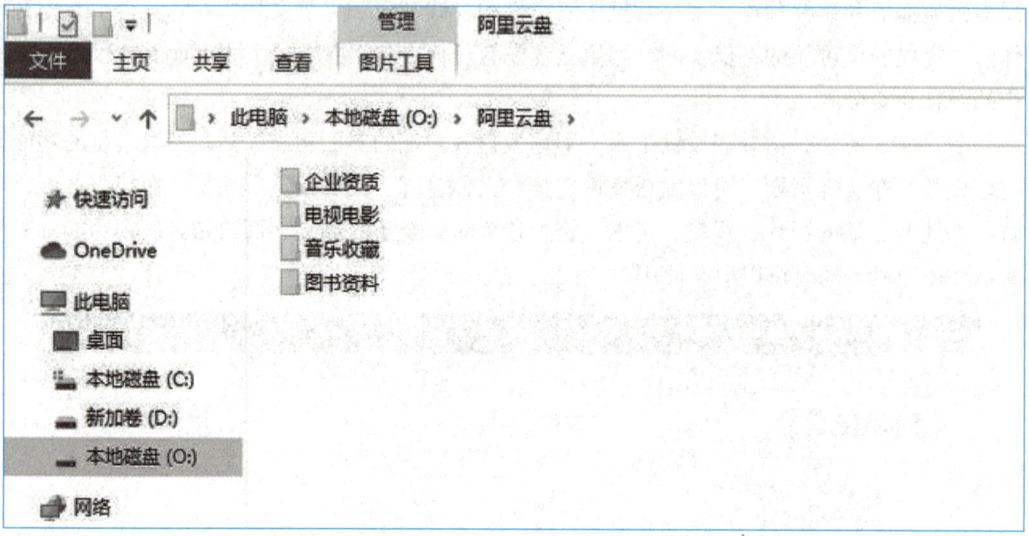

图 11-14　阿里云盘本地

除了国内这些常见的网络硬盘以外，国外知名网络磁盘主要有 DropBox、微软公司 OneDrive、谷歌公司 GoogleDrive、苹果公司 ICloud 等。

拓展阅读

云计算究竟是什么？

云应用一般是按需收费，因为它们一直存在于云上，所以基本上是按时间收费。大多数普通用户接触最多的就是这种云应用，也就是所谓的 SaaS（软件即服务）。

这种软件方式的转变可以称之为“云化”，也就是将“云”作为动词来解释。

如果能理解“云”的这层意思，那么我们可以来说说所谓的“计算”。

如果你现在要创业，需要建一个网站或者 App，你必须有服务器来承载一定数量的用户。服务器的能力不能低，最基本的指标也就是 CPU 核心数和内存大小；存储用户数据需要存储空间；用户访问需要网络带宽，这些都统称为计算能力。

在传统时代，这些都得创业者自己去做：买服务器、买存储服务器、找机房、布置网络等。如果你的业务发展良好，需要扩容，这些步骤得一次次地进行。

现在，云计算将上述步骤组合在一起，将“云化”的含义代入进来，我们应该很好地理解云计算是什么样的，就是计算资源很容易获取，一般通过浏览器上网就能简单操作，使用量可以自由控制，快速伸缩按照使用量灵活计费，多用多收费，不用不收费，不需要操心任何技术细节，就能享受安全性和高可用性。

云计算按照使用场景分为公有云和私有云两个类型。公有云可分为三个层次：IaaS（基础资源即服务）、PaaS（平台即服务）和 SaaS（软件即服务）。

私有云则是相对于公有云而言，主要是数据、安全和业务边界的区别，具体选择哪种类型，取决于业务需要，另外还有公有云和私有云混合的，称为混合云。

思考和作业

1. 你认为云计算技术的应用场景有哪些？它对现代社会有何意义？

2. 云计算的具体实现形式有哪几种？它们之间有何区别？

3. 云计算的关键技术是什么？它们在云计算中的作用和应用场景是什么？

4. 云计算的发展前景如何？你认为未来云计算技术将如何影响人们的生活和工作？在云计算应用过程中需要注意哪些问题？

5. 使用一种虚拟化管理软件完成国产开源操作系统华为欧拉的安装和使用体验。

小　结

本单元主要介绍了云计算技术相关的知识，包括云计算技术的概述和关键技术、云计算技术的工作原理和实现方式。通过本单元的学习，读者将了解云计算技术的应用场景和发展前景。

参 考 文 献

[1] 陈春花 . 数字化生存时代的变与不变 [J]. 中国机电工业，2018（2）:56-69.

[2] 刘全升 . 面向主题的中文文本观点检索研究 [D]. 上海：上海交通大学，2010.

[3] 刘兰青 . 高职信息安全技术专业人才技能培养与课程设置分析 [J]. 科技信息，2021（11）：657，676.

[4] 王海南，王恒礼，周志成，等 . 新兴产业发展战略研究（2035）[J]. 中国工程科学，2020，22（2）：1-8.

[5] 陶冶 . 资本管理视角下新一代信息技术产业投资效率研究 [D]. 武汉：武汉理工大学，2017.

[6] 叶青霞 . 新一代信息技术产业上市公司创新投入与企业价值关系研究 [D]. 杭州：浙江大学，2020.

[7] 余俊杰 . 筑牢网络安全之基　保护人民群众信息安全：新时代我国网络安全发展成就综述 [J]. 公民与法（综合版），2020（9）：10-11.